水电开发工程物资供应链管理理论与实践

——以雅砻江流域梯级水电开发工程为例

CSCM 联合研究组 著

黄 河 水 利 出 版 社

· 郑 州 ·

内容提要

本书基于供应链管理的一般理论与方法，结合我国大型水电开发工程建设的物资供应管理实践，在工程物资供应链的基本概念解析的基础上，系统地提出了围绕水电开发工程物资供应链生命周期中从战略策划、设计与构建到供应链日常运作管理等不同阶段的业务模型和关键决策方法。本书强调理论与实践紧密结合，在各部分适当吸纳了雅砻江流域梯级水电开发工程物资供应的管理实践来实证本书所提出的工程物资供应链管理模型与方法的可行性、有效性以及实用性。

本书可供水电开发工程及其他基本建设工程的物资供应管理从业者、从事供应链管理研究的科技工作者、从事工程管理信息化的研发工作者阅读，也可以作为高等院校物流管理、物流工程、系统工程、管理科学与工程等专业师生的教学参考书。

图书在版编目(CIP)数据

水电开发工程物资供应链管理理论与实践：以雅砻江流域梯级水电开发工程为例/CSCM 联合研究组著. —郑州：黄河水利出版社,2014.11

ISBN 978 - 7 - 5509 - 0968 - 7

Ⅰ.①水…　Ⅱ.①C…　Ⅲ.①水利水电工程 - 物资供应 - 供应链管理 - 研究Ⅳ.①TV②F252

中国版本图书馆 CIP 数据核字(2014)第 263348 号

出　版　社：黄河水利出版社
　　　　　地址：河南省郑州市顺河路黄委会综合楼 14 层　邮政编码：450003
发行单位：黄河水利出版社
　　　　　发行部电话：0371 - 66026940、66020550、66028024、66022620(传真)
　　　　　E-mail:hhslcbs@ 126. com
承印单位：河南地质彩色印刷厂
开本：787 mm×1 092 mm　1/16
印张：16.25
字数：395 千字　　　　　　　　　　　印数：1—1 000
版次：2014 年 11 月第 1 版　　　　　印次：2014 年 11 月第 1 次印刷
定价：50.00 元

本书编委会

主　　编：陈云华　张肇刚　刘振元

副主编：王兆成　钟卫华　何胜明　马东伟

参　　编：陈　晞　陈艳华　陈　曦　董志荣　张振东

　　　　　宁晓龙　王为华　毕　阳　尹丛笑　李乐仁瀚

　　　　　孔　妍　田　静　方毅勋　周晓露　曾　平

　　　　　陈春银　郑永胜　樊垚堤　陈宜坪

序

水电是清洁的可再生能源,其开发也有着不同于其他资源的独特规律。根据国家发改委授权,雅砻江流域水电开发有限公司负责实施雅砻江干流水能资源开发,全面负责雅砻江流域梯级水电站的建设和管理。由此,在建设运营20世纪中国投产发电最大的水电站——二滩水电站的基础上,雅砻江流域水电开发有限公司制定了流域水能资源开发"四阶段"战略,"一个主体开发一条江"的生动实践便伴随着国投集团"二次创业"的号角全面展开。

在国投集团全面实施"二次创业"的浪潮中,雅砻江流域水能资源开发第二阶段战略实施取得了决定性胜利,下游官地水电站以及拥有世界最高拱坝的锦屏一级水电站、拥有世界最大规模水工隧洞群的锦屏二级水电站相继全面建成投产,流域最末一级的桐子林水电站也将于2015年投产发电。特别是锦屏一级、锦屏二级这两座世界级水电站工程的建设,创造了水电建设史上的多项世界第一和众多国内第一,对我国水电开发方式的创新、坝工技术的飞跃、超大地下洞室群的施工、高水头的机组制造安装以及建筑材料技术与物资供应的突破等,都具有划时代的意义。

一项事业的成功总是伴随着管理方式的创新和发展。在雅砻江流域水电开发有限公司全体员工用青春和汗水浇筑一座座水电丰碑,诠释着"水电报国"的赤胆忠心之时,他们更是用执着和智慧孕育出了"流域化、集团化、科学化"发展与管理这一卓有成效的流域水电开发模式,充分发挥了"一个主体开发一条江"的优势。流域化的资源共享、流域化的统筹方法、流域化的管理手段,为雅砻江科学开发提供了强有力的管理保证。本书总结的雅砻江流域水电开发多项目物资供应链管理经验,正是雅砻江流域水电开发有限公司"流域化、集团化、科学化"发展与管理创新背景下的成功实践。

为使物资供应管理能满足雅砻江流域水能资源开发第二阶段战略实施所面临的各项需求,雅砻江流域水电开发有限公司针对多项目管理的特点,以供应链管理思想为引导,成功克服了施工场地狭窄、交通条件差、物资需求量大、市场竞争激烈、物资技术指标要求高等诸多难题的挑战。通过在实践中不断摸索、研究和创新,逐步建立并持续完善了多项目物资供应链管理体系,使雅砻江流域第二阶段开发过程中各在建项目的物资供应得到了有力保障、物资质量和采购成本得到了有效控制、现场物资管理得到了逐步规范、风险控制水平得到了不断提高,进而促进了工程建设进度、成本和质量等各项管理目标的达成。

系统总结提炼雅砻江流域水能资源开发多项目物资供应链管理经验,将为雅砻江流域后续开发过程中的物资供应管理奠定方法和理论基础。雅砻江流域水电开发有限公司与华中科技大学组成联合研究小组,结合雅砻江流域水电开发实践,系统研究了水电工程多项目物资供应链全生命周期管理的思路、方法及措施。以上这些研究成果最终集结成书,对雅砻江流域水电开发有限公司而言,形成了一个非常系统的针对物资供应管理的组织过程资产,是一项具有理论与实践意义的企业管理现代化创新成果,同时,也将为其他类似大型工程的物资供应管理工作提供很强的借鉴意义和参考价值。

现在,雅砻江流域中上游水能资源开发正在科学有序推进,国内其他水电基地开发建设也正如火如荼,我国水电事业方兴未艾。物资供应管理作为水电建设过程中的一项重要管理内容,其管理理论和技术手段还将不断改革和创新。希望本书所展现的雅砻江流域水电开发有限公司在流域水电开发工程物资供应链管理理论与实践方面的探索,能为广大读者提供帮助。

最后,祝愿中国水电事业取得更新更大的成就,谱写引领世界水电发展新的篇章!

2014 年 8 月

前　言

供应链管理的基本思想自 20 世纪 80 年代提出并逐步得以实践以来,在传统的以制造、商贸为主要业务形态的领域中取得了显著的应用实践效益。受到这种激励,工程建设领域自 20 世纪 90 年代中期也逐步开始关注供应链管理理论与方法的应用。自 20 世纪末,我国政府坚持扩大内需、促进经济平稳较快增长的积极财政政策,越来越多的大型基础设施建设工程陆续上马,大型水电开发工程是其中的典型代表。根据中国国家发展与改革委员会于 2007 年 8 月 31 日发布的《可再生能源中长期发展规划》,到 2010 年,中国水电装机容量将达到 1.9 亿 kW,而到 2020 年将达到 3 亿 kW,其中大中型水电装机 2.25 亿 kW。从 2006 年到 2020 年,新增 1.9 亿 kW 水电装机,按平均 7 000 元/kW 测算,需要总投资将高达 1.3 万亿元。我国大型水电开发工程一般质量要求高、投资额度大、建设周期长,其建设管理普遍实行项目法人负责制、招标承包制、工程建设监理制和合同管理制,工程的施工组织结构往往表现为多层供应关系网络结构。从工程建设所需物资的供应组织管理的角度来看,往往是由水电工程业主引导策划、设计和构建一个由工程物资供应商—工程业主—工程承包商三级供应链网络结构,并以此为基础组织协调整个供应链的运行,此类供应链是一个复杂的多层次的实时协作系统,该系统的可行性、有效性、高效性将关系到工程建设质量、成本和进度等三大目标的实现。

基于以上思想认识的牵引,华中科技大学系统工程研究所工程供应链研究小组自 21 世纪初就开始着手以我国大型水电开发工程建设为主要背景持续开展工程供应链决策理论方法的研究,而雅砻江流域水电开发有限公司(原二滩水电开发有限责任公司,简称雅砻江公司)以流域化水电开发的契机,提出了“流域化、集团化、科学化”的发展理念,在其第二阶段开发范围的锦屏一级、锦屏二级以及官地等水电工程的开发中坚持供应链管理思想的实践,不断寻求理论与实践相结合,积极探索适合于工程物资供应链管理的模型与方法。因由工程物资供应链管理探索方向上的一致性,双方自 2005 年起直至现在持续开展了工程物资供应链管理理论方法及集成控制平台等研发方面的合作,并不断将研发成果应用于雅砻江公司的工程物资供应管理实践。随着雅砻江流域第二阶段开发战略的顺利实施,锦屏一级、锦屏二级、官地等水电站陆续建成并投产发电,一套具有经过一定实践检验的工程物资供应链管理理论和方法也逐步成形。在雅砻江公司的支持下,合作双方组成 CSCM(Construction Supply Chain Management)联合研究组,即工程供应链管理联合研究组,历时近 2 年开展了针对工程物资供应链管理理论与应用方法的梳理,经过反复推敲,逐步形成此书稿的提纲,先后组织了雅砻江公司上至公司领导、下到一线管理人员的物资管理团队和华中科技大学的研究团队 20 余人一起参与研究并撰写,终成此稿。

本书基于供应链管理理论与方法,充分结合我国大型水电开发工程建设的实践背景,以工程、工程项目、工程管理、供应链、供应链管理、工程供应链和工程物资供应链等基本概念的解析为先导,以业务模型为主线、决策方法为关键节点、实践案例为辅证,从工程物资供应链从无到有的战略策划、设计与构建直至构建后的运作组织管理等时间维度分别展开供应链管理理论方法和实践的阐述,建立相应的管理模型,提出相应的决策方法。其中,工程物资供应链运作管理进一步细分为工程物资供应链运作业务模型、需求计划与承包商管理、采购计划与供应商管理、中转运输与中转储备系统运行管理、工程物资供应链多级库存控制、工程物资供应链风险管理等,从全局综合视角提出了工程物资供应链中独特的技术与质量管理的模型与方法、信息管理手段——工程物资供应链集成控制平台的构建方法等。书稿始终以理论与实践紧密结合为指导思想,在工程物资供应链管理理论方法的阐述中适当引用雅砻江公司流域水电开发工程物资供应管理的工程实例来实证其可行性、有效性和实用性。

全书由陈云华、张肇刚总体策划,由刘振元、王兆成和钟卫华具体组织实施,双方联合工作组成员分工合作完成书稿各章节的撰写,并最终由刘振元和陈曦进行统稿。参与研究并撰写本书各章节的人员及具体分工如下:

第 1 章由陈云华、刘振元撰写,第 2 章由张肇刚、刘振元、王兆成撰写,第 3 章由刘振元、钟卫华、方毅勋撰写,第 4 章由陈晞、刘振元、何胜明撰写,第 5 章由董志荣、马东伟、王为华、方毅勋撰写,第 6 章由方毅勋、刘振元撰写,第 7 章由陈艳华、宁晓龙、陈曦撰写,第 8 章由毕阳、方毅勋、陈曦、刘振元撰写,第 9 章由周晓露、陈春银、郑永胜、陈曦撰写,第 10 章由尹丛笑、樊垚堤、陈曦、陈宜坪撰写,第 11 章由李乐仁瀚、曾平、张振东撰写,第 12 章由孔妍、陈曦、刘振元撰写,第 13 章由陈曦、田静撰写,第 14 章由陈曦、陈艳华、钟卫华撰写,第 15 章由刘振元、钟卫华、王兆成撰写。

本书的是合作双方多年来合作研究的成果,在本书的研究和撰写过程中得到了雅砻江公司领导、各相关部门、相关物资供应商、中转储备系统运行管理单位、工程承包商等各方面的大力支持与配合,也得到了华中科技大学相关院系领导的持续关注与帮助,在此向他们致以深深的谢意!

本书相关研究得到了雅砻江公司的专题项目资助、国家自然科学基金项目(71071062)和教育部留学回国人员科研启动基金的资助,在此也要向资助各方表示感谢!最后,还要特别感谢黄河水利出版社的诸位编辑!是他们的热心和耐心促成了本书的顺利出版。

本书的撰写力求理论与实践相结合,一方面从理论上比较系统地梳理提出一套水电工程物资供应链管理模型和方法,另一方面从雅砻江公司的工程物资供应管理实践中抽取相应的案例来予以辅证,但由于编写时间仓促,作者水平有限,书中难免存在疏漏和不足之处,敬请读者批评指正!

作　者
2014 年 10 月

目　录

第六部分 工程物资供应链技术与质量管理

第七部分 工程物资供应链集成控制平台

第一部分 水电开发工程与工程管理

    本部分针对工程和工程管理的基本概念进行解析,从一般的工程到水电开发工程,进而描述本书的主要工程背景——雅砻江流域梯级水电开发工程,从一般的工程管理到水电开发工程管理,尤其要阐述水电开发工程的建设程序、各个阶段工程管理的特点,目的在于为后续讨论工程物资供应链管理梳理出问题存在的背景。

第1章 水电开发工程与水电开发工程管理

1.1 工 程

1.1.1 工程的基本含义

"工程"一词常常出现在各类文献、报告、新闻中,如三峡工程、载人航天工程、南水北调工程、市政建设工程、希望工程、人类基因工程、复杂系统工程、软件工程等,工程在人类社会生产实践中大量存在。然而,人们往往容易将"工程"与"项目"混淆,那么到底什么是工程、什么是项目、什么是工程项目呢?

1.1.1.1 工程

关于工程的定义很多,比较有代表性的有如下几种。

我国《新华汉语词典》中将工程定义为:土木建筑或其他生产、制造部门用比较大而复杂的设备来进行的工作。

《辞海》中的工程定义为:①将自然科学的原理应用到工农业生产部门中去而形成的各学科的总称,这些学科是应用数学、物理学、化学、生物学等基础科学的原理,结合在科学实验与生产实践中所积累的经验而发展出来的;②指具体的基本建设项目。

中国工程院咨询课题——《我国工程管理科学发展现状研究——工程管理科学专业领域范畴界定及工程管理案例》研究报告中的有关工程界定为:工程是人类为了特定的目的,依据自然规律,有组织地改造客观世界的活动。一般来说,工程具有产业依附性、技术集合性、经济社会的可能性和组织协调性。

《中华人民共和国政府采购法》中提到:"本法所称工程,是指建设工程,包括建筑物和构筑物的新建、改建、扩建、装修、拆除、修缮等。"

何继善院士认为:从工程科学的角度,工程是人类为了生存和发展,实现特定的目的,运用科学和技术,有组织地利用资源所进行的造物或改变事物性状的集成性活动。工程具有技术集成性和产业相关性。

大不列颠百科全书(Encyclopedia Britannica)的定义为:工程是为最有效地把自然资源转化为人类用途的科学应用。

美国工程师职业发展理事会(Engineering Council for Professional Development)的定义:工程是为设计或开发机构、机器、仪器装置、制造工艺,单独或组合地使用它们的工厂,或者为了在充分了解上述要素的设计后,建造或运行它们,或者为了预测它们在特定条件下的行为,以及所有为了确保实现预定的功能、经济的运行以及确保生命和财产安全的科学原理的创造性应用。

《朗文当代高级英语词典》中的定义为:An important and carefully planned piece of work that is intended to build or produce something new,or to deal with a problem.(一项重要且精心

设计的工作,其目的是建造或制造一些新的事物,或解决某个问题。)

《牛津高级英语词典(第 6 版)》中的定义为:A planned piece of work that is designed to find information about something,to produce something new,or to improve something.(一项有计划的工作,其目的是寻找一些事物的信息,生产一些新的东西,或改善一些事物。)

《剑桥国际英语词典》中的定义为:A piece of planned work or activity which is completed over a period of time and intended to achieve a particular aim.(一项有计划的,要通过一段时间完成,并且要实现一个特定的目标的工作或者活动。)

美国工程院(the National Academy of Engineering(NAE))在其网站上给出:Engineering has been defined in many ways. It is often referred to as the"application of science"because engineers take abstract ideas and build tangible products from them. An other definition is"design under constraint",because to"engineer"a product means to construct it in such a way that it will do exactly what you want it to,without any unexpected consequences.(工程的定义有很多种,可以被视为科学应用,也可以被视为在有限条件下的设计。)

综合以上定义,国内外学术界和工程实践领域其实具有共同的认识,即工程是一种科学应用,是把科学原理转化为新产品的创造性活动,而这种创造性活动是由各种类型的工程师来完成的,因此把所有与技术相关的专业领域都看作是一种特定的工程学科,即工科。

1.1.1.2　项目

国内外许多相关组织和学者对项目也有很多抽象性的概括和描述。

《中国项目管理知识体系》中推荐了一种广义的项目定义:项目是为实现特定目标的一次性任务。通俗地讲,项目即特定目标导向的一组任务。

《质量管理——项目管理质量指南》(GB/T－2000ideISO10006:1997)中将项目定义为:由一组有起止时间的、相互协调的受控活动所组成的特定过程,该过程要达到符合规定要求的目标,包括时间、成本和资源的约束条件。强调项目是"特定的过程",而不是"一般的过程",过程是"将输入转化为输出的一组彼此相关的资源和活动",而不是指交付给顾客的产品;项目要达到的最终目标是项目产品,包括了时间、成本和资源。

美国项目管理学会 PMI 在其项目管理知识体系指南(PMBOK)中将项目定义为:项目是一种旨在创造某种独特产品或服务的临时性努力。

德国国家标准 DIN6901 将项目定义为:项目是指在总体上符合如下条件的、具有唯一性的任务:具有预定的目标,具有时间、财务、人力和其他限制条件,具有专门的组织。

综合来说,项目是为实现特定目标的一次性任务,有其自身独特的属性:

(1)独特性:没有两个项目是完全相同的,每个项目都有其不同于其他项目的特殊要求。

(2)一次性:项目是一次性的任务,有明确的开始节点和结束节点,一旦结束节点到达,项目也宣告结束,不会再次重复。

(3)多目标:项目的目标包括由很多技术指标来定义的成果性目标和来自多方面的约束性目标。

(4)生命周期性:任何项目都会经历从概念阶段、开发阶段、实施阶段到结束阶段的生命过程。

(5)相互依赖性:项目有若干相互联系、相互依赖的子过程或子任务组成,是一个相互关联的系统。

（6）相互冲突性：项目中存在各种各样的冲突，资源、进度、技术等。

1.1.1.3 工程项目

工程项目是以完成一定的工程技术系统为任务的项目，是一个工程的建设（建造）过程。如为完成一项工程的建设任务，人们需要完成立项、设计、计划、施工、验收等活动，最终交付一个工程系统。

工程项目的最终交付成果是一个工程技术系统，而工程项目通常侧重建设任务的全过程，是一个具有一定生命周期的，将各种工程技术、各种资源应用于交付最终工程技术系统的复杂行为系统。

1.1.2 常见的"工程"

从以上定义可以看出，工程是个内涵十分广泛的概念。

传统意义上的工程概念包括建造工业或民用房屋、堤坝、道路、桥梁、公用事业基础设施（水、电、气等），制造设备、船舶、飞机，开发新的武器系统，进行技术革新等。这些工程对应于国民经济的相应行业。如：

（1）土木建筑工程包括房屋建筑、地下建筑、隧道、铁路、道路、桥梁、矿井、运输管道、运河、堤坝、港口、机场、海洋平台等。

（2）水利工程主要包括运河、渠道、大坝、水利发电设施等。

（3）航天工程是探索、开发和利用太空以及地球以外的天体的综合性工程。

在社会经济发展中，还经常会出现"希望工程""211 工程""阳光工程""菜篮子工程"等，领导人的很多公开讲话中也会常常提到很多社会问题的解决是一个"复杂的系统工程"，这其中的工程含义主要在于这些工作不是单一的工程技术系统，而是多个相互耦合、关系复杂、行为很难具有统一规范、多层次多部门参与、目标多样化的复杂系统。

1.2 工程管理

类似于工程内涵的广泛性，工程管理也具有众多不同的解释。

中国工程院咨询项目——《我国工程管理科学发展现状研究》报告中将工程管理定义为：工程管理是指为实现预期目标，有效地利用资源，对工程所进行的决策、计划、组织、指挥、协调与控制。

美国工程管理学会（ASEM）认为，工程管理是对具有技术成分的活动进行计划、组织、资源分配以及指导和控制的科学与艺术。

美国电气电子工程师协会（IEEE）工程管理学会认为，工程管理是关于各种技术及其相互关系的战略和战术决策的制定及实施的学科。

我国工程管理专业定位研究中指出，工程管理是指对工程的前期、设计、建设、运行和拆除的全过程实施的管理。其一般过程包括工程项目的提出、初步可行性及可行性研究、评审与决策、基本设计与技术交流合同谈判、施工图设计、施工准备及施工、设备调试与试车、生产准备与投产、运行、保费或拆除。

Wikipedia 定义为：Engineering Management is a specialized form of management that is concerned with the application of engineering principles to business practice. Engineering management is a career that brings together the technological problem – solving savvy of engineering and the organizational, administrative, and planning abilities of management in order to oversee complex enterprises from conception to completion.

国外工程管理的范畴主要是对系统工程、工业工程、计算机工程、化学工程等广泛的管理运作;而国内的工程管理大都集中于对土木工程的管理安排,也就是对一个工程从概念设想到正式运营的全过程(具体工作包括投资机会研究、初步可行性研究、最终可行性研究、勘察设计、招标、采购、施工、试运行等进行管理)。前者侧重在 Engineering Management,而后者则是一种狭义的工程管理,用 Construction Management 来表达更为确切。

同样地,与工程管理相关的概念也有项目管理(Project Management),是指通过使用现代管理技术指导和协调项目全过程的人力资源和材料资源,以实现项目范围、成本、时间、质量和各方满意等方面的预期目标。

工程管理和项目管理的交集是工程项目管理,它采用项目管理方法对工程的建设过程进行管理,通过计划和控制保证项目目标的实现。工程管理不仅包括工程项目管理,还包括工程决策、工程估价、工程合同、工程经济分析、工程技术管理、工程质量管理、工程投融资、工程资产管理(物业管理)等。

1.3　水电开发工程

水电工程是水利工程的一类重要分支,而水利工程是指对自然界的地表水和地下水进行控制和调配,以达到除害兴利目的而修建的工程。水利工程的根本任务是除水害和兴水利,前者主要是防止洪水泛滥和渍涝成灾,后者则是从多方面利用水资源为人民造福,包括灌溉、发电、供水、排水、航运、养殖、旅游、改善环境等。

水利工程按其承担的任务可分为防洪工程、农田水利工程、水力发电工程、供水与排水工程、航运及港口工程、环境水利工程等,一项工程同时兼有几种任务时称为综合利用水利工程。

水利工程也可以按照其对水的作用分类,如蓄水工程、排水工程、取水工程、输水工程、提水工程、水质净化和污水处理工程等。

我国著名的水电工程有三峡工程、二滩水电工程、溪洛渡工程、向家坝、锦屏一级、锦屏二级、龙滩水电工程等。

1.3.1　水电工程建设项目分解

水电工程施工内容主要包括以下几个方面:

(1)施工准备工程,包括施工交通、施工供水、施工供电、施工通信、施工通风及施工临时设施等。

(2)施工导流工程,包括导流、截流、围堰及度汛、临时孔洞封堵与初期蓄水等。

(3)地基处理工程,包括桩工、防渗墙、灌浆、沉井、沉箱以及锚喷等。

(4)土石方工程,包括土石方开挖、土石方运输、土石方填筑等。

(5)混凝土工程,包括混凝土原材料、储存,混凝土制备、运输、浇筑、养护,模板制作、安装,钢筋加工、安装,埋设件加工、安装等。

（6）金属结构工程,包括闸门、启闭机、钢管等的制作与安装等。

（7）机电设备制造及安装工程,包括水轮机、水轮发电机、变压器、断路器及水电站辅助设备的制造及安装等。

（8）施工机械,包括挖掘机械、铲土运输机械、凿岩机械、疏浚机械、土石方压实机械、混凝土施工机械(如水泥储运系统、砂石集料加工系统、混凝土拌和系统、混凝土运输设备、混凝土平仓振捣设备等)、起重运输机械、工程运输设备等。

（9）施工管理,包括施工组织、监督、协调、指挥和控制。按专业划分为计划、技术、质量、安全、供应、劳资、机械、财务等管理工作。

按照一般的建设工程划分模式,水电工程建设通常可逐级划分为若干个单项工程、单位工程、分部工程和分项工程,如图 1-1 所示。

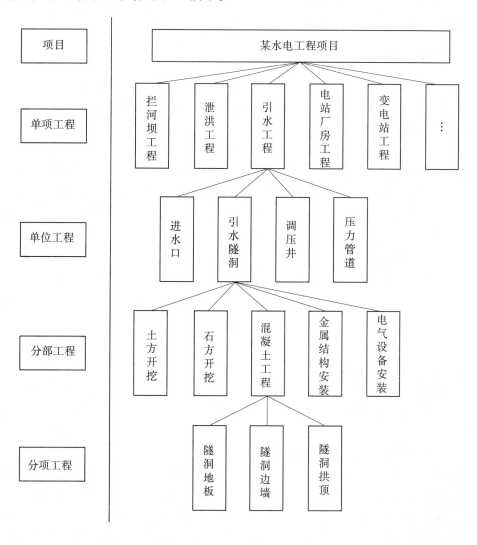

图 1-1　水电工程项目分解

单项工程由几个单位工程组成，一般具有独立的设计文件，具有同一性质或用途，建成后可独立发挥作用或效益。从工程施工组织来说，单项工程往往是一个可以独立交付的系统，在项目总体管理目标指导下，形成独立的项目管理方案和管理目标，按照投资、质量和进度要求如期建成交付运行。

单位工程是单项工程的组件，通常指一个单体建筑物或构筑物，往往具有独立的设计文件，独立进行施工，但建成后不能独立发挥作用，只有在几个紧密联系、相互配套的单位工程全部建成竣工后才能投入生产运行。单位工程可进一步划分为若干个分部工程。

分部工程是建筑物按单位工程的部位划分的工程单元，在水电工程中，基础开挖工程、混凝土工程、机电设备安装工程等属于分部工程。

分项工程是分部工程的组成部分，一般按照选用的施工方法、使用材料、结构构件规格等因素进行划分。分项工程是工程建设活动的基础，也是计量工程用工用料和机械台班消耗的基本单元，同时又是工程质量的形成过程。

1.3.2 水电工程的特点

水电工程施工的最终成果是水利水电设施。水利水电设施和其他工程的成果一样，与一般的工业生产产品不同，具有体型庞大、整体不可分割、设施不能移动等特点。同时，水利水电设施还有着与其他建筑产品不同的特点。

1.3.2.1 工程建设过程的流动性

由于水利水电设施是在固定地点建造的，工程施工队伍和施工设备要随着工程建设过程中施工地点的变更而转移，相应材料、附属生产加工企业、生产和生活设施也会随之迁移。这一特点要求考虑工程建设中人、机、物的相互协调配合，以实现工程建设连续、均衡地进行。

1.3.2.2 工程建设成果的单件性

水利水电工程建设成果是单件生产，而不会按通用定型的施工方案重复生产。这一特点就要求在工程建设之初进行施工组织设计时要考虑设计要求、工程特点、工程条件等因素，制订出可行的水利水电工程施工组织方案。

1.3.2.3 工程建设过程具有综合性

水利水电工程建设首先由勘察单位进行勘测、设计单位进行设计、建设单位进行施工准备、施工单位进行工程施工，最后经过竣工验收才能交付使用。特别是在工程施工期内需要多个单位、多个部门的相互配合、相互协作，由此决定了水利水电工程建设过程具有很强的综合性。

1.3.2.4 工程建设受外部环境影响较大

水利水电工程设施体积庞大，其工程建设不具备在室内生产的条件，一般都要求露天作业，其施工受到气候条件的影响；水利水电设施的固定性决定了其生产过程会受到工程地质、水文条件变化的影响，以及地理条件和地域资源的影响。这些外部因素对工程进度、工程质量、建造成本等都有很大影响。这一特点要求水利水电工程建设过程中提前进行原始资料调查，制定合理的季节性施工措施、质量保证措施、安全保证措施等，科学组织施工，使生产有序进行。

1.3.2.5 工程建设过程具有连续性

水利水电设施不能像其他许多工业产品那样可以分解成若干部分同时生产,而必须在同一固定场地上按严格程序连续生产,上一道工序没有完成,下一道工序不能启动。

1.3.2.6 工程建设周期长

水利水电设施的体积庞大、结构复杂、过程综合、专业众多,决定了工程建设的长周期性,例如三峡工程建设周期历时17年,二滩水电站建设周期历时9年。因此,它必须长期大量占用和消耗人力、物力及财力,要到整个建设周期完结才能让设施投入使用。

1.4 水电开发工程管理

水电开发工程管理是在水电工程业主的主持下对水电工程实施计划、组织、协调、指挥和控制的过程。根据《水利工程建设项目管理规定》(水建〔1995〕128号),我国大中型水电工程实行项目法人责任制、招标投标制和建设监理制。

图1-2为我国大型水电工程建设组织的一般组织结构,工程业主受投资方委托作为项目法人主持水电工程建设全局组织管理工作,工程业主委托勘测设计单位开展工程设计,委托工程监理进行工程实施过程、设备制造过程以及工程物资生产过程等的监督,同时通过招标选择相应的承包商开展工程施工,而预拌混凝土、预制钢筋、混凝土预制件等预制品由承包商委托或由工程业主招标选择相应的企业进行预制品生产供应,工程施工过程中还会有相应的工程机械租赁服务、工程咨询服务等实体参与其中。此外,作为工程施工生产活动上游的工程物资(水泥、粉煤灰、砂石骨料、添加剂、钢材、油料、炸药、木材、模板等)、工程机械等又由工程业主统一招标或由工程承包商选择合适的企业进行生产和供应。

根据《水利工程建设项目管理规定》(水建〔1995〕128号),我国水利工程建设项目实行统一管理、分散管理和目标管理,需建立水利部、流域机构和地方水行政管理部门以及建设项目法人分组、分层次管理的管理体系。其中,水利部作为国务院水行政管理部门,对全国水利工程建设实行宏观管理。而流域机构是水利部的派出机构,对其所在流域行使水行政主管部门职责。

水利水电是国民经济的基础设施和基础产业,水电工程建设要严格按照建设程序进行。根据《水利工程建设项目管理规定》(水建〔1995〕128号),水电工程建设的一般程序如图1-3所示。

1.5 雅砻江流域梯级水电开发

雅砻江发源于青海省巴颜喀拉山南麓,自西北向东南在呷依寺附近流入四川,由北向南流经甘孜藏族自治州、凉山彝族自治州,于攀枝花市汇入金沙江。干流全长1 571 km,天然落差3 830 m,流域面积13.6万km²,年径流量609亿m³,水力资源技术可开发容量3 461.96万kW,技术可开发年发电量1 840.36亿kWh,其中雅砻江干流技术可开发容量约3 000万kW,技术可开发年发电量约1 500亿kWh,占四川省全省的24%,约占全国的5%,在我国十三大水电基地中装机规模排名第三。

根据地形地质、地理位置、交通及施工等条件,雅砻江干流划分为上游、中游、下游三个

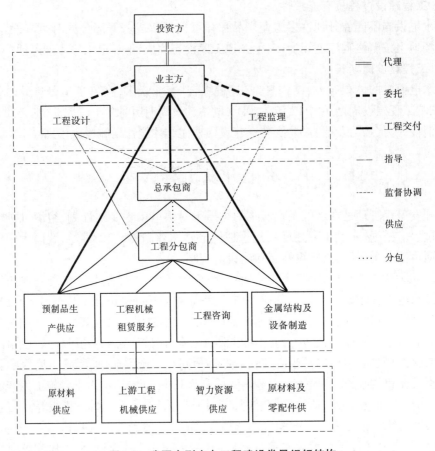

图 1-2 我国大型水电工程建设常见组织结构

河段。根据历次流域水能资源查勘、复勘资料和已经审定的中游、下游河段水电规划及河段开发方式调整报告、审定的项目预可研或可研专题报告,雅砻江干流初步拟订 22 级梯级电站的开发方案,计划分四个阶段开发完毕。结合主要工程物资管理,雅砻江流域水电开发具有以下特点。

1.5.1 梯级滚动开发,多电站建设高峰期重叠

根据"雅砻江流域水能资源开发四阶段战略",在对雅砻江流域实施梯级滚动开发的过程中,一般将同时开发建设多个梯级水电站,且可能有多个电站的建设高峰期相重叠(如 2009～2011 年期间,锦屏一级、二级和官地水电站同时进入施工高峰期;2018～2020 年期间,两河口、牙根一级、杨房沟、卡拉水电站、雅砻江上游新龙境内的多个梯级电站将可能同时进入施工高峰期)。

由于电站规模、地形地质条件及工程建设所面临的客观环境,即使是单个项目,其复杂程度、管理难度均很大。而对于多项目或者项目群管理,其复杂程度、技术难度和管理难度成倍增加,工程物资管理和供应需统筹考虑多个项目的建设需求,项目建设的资源安全面临巨大风险。

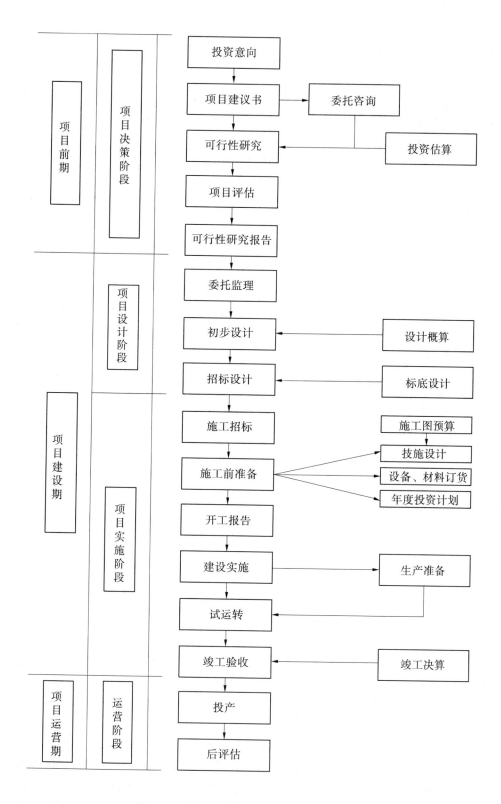

图 1-3　水利水电开发工程建设的一般程序

1.5.2 主要工程物资需求量巨大,技术指标要求高

由于多个电站同时进入施工高峰期,工程建设所需的主要工程物资(如水泥、钢筋、粉煤灰等)的需求总量巨大,高峰期突出,给物资供应带来了极大的挑战。锦屏一级、二级水电站主要工程物资(水泥、钢筋、粉煤灰)需求总量超700万t;官地水电站主要工程物资(水泥、钢筋、粉煤灰)需求总量超200万t。2006~2011年期间,雅砻江流域各梯级电站已实现供应主要工程物资926万t,其中高峰年(2011年)供应总量达262万t,高峰月供应量达25.6万t,高峰年度供应总量及月供应量也已远超过三峡、龙滩、小湾工程及国内其他流域水电开发企业的供应量。

雅砻江流域多个梯级电站建设过程中面临多项世界性难题:锦屏一级水电站为世界上最高的混凝土双曲薄拱坝;锦屏二级水电站有世界上规模最大的地下洞室群;官地水电站大坝在碾压混凝土坝中坝高第三、混凝土方量第二;两河口水电站工程规模居世界同类坝型前列;雅砻江上游各梯级电站建设面临高寒高海拔的挑战。各电站本身的技术难度,加之地质和原材料的限制,给各电站建设所需的主要工程原材料的品质提出了很高的技术要求(如锦屏一级水电站中热水泥和粉煤灰有多项技术要求超过国家标准,两河口水电站建设需采用低碱水泥等),进一步加大了物资供应保障的难度。

1.5.3 工程地理位置偏僻,施工场地狭窄,物流环境差

雅砻江流域各梯级水电站大多地处高山峡谷,地形险峻,地势狭窄,周边地区经济欠发达,交通条件较差,这些制约性的条件给工程枢纽布置和工程建设带来许多限制因素。而且各项目建设期间外来物资运输量大、种类多、高峰运输强度突出、持续时间长,这与现有交通落后的现状形成巨大反差。

根据工程所处的地理位置、交通状况及目前可供选择潜在供应商分布,雅砻江流域各梯级电站的主要工程物资和设备仅依赖于铁路和公路运输。对于铁路运输而言,铁路季节性运输强度的差异、成昆线运力紧张、铁路运输线路及站点改造、车皮计划申请困难等因素,使铁路运输保障不定期出现困难;对于公路运输而言,主要对外交通运输路面损毁严重、路基及边坡不稳、部分路段交通管制、冬季冰雪及雨季泥石流灾害等因素,给公路运输保障也带来很大难度。物流环节已成为整个供应链的制约因素,且这种困难状况势必长期存在。

随着雅砻江流域水电开发重心逐渐向中上游转移,与下游各梯级电站相比,以两河口水电站为代表的雅砻江中上游电站的工程地理位置更加偏僻,物流环境更差,社会环境复杂,且电站周边地区成熟供应商缺乏,主要工程物资依赖汽车长距离运输,使雅砻江中上游电站建设期间的物资供应保障面临极大的挑战和风险。

1.5.4 工程建设期间资源紧缺,成熟供应商缺乏

随着我国西部大开发的持续推进,以及雅砻江流域、金沙江流域、大渡河流域、澜沧江流域等水电开发的加速推进,有多个水电工程与雅砻江流域各梯级电站的建设高峰期相重叠(向家坝、溪洛渡、阿海等项目及锦屏一级、二级和官地水电站建设高峰期重叠;白鹤滩、乌东德项目将可能与两河口、杨房沟、卡拉、牙根一级、牙根二级水电站建设高峰期重叠),且由于西南地区铁路、公路等基础建设的大规模展开,周边地区水泥、粉煤灰、钢筋等主要工程

物资的需求量巨大,优质资源极为紧缺,供需矛盾突出,各工程建设项目对优质供应商的争夺异常激烈,物资供应工作面临着巨大的挑战。

由于雅砻江流域业主统供物资需求量巨大,技术指标要求很高,而周边潜在供应商在前期无相关供应经验,从管理和技术上难以满足供应要求,给主体工程建设期间尤其是物资供应高峰期带来较大的风险,需要考虑对周边地区潜在供应商进行培育或进一步寻求供应能力强、品质可靠的优秀供应商作为战略合作伙伴,以保障工程建设期间的资源安全。

第二部分　工程物资供应链管理基础

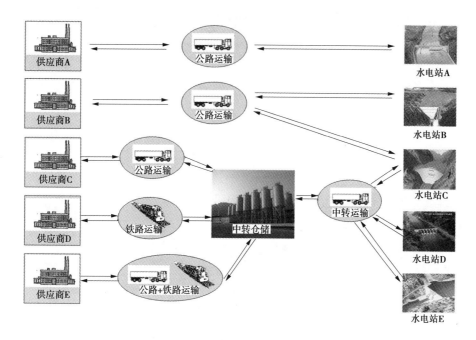

本部分从供应链和供应链管理的基本概念出发,结合水电开发工程建设程序及工程管理特点,讨论传统的工程物资管理及面临新时期工程建设管理模式和资源供应市场机制变化的困难,提出一般意义下工程物资供应链管理的主旨思想,进而逐步过渡到流域梯级水电开发工程物资供应链管理。

第2章 供应链管理基础

2.1 概 述

进入 20 世纪末,随着经济全球化进程的日益加剧、企业越来越重视其核心竞争力的加强以及社会化分工的愈加细分,传统市场企业之间的竞争模式逐步演变成供应链之间的竞争,企业也逐步意识到其成功取决于管理供应链网络的能力。因而,推动了现代企业进入一个全球化竞争的新高度。

全球经济一体化是近年来国际经济发展的一个主要趋势,同时企业面临不断急剧变化的市场需求、多样化的客户需求、不断缩短的产品交货期以及提高质量、降低成本和改进服务的压力。在这种急剧变化的经营环境下,企业逐渐意识到,要在竞争激烈的市场中生存下来,必须与其他企业建立战略上的伙伴关系,实行优势互补,发挥企业各自的核心竞争能力,并且在一种跨企业的集成管理模式下,使各个企业能够实现业务协同,这样才能适应新的环境变化,供应链管理思想就是在这样的背景下产生的。

供应链管理的目标是以更完整的产品组合,满足不断增长的市场需求;面对市场需求多样化的趋势,不断缩短供应链完成周期;对于市场需求不确定性,缩短供给与消费的市场距离,实现快速、有效的反应;不断降低整个供应链的运营成本和总费用;建立一个和谐的供应链管理体系,在创新的管理体系中创造管理价值。

根据美国的 Pittiglio Rabin Todd & McGrath(PRTM)公司、国际供应链理事会等组织的调查分析,HP、DEC、P&G、IBM、DELL 等公司在供应链管理实践中获得了成功,并借助于供应链管理提高了国际竞争能力。供应链管理实践证明,通过改善供应链管理能够大幅度提高生产率(如图 2-1 所示)。

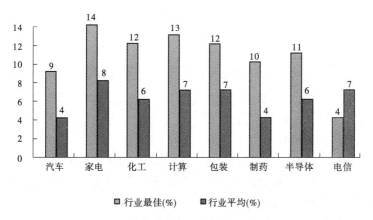

图 2-1 改善供应链管理所提高的生产率

在典型制造商的成本结构中,供应链所涉及的成本占 60% ~ 80% ,高效的供应链管理可以使总成本下降10%,相当于节省总销售额的3%~6%,同时明显提高了客户需求预测和管理水平。PRTM公司的调查分析结果也表明,企业实施供应链管理可以获得如下益处:

(1)供应链管理的实施使总成本下降了10%。

(2)供应链系统中企业的按时交货率提高了15%以上。

(3)订货—生产的周期缩短了25%~35%。

(4)供应链中企业的生产率提高了10%以上。

(5)核心企业的资产增长率为15%~20%。

如今,供应链管理已经成为企业参与全球市场竞争的重要战略。因此,任何一个希望步入国际化市场的企业都应该从供应链管理角度来考虑整个企业的生产经营活动,努力创造自己的核心竞争力,使企业成为整个社会价值链的一个重要坏节。

2.2　供应链管理

一般地,人们所关注的供应链会包括产品到达消费者手中之前所有参与供应、生产、分配和销售的公司和企业。国际供应链理事会(Supply Chain Council)提出:供应链包括从供应商的供应商到客户的客户在生产和交付一个最终产品或服务中的任何努力。著名供应链管理学者 LEE H L 等认为供应链是由物料获取并加工成中间件或成品、再将成品送到用户手中的一些企业和部门构成的网络。我国国家标准《物流术语》(GB/T 18354—2006)中定义供应链为"生产及流通过程中,为了将产品或服务交付给最终用户,由上游与下游企业共同建立的网链状组织"。供应链对上游的供应商、中间的生产者和运输商以及下游的消费者同样重视。因此,供应链管理就是指对整个供应链系统进行计划、协调、操作、控制和优化的各种活动和过程,其目标是要将消费者所需的正确的产品,能够在正确的时间,按照正确的数量、正确的质量、正确的状态,送到正确的地点。在"以客户为中心"理念的驱动下,供应链管理已经成为表征企业核心竞争力的一项重要指标。

2.2.1　供应链管理的定义

供应链管理作为管理学的一个新概念,已经成为管理哲学中的一个新元素。但从理论与实践两方面综合来看,并没有一个统一的关于供应链管理的定义。而对于定义的解析将是认识供应链管理的重要基础。

Scott 与 Westbrook 将供应链管理描述成一条连接制造与供应过程中每一个元素的链,包含了从原材料到最终消费者的所有业务环节,其给出的供应链管理的定义包含了整个价值链,描述了从原材料开采到使用结束,整个过程中的采购与供应管理流程。Baatz 进一步将供应链管理扩展到物资的再生或再利用过程。供应链管理主要集中在如何使企业利用供应商的工艺流程、技术和能力来提高他们的竞争力,在组织内实现产品设计、生产制造、物流和采购管理功能的协作。当价值链中的所有战略组织集成为一个统一的知识实体,并贯穿整个供应链网络时,企业运作的效率将会进一步提高。

以上供应链管理的定义,描述了贯穿整个价值链的信息流、物流和资金流流动过程(如图2-2所示)。但是,由于广义供应链管理描述的价值链非常复杂,企业无法获得供应链管理提供的全部利益。因而,产生了相对狭义的供应链管理定义:在一个组织内集成不同功能领域的物流,加强从直接战略供应商通过生产制造商与分销商到最终消费者的联系,通过利用直接战略供应商的能力与技术,尤其是供应商在产品设计阶段的早期参与,已经成为提高生产制造商效率和竞争力的有效手段。

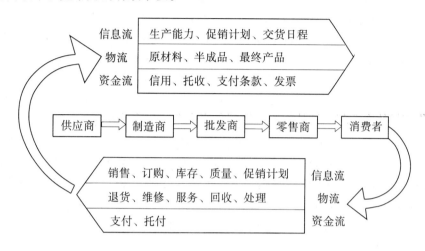

图 2-2　供应链管理流程

从供应链活动集成管理全局的视角来进行定义也是一类常用的方法。我国国家标准《物流术语》中对将供应链管理定义为:"对供应链涉及的全部活动进行计划、组织、协调与控制。"总部设于美国俄亥俄州立大学的全球供应链论坛(Global Supply Chain Forum,GSCF)将供应链管理定义成:"为消费者带来有价值的产品、服务以及信息的、从源头供应商到最终消费者的集成业务模型。"

2.2.2　供应链管理的特点

供应链管理是一种新型的符合社会经济发展趋势的管理模式,其特点可以从与传统管理方法和与传统物流管理的比较中进行解析。

2.2.2.1　与传统管理方法的比较

供应链管理主要致力于建立成员之间的合作关系,与传统的管理方法相比,它具有如下特点。

1. 以客户为中心

在供应链管理中,客户服务目标的设定通常是首要的。供应链管理中以客户满意为最高目标。供应链管理本质上是满足客户需求,供应链运行中通过尽可能降低供应链运行成本的战略的实施,实现对客户需求的快速反应,从而提高客户满意度,获取供应链在业务领域的竞争优势。

2. 合作伙伴之间密切合作、利益共享、风险共担

在供应链管理中,企业需要改变传统的经营模式,跨越组织边界建立起新型的客户关系,参与到供应链中的成员需要清楚不能仅依靠自己的资源来参与市场竞争、提高经营效率,而还需要通过与供应链参与各方进行跨职能、跨企业的合作,建立具有共同利益的合作伙伴关系,发展企业之间稳定的利益共享、风险共担的互助合作关系,达成一种多赢的局面。

3. 集成化管理

在供应链管理中应用不断发展的信息技术,重组业务模型,实现集成化管理。信息流已经成为供应链管理的核心要素之一,离开信息技术的支撑,供应链管理就会丧失应有的价值。通过应用现代信息技术,如物联网技术、无线射频识别技术(RFID)、条形码技术、电子订货系统、POS(Point of Sales)数据读取系统、电子支付系统等,使供应链成员不仅能及时有效地获得其客户的需求信息,并对信息做出及时响应,满足客户的需求。信息技术能缩短从订货到交货的时间间隔,提高客户服务水平。信息技术的应用可以提高事务处理的准确性和速度,降低人力资源成本,简化作业流程,提高运行效率。

4. 供应链管理是对物流的一体化管理

物流一体化是指不同职能部门之间或不同企业之间通过物流合作,达到提高物流效率、降低物流成本的目的,供应链管理实质上是通过物流将供应链各节点企业联结起来,将从供应商开始到最终消费者的物流活动作为一个整体进行统一管理,始终从整体和全局上组织协调各项物流活动,实现供应链物流的整体最优。在供应链管理模式下,通过供应链成员之间的信息交换与共享,使得供应链的库存总量大幅降低,从而减少资金占用和库存维持成本,并有效规避缺货风险。

2.2.2.2 与物流管理相比较

物流已经发展成为供应链管理的一部分,它改变了传统物流的内涵,因此与物流管理相比,供应链管理具有如下特点。

1. 供应链管理的互动特性

从管理的对象来看,传统物流是以存货资产作为管理对象的,供应链管理则是对供应链全局的存货流动中的业务过程进行管理,因此具有互动的特征。

2. 供应链管理成为物流的高级形态

事实上,供应链管理是从传统物流的基础上发展起来的。从企业运作的层次来看,从实物分配开始,到整合物资管理,再到整合信息管理,通过功能的逐步整合和实施形成了多级物的流动。从合作伙伴关系的层次来看,则有从制造商向批发商和分销商再到最终客户的后向整合,以及向供应商的逆向整合。所以,供应链管理看起来是一个新概念,实际上它是传统物流在业务逻辑上的延伸。

3. 供应链管理决策的发展

供应链管理决策和物流管理决策都是以成本、时间和绩效为基准点的,供应链管理决策在包含运输决策、选址决策和库存决策的物流管理决策的基础上,增加了关系决策和业务模型整合决策等。

物流管理决策和供应链管理决策的综合目标,都是最大限度地提高客户的服务水平。用系统论的观点看,物流是供应链管理系统的一个子系统。所以,物流中的决策必须服从供应链管理的整体决策。

4. 供应链管理的协商机制

在传统的物流模式中,企业内部通过一个生产和营销计划体系来控制产品和信息的流动,与上游的供应商和下游的客户的关系本质上是利益冲突的买卖关系。供应链管理中的计划体系是通过供应链成员之间的协商和协调达成的,其目的是谋求在供应链成员之间的资源互补和业务协同,最终实现成员之间多方共赢。

5.供应链管理强调组织外部一体化

物流更加关注组织内部的功能整合,而供应链管理认为只有组织内部的一体化是远远不够的。供应链管理是一高度互动和复杂的系统工程,需要同步考虑不同层次上相互关联的技术经济问题,进行成本效益权衡。跨边界和跨组织的一体化管理使组织的边界变得更加模糊。

6.供应链管理是"外源"整合组织

供应链管理与垂直一体化物流不同,它是企业在自己的核心业务基础上,通过协作的方式,整合外部资源,以获得最佳的总体运营效益。除核心业务外,其他几乎每件事都可能由外部资源来完成。表面上看这些企业是将部分制造和服务活动委托其他企业代为加工制造或服务,实质上是企业按照市场的需求,在合作共赢的前提下,根据规则对由标准、品牌、知识、核心技术和创新能力所构成的社会经济系统进行整合或重新配置社会经济资源,从而快速地以较高服务水平响应客户需求。供应链管理在获得外部资源配置的同时,也将原先的内部成本外部化,通过清晰的过程进行成本核算和成本控制,可以更好地优化客户服务和实施客户关系管理。

7.供应链管理是一个动态的响应系统

在供应链管理的具体实践中,应该实时关注对关键过程的管理和测评,高度动态的市场环境要求对供应链的运营状况实施规范的实时监控和评价,如果没有实现预期的目标,就必须采取相应的调控措施。

2.3 供应链库存策略

不确定性在社会经济运行中广泛存在,供应链管理中也会不无例外地面临不确定性的问题,需求和供应中的不确定性会造成"牛鞭效应",进而会导致供应链体系中的整体库存增加,给供应链各节点企业带来不必要的成本负担,合适的库存控制策略将是供应链管理成功的关键要素,库存控制也将是后文讨论工程物资供应链管理的核心内容之一。

2.3.1 供应链管理中的"牛鞭效应"

供应链上存在着需求与供给的不确定性,即向供应商订货量的方差会大于向其客户销售量的方差。并且这种波动会沿着供应链向上游不断地扩大,这种现象称之为"牛鞭效应"。供应链中的不确定性来自供应商、制造商、分销商和客户等所有成员,并沿着供应链逐级传播。供应商可能由于生产故障或运输延迟而耽误交货,导致制造商建立一定的安全库存。同时,制造过程本身也会发生许多突发事件,阻断物流过程,最终使制造商不能按时供货。为此,下游分销商不得不储备大量的库存。另一方面,分销商的供货又是不确定的,直接影响对客户的服务水平。反过来,不确定的客户需求又逆着供应链逐渐向上游传播,形成了不确定性循环。

供应链上的不确定性已经引起众多学者的关注并开展研究,Forrester 基于系统动力学原理,首先分析了消费需求波动沿着供应链向上游企业逐级放大的系统特性(如图 2-3 所示)。研究表明,供应链中产生牛鞭效应的原因主要有需求预测和库存管理方法、价格波动、交货周期、批量订货、经济波动与预期性订货等。在目前的经济环境中,牛鞭效应是不能消除的,但可以借助供应商或制造商和零售商之间的信息共享,来减轻牛鞭效应带来的负面影响。信息共享能给供应商带来减轻牛鞭效应、减少现有平均库存以及降低成本等好处,使供应商在库存决策方面更为主动,降低由于过高的库存量而造成的风险。

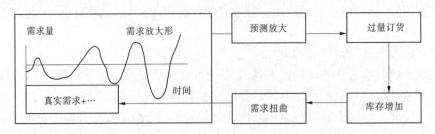

图2-3　牛鞭效应

　　缺乏协调的供应链容易导致双重边际效应、牛鞭效应等低效率行为,因此在供应链管理过程中,一个重要的问题是如何协调供应链节点企业的行为。供应链管理研究和实践表明,增加供应链节点企业间的联系与合作,提高信息共享程度,用覆盖整个供应链的决策系统代替缺乏柔性和集成度差的决策体系,使供应链各个节点企业都能清晰地观察到物流、资金流和信息流,以达到更好地协调各个节点企业、降低供应链成本、降低各个环节的延迟时间、消除信息扭曲的“牛鞭效应”的目的,已经成为实施供应链管理的关键,通过建立基于 Internet/Intranet 的供应链管理体系,为确保供应链经济、高效、合理的运营提供创造条件。

2.3.2　传统的库存管理模式

　　传统的库存管理模式是建立在预测基础上的,由于市场的波动性,预测的准确性受到影响,从而增加了企业的库存量。

　　在传统的管理模式中,较高的客户服务水平和较低的库存成本通常是一对相互冲突的目标,由此库存管理部门和其他部门的日常工作中会存在冲突。库存管理部门力求将库存水平控制在一个较低的水平,以减少资金的占用,降低成本;销售部门则希望保持较高的库存水平和尽可能备齐各种商品来避免发生缺货现象,以提高客户满意度;采购部门为了降低采购单价往往会充分利用供应商给出的数量折扣,通过一次采购大量的物资以实现较低的单位购买价格,而这不可避免地导致库存水平的升高;制造部门愿意对同一产品进行长期稳定的大批量生产,这样可以降低单位产品生产的固定费用,然而这样往往增加成品库存水平;运输部门也会倾向于大批量运输,利用运量经济来降低单位运输成本,同样会增加每次运输过程中的库存水平。

　　与此同时,传统模式下各库存节点的库存控制一般相对独立,各部门都各自管理着自己的库存。分销商有自己的库存,制造商有自己的库存,供应商也有自己的库存。与此同时,供应链上各节点企业都有自己相对独立的库存控制策略,其库存控制策略不同且缺乏信息共享。传统企业的库存管理是静态的、单级的,库存控制决策没有与上下游联系起来,无法利用供应链上的资源。

　　图2-4 中描述了一种传统的由订单驱动的供应链模型。图2-4 表明,制造商得到的只是分销商发来的订单信息,并不知道分销商对需求的预测信息、库存量和库存策略,供应商与制造商之间也是一样的。这是一种缺乏信息共享、缺乏合作与协调的供应链管理方式,因

· 22 ·

此不可避免地会产生需求扭曲现象。企业为规避无法预测的市场风险,都会保留大量的库存来应付下游需求的波动。

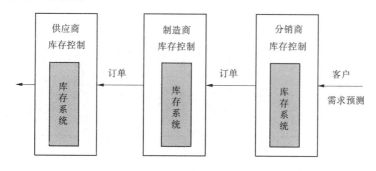

图 2-4　传统的由订单驱动的供应链

2.3.3　供应链管理中新型的库存策略

在供应链中存在着由各种不确定因素形成的库存,供应链管理中的库存策略也应该随不确定性的来源发生变化,简单的库存策略不能满足要求。可以根据库存产生的原因将其划分为两类:

第一类,由于企业内部生产与控制系统而形成的在制品库存。包括车间在制品、半成品和毛坯库存。其目的主要是用来应付生产过程的各种变化,最小批量生产的要求,以及均衡生产计划。

第二类,由于供应链节点企业之间的合作缺陷而造成的库存,包括原材料、标准件、协配件、产成品库存。例如,为防止供应商缺货,放大采购量而增加的库存。

显然,企业在复杂多变的市场中面对的不确定因素是不可避免的,供应链节点企业之间的不确定性因素,是导致需求变异放大、产品积压、库存增加的主要原因。

从供应链管理过程来看,库存成本过高是很普遍的现象。究其原因主要是供应商和制造商都采用了过于简单的库存策略。供应链管理中的库存问题和企业中的传统库存问题有所不同,它充分体现了供应链管理思想对库存的影响。传统的库存主要是用来应付不确定性的。企业库存管理主要侧重于优化单一的库存成本,从存储成本和订货成本出发确定经济订货批量和订货点。从单一企业的库存角度来看,这种库存管理方法有一定的适用性。但是,从供应链整体来看,单一企业库存管理的方法显然是不够的。

面向单一企业的简化模型,忽视了两个可以使企业获利的途径:一是通过合作能找到一个使买卖双方共同获益的最优订购量,节省的费用双方共同分享;二是无须改变订购策略,采取诸如加大在物料处理设备或数据交换技术上的投资等措施,就可降低成本。供应链管理不再将库存当作维持生产和销售的措施,而将它作为一种供应链的平衡机制。通过应用简化供应链和经济控制论等方法解除薄弱环节来寻求总体平衡。通过物流 JIT 要求供应链上的所有要素同步,实现采购、运输、库存、生产、销售及供应商、客户营销系统的一体化,促进物料与产品的有效流动,追求物料在配送渠道中流动的最高效率。

图 2-5 描述了一种新型的、贯穿供应链成员的供应计划。合作伙伴之间得到的信息不再仅仅是客户的订货,还有客户的需求预测、库存量和库存策略。因此,上游企业对下游企

业有了更清楚的了解,从而消除了一部分不确定性,可以更好地计划和组织自身的生产和订货。同时,还可以协调上游组织对下游组织进行一定的计划和管理工作。

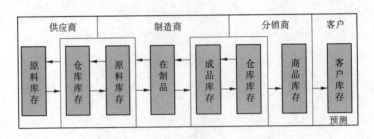

图 2-5　新型的、贯穿供应链成员的供应计划

2.4　联合库存管理

近年来,在供应链节点企业之间的合作关系中,更加强调双方的互利合作关系,联合库存管理模式(Joint Managed Inventory,JMI)就体现了战略供应商联盟的新型企业合作关系。在联合库存管理中,更多地体现了供应链节点企业之间的协作关系,从而提高了供应链库存管理能力。

2.4.1　联合库存管理的定义

联合库存管理是一种基于协调中心的库存管理方法,是为了解决供应链体系中的牛鞭效应,提高供应链的同步化程度而提出的。

联合库存强调供应链节点企业同时参与,共同制订库存计划,使供应链管理过程中的每个库存管理者都能从相互之间的协调性来考虑问题,保证供应链相邻的两个节点之间的库存管理者对需求的预测水平保持一致,从而消除需求变异放大现象。任何相邻节点需求的确定都是供需双方协调的结果,库存管理不再是各自为政的独立运营过程,而是供需连接的纽带和协调中心(如图 2-6 所示)。

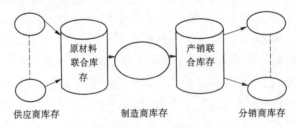

图 2-6　联合库存业务模型

2.4.2　联合库存管理的优点

与传统的库存管理模式相比,JMI 具有如下几个方面的优点:

(1)为实现供应链的同步化提供了条件和保证;

（2）减少了供应链中的需求扭曲现象，降低了诸多不确定性因素的影响，提高了供应链的稳定性；

（3）库存作为供需双方的信息交流和协调的纽带，可以暴露供应链管理中的缺陷，为改进供应链管理水平提供了依据；

（4）为实现零库存管理、JIT 采购以及精细供应链管理创造了条件；

（5）进一步体现了供应链管理的资源共享和风险分担的原则。

为了发挥联合库存管理的作用，供需双方应从合作互利的精神出发，建立供需协调管理的机制明确各自的目标和责任，建立合作沟通的渠道，为供应链联合库存管理策略提供有效的机制。

2.5　供应商管理库存的模式

如果每个供应链节点企业都孤立地开展库存管理决策，如最小最大库存策略(s, S)，某物品的实时库存量一旦低于最小库存 s，就发出订单，将物品库存量补充至最大库存水平 S。供应链下游成员采用的库存策略及需求预测方法将决定其订货点的数量和订货时间点，决定其向上游企业发出的订单。如果市场发生变化，各级订单的内容、批量、产品价格、产品的调剂规则等都会随之动态变化。各节点企业为了应付需求变化不得不进行需求预测，形成了多级顶测，将加大供应链上的整体库存水平。由于供应链系统整体需求信息的非共享性及每个节点企业拥有信息的不完全性，造成需求预测及相关信息的不准确，并在逐级传播过程中失真，使供应链系统不能有效、高效地运营。而供应商管理库存（Vendor Managed Inventory，VMI）模式能使制造商得到其上游供货商在库存控制上的帮助，形成需求信息共享，从而有效地抑制提前采购和运输的发生，降低供应链上的库存量。

2.5.1　供应商管理库存的定义

供应商管理库存是一种供应链成员之间的合作性策略，它以系统的、集成的管理思想进行库存管理，使整个供应链系统能够同步优化运行。在这种库存控制策略下，下游企业共享其客户需求信息，并允许上游企业对下游企业的库存策略、订货策略进行计划和管理，在已经达成一致的目标框架下由供应商来管理制造商的库存。而且，在一种持续改进的环境中，目标框架也会经常性地被修改。

供应商与客户企业之间实现信息交换、信息共享后，信息便代替了库存，拥有最佳的信息就可以达到最小的库存，大大降低缺货的概率，更好地改善客户满意度和销售状况。

供应商管理库存的思想打破了传统的各自为政的库存管理模式，体现了供应链的集成化管理思想。制造商可以利用 EDI 和电子商务平台，从他们的下游零售商那里实时获得销售端点的数据，并调取零售商的库存文档，及时补充存货，并按市场需求安排生产和财务计划。制造商与零售商的紧密合作大大地改善了整个流程，减少了不必要的系统成本、库存和固定资产，共同着眼于最终客户的需求，制造商不再依赖零售商的订货而组织生产和供货，从而降低整个供应链的库存。

2.5.2 实施 VMI 的要求

实施 VMI 要求企业内部与企业之间建立紧密的合作关系,主要表现在如下几点。

2.5.2.1 企业内部紧密合作

供应商内部、制造商内部的不同部门要紧密合作,保证按时供货。在一个企业内部,高级管理者完全有能力控制基层单位的作业过程,并实施集中管理,最终缩短生产提前期,降低半成品和在制品库存。

2.5.2.2 企业之间紧密合作

供应商、制造商、分销商和客户之间建立起战略合作伙伴关系,减少产品的阶段性库存。尤其供应商、制造商、分销商和客户要进行最有效的信息交换,保证传递真实信息,这是供应链节点企业合作的关键。

2.5.3 VMI 协议

VMI 的实施主要根据企业双方签订的协议。根据协议,供应商被授权负责对制造商分销网络中的库存点进行监视,并制订计划和直接补充库存。也就是说,在 VMI 模式下供应商确定何时补充库存以及补库数量,而不是被动地等待制造商发出的订单。VMI 与传统的 EDI 订货有相当大的区别,传统的 EDI 订货数量由制造商确定。这样的协议对供应商和制造商都是有利的,主要表现在:

(1)制造商能够减轻订货及监视采购的负担。

(2)供应商也能够从以下方面受益:第一,减少需求预测的次数及需求预测的不确定性;第二,减少物流成本;第三,缩短交货时间;第四,改善服务水平;第五,降低运输成本。

2.5.4 VMI 风险管理策略

从某种意义上讲,供应商管理库存是企业实现库存成本和风险转移的一条重要途径。通过契约的形式,企业将本来应该由自己承担的成本和风险转移给供应商,形成一个利益共享、风险共担的合作联盟。

Wal-mart 和宝洁公司就是这种合作的典范。Wal-mart 的每日库存维持量、库存情况和销售情况通过 EDI 方式直接通知宝洁公司的地区流通中心,双方共同建立了自动发货和产品类别组合改善系统。这种合作使 Wal-mart 的库存周转率增加了 2 倍,成本下降,并从宝洁的营业促销中获利。宝洁也大大提高了产品周转率,能将当天生产的产品直接上市。更重要的是,宝洁借此促进了天天低价政策的实施,降低了相同产品在不同时期的价格差别幅度,防止了虚假订货信息,使偏好宝洁品牌的客户能在任一地点、任一时间,以相同的价格购买宝洁产品,提高了客户满意度和忠诚度。

2.5.5 供应商管理库存的实施方法

在供应链管理中,VMI 模式的应用,将上游企业的库存从上游企业内部转移到下游企业,使下游企业有效地降低库存,甚至实行零库存。下游企业库存成本的转移,也使上游企业在竞争的市场环境中获得了市场份额,从而创造了更大的价值。可见,借助于 VMI,下游企业和上游企业通过共享信息和共同库存计划可以降低库存风险。在供应链体系中的

VMI,并不是要建立上游企业－下游企业的一对一的合作模式,存储于某个下游企业内的VMI库存,作为上游企业和该企业的共享资源,可以辐射周边的相关组织。因此,VMI在供应链管理中具有集成化管理和营销的功能。

采用VMI管理策略要求建立企业战略联盟,并从组织上促进企业间的信息共享,在信息、库存和物流等方面进行系统化管理,实施供应商管理库存主要包括如下内容:

(1)在行业中占主导地位的企业实施供应商管理模式成为核心企业,在核心企业的主导下完成供应链的构建,核心企业与其他企业之间连接成供应链网络。

(2)建立法律和市场环境下的合作框架协议,实现合作伙伴间密切合作、利益共享、风险共担,共同确定补货点、最低库存水平参数、库存信息传递方式等。

(3)充分利用信息技术实现供应链上的信息集成,达到共享订货、库存状态、缺货状况、生产计划、运输安排、在途库存、资金结算等信息。

(4)建立完备的物流系统,实现对储存、分销和运输货物进行综合管理,使自动化系统、分销系统、存储系统和运输系统等同步实现数字化管理,实时反馈物流各个环节的信息,为供应链运行决策提供依据,有效地降低物流成本。

2.6　协同式供应链库存管理

供应链管理实践表明,VMI是一种比较先进的库存管理方法,但VMI也存在以下几方面问题:

(1)VMI通常是单向的,决策过程中缺乏协商,难免造成失误;

(2)实际执行中供应链往往很难实现真正的集成,使得库存水平较高,订单执行速度慢;

(3)促销和库存补给项目没有很好的协调;

(4)当发现供应出现问题(如产品短缺)时,留给供应商进行解决的时间非常有限。

这些现实问题的存在推动了新的供应链库存模式的发展,20世纪90年代末又出现了一种新的供应链管理技术－协同规划、预测和补给(Collaborative Planning,Forecasting & Replenishment,CPFR)。

2.6.1　CPFR的定义

CPFR是一种协同式的供应链库存管理技术,它能同时降低销售商的存货量,增加供应商的销售量。CPFR的最大优势是能及时准确地预测由各项促销措施或异常变化带来的销售高峰和波动,从而使销售商和供应商都能做好充分的准备,赢得主动。CPFR采取了双赢的原则,始终从全局的观点出发,制定统一的管理目标以及实施方案,以库存管理为核心,兼顾供应链上其他方面的管理。因此,CPFR能在合作伙伴之间实现更加深入广泛的合作。

2.6.2　CPFR的特点

CPFR应用一系列处理和技术模型,提供覆盖整个供应链的合作过程,通过共同管理业务过程和共享信息,来改善零售商和供应商的伙伴关系,提高预测的准确度。最终达到提高供应链效率、降低库存和提高客户满意度的目的。CPFR更有利于实现伙伴间更广泛深入的合作,主要体现在如下几方面。

2.6.2.1　面向客户需求的合作框架

在 CPFR 结构中,合作伙伴构成的框架及其运行规则,主要基于客户的需求和整个价值链的增值能力。由于供应链节点企业的运营过程、竞争能力和信息来源等都存在差异,无法完全达成一致,在 CPFR 中就设计了若干运营方案供合作企业选择。一个企业可选择多个方案,各方案都确定了核心企业来承担产品的主要生产任务。

2.6.2.2　基于销售预测报告的生产计划

销售商和制造商对市场有着不同的认识。销售商直接和最终消费者见面,他们可根据POS 数据来推测消费者的需求,同时销售商也和若干制造商有联系,并可了解他们的市场销售计划。制造商和若干销售商联系,并了解他们的商业计划。根据这些不同,在没有泄露各自商业机密的前提下,销售商和制造商可交换他们的信息和数据,来改善他们的市场预测能力,使最终的预测报告更为准确、可信。供应链节点企业则根据这个预测报告来制订各自的生产计划,从而使供应链的管理得到集成(如图 2-7 所示)。

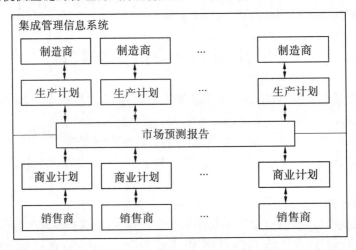

图 2-7　制造商和销售商集成系统模型

2.6.2.3　供应过程中约束的消除

供应过程的约束主要源于企业的生产柔性不够。通常,销售商的订单所规定的交货日期比制造商生产这些产品的时间要短。在这种情况下,制造商不得不保持一定的产品库存,但是如果能延长订单周期,使之与制造商的生产周期相一致,那么生产商就可真正做到按订单生产及零库存管理。制造商就可以减少甚至去掉库存,大大提高企业的经济效益。另一个有望解决的限制是贯穿于产品制造、运输及分销等过程的企业间资源的优化调度问题。优化供应链库存和改善客户服务,最终为供应链伙伴带来丰厚的收益。

第3章 工程物资供应链管理

3.1 传统工程物资管理

在工程项目建设施工中,工程物资品种繁多、数量大,来源广泛,尤其是主要材料(主要用于构筑建筑物实体)往往占工程建设的30%左右,有的甚至达到建安工程的70%。

3.1.1 工程物资分类

从广义上来说,物资是所有物质资料的总称,包括生产资料和生活资料。从狭义上来讲,物资是指经过劳动加工的生产资料,主要是指建筑工程施工生产所需的所有原材料、燃料、机械、电工及动力设备和交通运输工具等。因此,工程物资按照狭义的解释,主要指建筑工程中所需的各种原材料,不仅包括构成建筑物或构筑物本身所使用的建筑材料,而且包括水、电、燃气等配套工程所需设备和器材,以及在建筑施工中使用和消耗的材料,如脚手架、组合钢模板、安全防护网等。本书的供应链管理对象仅限于建筑材料这一类工程物资。

建筑材料在工程施工中应用广泛,为便于区分和归类,通常对这些物资采用按自然属性成分、使用功能等来进行分类。

(1)按自然属性分类。按照材料本身的自然属性,将建筑材料分为金属材料、有机非金属材料和无机非金属材料三大类。

(2)按使用功能分类。按建筑材料的使用功能,并按照在生产中发挥的不同作用又可分为主要材料、辅助材料、燃料和周转性材料等四大类。

建筑工程中材料的具体分类情况参见表3-1。

表3-1 建筑工程中材料分类

项目		说明
按材料的自然属性划分	金属材料	主要包括建筑钢材、铸造制品、有色金属及制品、小五金等
	有机非金属材料	包括木材、竹材、建筑塑料、油漆涂料、防水材料等
	无机非金属材料	包括水泥、玻璃、陶瓷、砖、瓦、石灰、砂石、耐火材料、混凝土制品等
按材料在生产中的作用划分	主要材料(包括原材料)	建筑工程实体中主要消耗的材料,如砖、瓦、砂(石)料、水泥、木材、钢材、止水带等

项目		说明
按材料在生产中的作用划分	辅助材料	不构成建筑工程实体中的主要材料,但在具体施工中需要被使用和消耗的材料统一称为辅助材料。按照具体使用功能又大致分为三类:①和主要材料配合使用,并产生物理或化学反应的各种材料,如油漆,化学反应中的催化剂,混凝土工程施工中外掺的各种外加剂、钢纤维等;②机械设备使用的主要材料,如润滑油、皮带等;③根据工程具体情况需要配套的相关材料,如照明设备、通风取暖设备等
	燃料	主要提供给设备所需的能量,并且是一种特殊的辅助材料,如汽油、柴油等
	周转性材料	不用于建筑工程实体中,在工程施工中周转使用的材料,如模板、脚手架和支撑物等

在大型建筑工程中,往往按照材料占工程投资的比重进行划分,主要分为主要材料和次要材料(辅助材料),主要材料多用于构成永久建筑物的实体,其价格较大且对工程投资有较大影响,主要包括钢材、水泥、木材、砂(石)料、商品混凝土、火工产品、油料、电缆和各种管道(通风、取暖)等;次要材料主要是用于建筑安装工程中的辅助性材料,比如脚手架、焊接材料和安装辅助材料等。

【案例】 雅砻江流域水电建设对主要工程物资的分类

在雅砻江流域锦屏、官地水电站建设期间,为规范对工程物资的管理,按照对工程所发挥的作用及市场资源获取情况,对工程所需主要物资进行了系统分类,详见表3-2。

表3-2 雅砻江流域在建工程物资分类

序号	工程物资类别	定义	项目
1	关键物资	技术含量高、市场获取范围小、供应保障难度较大且对工程建设起关键作用的大宗物资	中热水泥、粉煤灰
2	普通物资	市场竞争激烈、供应保障难度相对较小的工程物资	大宗物资:普硅水泥、钢筋
			小宗物资:混凝土外加剂、钢纤维、铜止水等
3	瓶颈物资	具有销售、区域垄断或专利技术特性的工程物资	特殊品种规格水泥(如低热、低热微膨胀、超细、抗硫水泥等)、民爆器材、燃油等

通过对工程物资的分类达到三方面目的:为策划物资供应方案和管理方式提供实施依

据;为研究和制定供应商采购和招标方案提供决策依据;为建立针对不同类型供应商的管理档案及约束和考核机制提供重要信息。

3.1.2 传统工程物资管理

自改革开放以来,我国基建项目日益增多,特别是进入 21 世纪,随着国民经济的飞速发展,各地也加大了对地区经济建设的投入,工程建设项目作为各地区经济发展的支柱产业也得到明显的发展和加快。对于工程建设中所需的物资而言,由于占工程总投资的额度较大,物资管理水平直接决定着一个企业现代化管理的程度,同时对提高企业效益,提升企业形象有着非常重要的作用。

就我国工程物资管理的发展来看,总体可分为三个阶段:

(1)计划经济体制下的工程物资管理。

在国家计划经济体制下(1990 年以前),物资市场一直实行的是计划供应,首先保证国有大中型企业的物资需求。在该背景情况下,由于绝大多数的工程属于国家投资兴建的项目,对于工程所需的主要物资(钢材、水泥等)都由国家统一配给,首先由工程建设单位向国家申报整个工程建设期间所需的物资计划总量,再由国家具体指定各种材料的供应商,并按照统一的当地指导价格调拨给工程企业。

因此,对于工程建设企业的工程物资管理,企业所需的工程物资完全依赖国家计划供应,其主要的管理工作就是按需统计并向国家申报物资计划,内容涵盖了月、季、半年、年等各种工程需求计划的报表,相关物资管理人员的主要工作内容是计划统计和对外申报工作。

(2)20 世纪 90 年代经济转型期的工程物资管理。

该阶段计划经济逐步向市场经济过渡,部分物资市场已逐步放开,物资价格逐渐由市场来决定,物资供应由卖方市场逐渐转向买方市场。因此,对于工程建设企业而言,有着更大的选择和购买工程所需物资的空间,这时的各物资供应商开始为促进物资销售而展开一定范围内的市场竞争。但由于该阶段属于经济转型期,国家对市场的相关法制和管理制度还处于逐步探索和完善过程中,由于工程项目(特别是大中型)建设周期往往较长,并且所需物资品种繁多,质量要求高。因此,为保证工程建设顺利进行,国家仅对部分物资由工程建设单位在市场自行采购外,大多数物资还是采取和计划经济时期一样的统一调拨分配制度。

由于国家对工程所需物资不再完全采取统销统供的方式,工程企业对部分物资可以有一定的自主选择权利,因此部分企业为有效节约工程投资,应对物资外部市场的新形势,开始有针对性地研究和制定相应措施。首先,对企业内部物资管理机构进行改革,建立相应的物资管理部门;其次,对完全市场化的物资,开始进行市场调查和市场预测工作,为企业收集和整理外部物资市场的数据;第三,为使工程企业获得价格和质量更优的物资,拓宽市场渠道,逐步建立与供应商的供销网络,把优质资源和廉价的物资通过网络引进到工程建设中,其主要目的是抵御市场变化而带来的风险,为工程物资正常供应起到一定的辅助作用。

(3)市场经济下的工程物资管理。

在市场经济环境下的工程项目,工程建设企业与供应商之间已经是纯粹意义上的买卖关系,工程建设主体单位无论是采取业主供应或者是承包人自购的方式,均制定和建立了相应的物资采购管理流程和管理办法,从而为工程建设能获得一条较为稳定而富有一定市场竞争性的供应渠道。

为适应外部物资市场的竞争,工程建设企业的物资管理工作内容相比前两个阶段已经发生了很大的变化。首先,建立了相应的物资采购管理机构和部门,对工程物资计划、采购、供应等环节实施统一管理;其次,为应对市场风险,开始有针对性地研究和制定相应的采购策略;再者,由于工程项目的建设周期持续时间往往较长,为了使工程建设获得较为稳定而可靠的物资供应来源,通过与供应商的正式合作,采取相应的激励办法和奖惩机制对供应商进行优胜劣汰,以寻求在合同执行过程中建立一种良好的供需伙伴关系。

相对于上述三个阶段的工程物资管理来说,由于所处的国家宏观政策、经济环境、市场环境等背景情况各不相同,因此不同阶段下工程物资的主要管理目的和内容也存在较大的差异。但是,传统意义上的工程物资管理,总体上呈现以下几个方面类似的特点:

(1)管理理念和模式。

传统工程建设单位对工程物资的管理主要是保证各种物资能及时、准确地供应,并对工程所需物资采取定量和定额的方式进行管理,管理的重点是保证物资的供应成本和质量,而对物资供应中各环节的管理相对不是很具体和明确,从而使物资管理中的管理方式和管理流程没有具体的要求与量化指标,通常情况下对物资采购以行政方式进行审批,采购环节和流程所需的周期都较长,管理方式相对比较粗放。

(2)管理手段和措施。

由于传统工程物资管理的执行方式和相关信息主要通过层级关系进行逐级下达和传递,物资需求计划、采购管理、库存管理、运输和供应管理、生产和质量管理等物资管理环节分别隶属于多个管理部门或机构,各级物资管理部门或机构再按照不同的职能权限和属性从事不同环节的物资管理工作,物资管理的内容相对比较分散,各环节之间没有必然的联系和因果关系。

在传统工程物资管理方式下,物资管理各项工作的开展主要是围绕工程物资的购、销两个方面来进行的,在具体过程管理中主要依靠建立相关台账、统计报表等原始单据的方式对物资采购管理实施整体控制,对信息化的运用基本处于较为单一的数据汇总和初步分析阶段。

(3)与供应商之间的关系。

在传统的工程物资管理关系中,工程建设单位与供应商之间只是一种简单的买卖关系。虽然工程项目建设周期比较长,但在项目建设期间或者项目完工以后,建设企业只是根据阶段性的物资需求计划实施采购,与供应商之间是一种短期内的采购合作关系,更关注即时的采购成本和物资质量。基于这一要求,物资供应商的来源一般比较单一,对供应商的综合服务水平(特别是供应保障能力)缺少较为体系化的衡量和评价指标。

【案例】 二滩工程建设期间的工程物资供应管理

二滩工程从前期工程建设至主体工程全部结束,正处于国家计划经济逐步过渡到市场经济的转型期。大致可分为两个阶段:

(1)在二滩工程筹建期及主体工程合同谈判期间,国家物资供应体制尚处于计划经济体制下。因此,对于二滩工程所需的主要材料统一由国家下达指标,价格也执行国家的统一定价。

国家计委下达的关于二滩水电站建设的函件中明确指出,二滩工程所需"三材"(水泥、钢筋和粉煤灰)以及油料供应,由国家计委下达采购指标。

因此,对于国家制定采购的工程材料,在工程合同中有专门的物资采购条款进行约定,主要包括材料供应品种、价格调整机制等。同时,对于其他未列入的工程材料,由承包人自行负责采购并不作价格调整。

对于该阶段的物资管理工作,为了保证工程建设所需材料供应,履行相应的合同责任,每年都编制了相应的工程物资计划,并报送至国家物资主管部门申请主要材料的国家调拨指标。同时,业主对物资采购、运输和仓储等主要环节进行统一管理。

(2)随着计划经济在 20 世纪 90 年代中后期逐步被市场经济所取代,由于部分工程材料的市场供应方式发生了一定改变,物资管理体制和管理方式也发生了一定的变化。

比如钢材和有色金属等材料,由于这部分材料已经完全转变为市场经济条件下的产品,计划经济时期的国家组织的相关订货会方式已经取消。为了保证工程建设,这部分材料的采购方式由原来业主协同承包人采购,逐渐转变为由承包人到市场进行询价,并报业主审核批准后再自行采购。

综上所述,二滩工程建设期间,物资管理受国家经济政策影响较大,管理体制和主要管理方式主要是依托于当前的政策和经济背景下所建立的,属于比较典型的传统意义上的工程物资管理,主要体现在物资计划性强,采购和合同执行受政策因素影响较大,供应商和承包人之间不发生关系,业主分别与供应商和承包人之间建立的是一种单纯意义上的买卖关系。

3.1.3 传统流域梯级水电开发工程物资管理

根据我国水电工程开发建设的需要,本着"流域、梯级、滚动、综合"开发的原则,水电站建设逐步由单一工程转向流域化建设,对流域水电项目实行滚动开发及经营。在项目管理模式下,对工程物资一般采用业主统一供应和承包人自购两种方式。但是,受工程总体目标、资金、物资调配、供应保障等因素影响,在当前各流域水电开发公司中,对于影响工程建设的主要物资(水泥、钢筋和粉煤灰等)普遍采用业主统一供应的管理方式。

由于流域各梯级水电站开发范围大、分布广,受公司投资主体、水电站地理位置、物资采购渠道、物流组织等影响,传统的流域化水电工程物资管理主要有以下几个方面的特点:

(1)流域开发公司对工程物资管理的范围仅限于单个项目情况下工程建设所需要的物资管理的内容,企业内部往往根据工程开发需要设置多个管理机构和部门,各项目物资管理机构之间的工作相对独立,并分别开展物资管理各项工作。同时,由于流域内各个项目地点各不相同,一般地理位置相对较远,因此材料供应地点和资源来源往往不统一,需要分别采购和供应。

(2)各流域开发公司对于工程物资的管理只限于企业本身物资供应过程中各环节的管理,而对于企业外部发生供应关系的上下游企业(物资供应商和工程承包商)只是传统意义上的合同关系,并不需要完全纳入到整个物资管理体系中来。

(3)在具体物资供应和管理过程中,按照具体职能和性质的不同,分别将物资采购、物流组织和配送、物资仓储、材料结算等不同类型的业务环节,归属到公司总部、下属各工程局或者其他第三方物流单位的管理工作流程中,各管理环节较为复杂,业务流程彼此之间相互独立,无法实时共享相关业务信息。

(4)由于水电工程建设所需物资品种繁多,且数量较大,为保证工程进度和质量,控制工程投资,工程业主往往对构筑工程实体的主要材料(水泥、粉煤灰、钢筋、混凝土外加剂等)及对国家有特殊管制要求并对工程造价有较大影响的消耗材料(民爆物品和油料等)实施全面负责或协助供应的方式。

3.2 工程物资供应链管理

3.2.1 工程供应链管理研究进展

供应链管理的大量实践表明,重新设计供应链网络往往能够使物流总成本每年节约5%~15%,而实施供应链管理能够给企业带来巨大的利润,如供应链管理委员会成员在消费食品生产企业实施供应链管理一年收益430万美元,电子企业的年收益为2.3亿美元。制造业的供应链管理实践大大激励着工程建设领域的从业者和从事研究工作的学者将供应链管理的思想引入到工程建设中来。从工程建设成本核算的实际情况来看,劳动和材料成本比重很大。Scholman 1997年的调查表明主承包商营业额的75%为劳动和材料成本,另据统计,水电工程项目建设所需的主要材料占工程总投资的40%~70%。Bertsen指出弱的供应链设计将造成工程成本至少增加10%,工程周期同样如此,而O'Brien认为这些还只是保守的估计。工程建设领域的内部压力和外部激励促成了其对供应链管理研究的关注。

工程供应链管理的研究首先缘自Koskela在斯坦福做访问学者期间提出的将制造业中新的管理哲学应用到建筑业中的思想,而正式提出工程供应链的研究要归功于1993年的Bertelsen、O'Brien和Fischer等。此后,世界各国的学者、咨询公司、工程建设单位也纷纷投入到这方面的研究和实践中来,其中有代表性的研究组织是International Group for Lean Construction(IGLC)、斯坦福大学的Center of Integrated Facility Engineering(CIFE),美国、英国、芬兰、荷兰、澳大利亚等国的高等院校和建筑研究所等机构都有相关的研究方向,并由IGLC的工程供应链管理研究小组组建的网站(http://cic.vtt.fi/lean/cscm/)来发布本领域的研究状态。国际性学术会议如:International Conferences on Lean Constructi on、International Conference on Construction Industry Development、CIVIL-COMP,Information Technology for Civil and Structural Engineers等也相应的投入了一定的精力关注工程供应链管理的研究,一些国际学术期刊如European Journal of Purchasing & Supply Management、International Journal of Project Management、Supply Chain Management、An International Journal、International Journal of Operation and Production Management、Journal of Construction Engineering and Management、Journal of Management in Engineering、Construction Management and Economics等也有些文章出现,在European Journal of Purchasing & Supply Management的2000年3~4期还刊发了工程供应链管理研究的专辑。工程供应链管理研究作为供应链管理的一个重要研究分支逐渐登上历史舞台。

工程供应链管理研究领域已经开展的工作可以概括为三个方面:概念性研究、工程供应链建模和工程供应链集成。

3.2.1.1 概念性研究

工程供应链最初的研究主要是围绕工程供应链和工程供应链管理的相关概念开展的。研究的侧面一是从理论上进行一般性的定性探讨,二是从实例调查研究出发来进行定性分析。

理论上对概念的探讨起源于 Koskela 在斯坦福大学做访问学者期间的报告,他把制造业中已经取得成功的生产哲学引入到建筑业中来,包括精良生产、准时制和全面质量控制、世界级制造、基于时间的竞争等。Ruben 同样借鉴建筑业的概念和定量模型来进行工程供应链的定性分析,其研究基础是将供应链和现场施工分开,根据供应链关注焦点的不同可以发现工程建设中的供应链管理存在四种角色。London 在 1999 年通过的工程供应链研究的现状分析,结合制造业供应链管理的理论体系提出了工程供应链管理的三个主题:客户价值、战略管理和企业网络,并着重从客户在供应链中的作用出发对工程供应链和供应链管理进行了定义,还提出了供应链网络建模的课题。著作者之一刘振元在其研究中提出了工程供应链的两层含义:专业工程供应链和集总工程供应链,并分别讨论了两层含义下工程供应链管理的特点。

国外很多学者深感工程建设领域当前大量存在的问题和制造业供应链管理实施的成功与广泛应用,纷纷开展了在工程建设中应用供应链管理思想(包括战略伙伴关系、精良建造等)的调查研究工作。英国考文垂大学的 Geoffrey 发现,为了有效地建立供应链合作伙伴关系需要几种能力,并通过对工程建设领域中小型企业的能力调查来分析它们目前的知识、能力和态度是否适合于形成有效的供应链集成。Dainty 在大量调查分析的基础上提出,工程建设中应用供应链管理的思想不仅仅只是关注承包商和业主的伙伴关系,还应该关注中小型企业作为分包商和供应商的作用,应该将它们都纳入供应链的管理中来,并分析了实施这种供应链管理思想的障碍。O'Brien 对比分析了两个工程建设项目实践中供应链管理所存在的问题,给出了改进供应链实践的要求,并提出了改进工程供应链需要研究的基础领域问题。

Xue 等指出,应该从供应链内部不同企业间的决策合作的角度去考虑工程供应链管理,从系统的角度将代理技术应用到整个供应链管理中,并提出了一个基于信息交互的工程供应链整合的框架。Wang 等认为,工程项目工序众多且连续发生,建设过程中存在可控和不可控的风险。当一个工序影响了工程进度、质量和费用时,利润亏损的风险可能沿项目的供应链进行传播,因此应控制工程供应链的质量风险。Chirstopher 指出,供应链成员之间相互信任,有共享信息的意愿,可以帮助提升供应链的运行效率。

综合看来,工程供应链实质上是一个集合名词,包括两个层次的含义:

第一层次的含义是以工程建设的某些具有专业特色的专项子工程(如土建工程、机电工程、金属结构工程等)的建设需求为目标而构建的由物资供应商、组件供应商、专业分包商、承包商和工程业主所构成的工程网络组织,是一类服务于工程业主的某一类专业型的供应链,比如水电工程建设中的土建子工程供应链成员可能包括建筑材料供应商、混凝土预制生产商、工程分包商、工程承包商、工程业主等。这种供应链比较类似于制造业的供应链,其活动一般是围绕着专业分包商或者承包商(往往是 EPC 单位)来展开的,也有时候是业主牵头集中管理,供应链网络也以他们为中心来建立。如图 3-1 所示,这种意义下的工程供应链称为专业工程供应链(Specific Construction Supply Chain),可能服务于单个工程建设项目,也可能服务于多个工程建设项目。

第二层次的含义是以工程建设项目的需求为目标而构建的一个服务于工程业主的专业工程供应链的集合体,比如在水电工程建设的组织中,专业工程供应链包括:土建工程供应链、发变电工程供应链、航运工程供应链等,所有的专业工程供应链组织汇集起来服务于同一个水电工程建设项目。其概念结构如图 3-2 所示,这种意义下的工程供应链是以工程进度网络图为纽带形成的以工程建设为目标的复杂的聚合性的网络组织,工程业主或者承包商通过选择相应的专业工程供应链或者分别组建相应的专业工程供应链来为工程总目标服务。这种意义下的工程供应链称为集总工程供应链(Aggregative Construction Supply Chain),一般围绕承包商或者工程业主来展开。

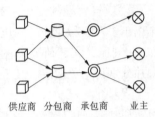
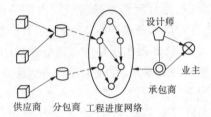

图 3-1　专业工程供应链的概念结构　　　　图 3-2　集总工程供应链的概念结构

3.2.1.2　工程供应链建模

工程供应链建模研究主要集中在三个研究团体,其一以美国佛罗里达大学的 O'Brien 为代表,其二以美国加州大学伯克利分校的 Tommelein 为代表,其三以澳大利亚墨尔本大学的 K. London 为代表。

1999 年 O'Brien 在 NSF Berkeley – Stanford Construction Research Workshop 上提出了开展四项基础研究的计划:分包商和供应商生产的成本和绩效建模、企业和供应链绩效的经济测度、支持供应链绩效的基于博弈论的合同设计、提高供应链绩效的设计标准的建立,并着重在前两项的研究。2000 年 IGLC-8 上发表了关于第一项研究主题的论文,讨论了分包商在多工程的竞争性需求和工程进度的不确定环境下的资源分配模型。之后又发现解析建模描述了独立的供应链及其组件的行为的标准化方面,而工业组织理论则描述了企业在市场中的行为和市场结构特性的叙述性方面。解析建模描述管理决策,而工业组织理论则描述了管理导向政策。面向工程供应链工业组织和解析建模都提供了有用但是却不完全的观点和说明。由此提出将工业组织理论和解析建模联合起来研究供应链建模的多学科方法。2002 年 11 月,他在为 2003 年的 IGLC-11 会议供应链管理板块撰写征稿说明时,因有感于制造业供应链管理研究的广泛成功应用和 SCC 的 SCOR 模型的提出,倡导在工程供应链研究领域建立具有一般意义的参考模型。

Tommelein 女士所领导的研究小组先后对工程建设的混凝土供应链、钢结构供应链的过程模型展开研究,在引入 JIT 生产管理思想的指导下,通过对不同的供应链过程配置模型的定性分析来阐释工程建设中 JIT 思想的应用。此后在电厂建设的管架供应链管理研究中将几种供应链过程配置模型与供应链基准联系起来分析了工程建设供应链中的浪费行为,另外还对其中的价值流进行了分析,基于设计阶段的过程模型的仿真研究了对交货期产生影响的因素,并给出了提高供应链绩效的可行途径。

在 London 的一系列研究中通过分析客户价值的工程供应链管理中的重要作用提出了工程供应链管理的主要内容,并提出了建立工程供应链网络模型的研究计划。

随着三大团体的不断推动,工程供应链建模逐渐成为了理论界及各大企业的研究热点。由于不同的工程供应链具有不同的特征,且分析者采用的建模方法的不同,建立的供应链模型也不尽相同。严建援教授等将供应链建模方法分为四类:第一,图形化建模方法;第二,数学建模方法;第三,基于语法的建模方法;第四,仿真建模方法。在工程供应链研究中同样可以采取这个分类框架,以期清晰的阐述和评价各种建模方法,进而为后续的工程供应链建模方法的研究和实践奠定基础。

Love 等采用图形化建模方式针对工程项目建设的返工问题,从设计阶段出发,提出了减少返工模型,使用多元递阶回归分析法来找到引起返工的关键因素,这些因素被用来建立一个可用来减少返工率的一种采购模式。图形化建模虽然具有直观、形象、易于理解的优点,但是不适合对复杂的系统进行描述。

Wang 等采用反馈的思想,利用数学建模方法提出了一个两阶段的风险传递模型,描述了工程建设项目中可控风险的传递机制,建议从风险源和接口处控制风险传递。更早的Caron 将采购和建设过程集成起来研究工程物流的随机模型,提出确保施工连续性下的物料供应计划。本书著作者之一刘振元博士在其研究工作中提出了运用数学优化的方法来进行工程供应链优化设计的思路,结合项目调度和批量计划方法建立集成优化模型,开发了基于遗传算法和动态规划方法相结合的求解方法用于问题求解。数学建模方法对于很好地描述工程供应链中的各种逻辑和数量关系有很好的效果,可直接进行定量分析,但是相对来说不够直观。而且对于工程供应链来说结构比较复杂,规模比较大,数学模型求解非常困难。

Vaidyanathan 等将在其他行业都已经有相当程度发展的成熟度模型引入了工程建设供应链中,提出了工程建设供应链的成熟度模型及各阶段的判断标准,对同一企业在多个建设工程供应链上的效率进行了分析研究。这种建模方法可以归于基于语法的建模方法。该模型不仅灵活地表现了供应链过程的层次结构,更是可以清晰地表达各种供应链约束,存在着巨大的研究空间和发展空间。

仿真建模的方法可以分为连续性仿真、蒙特卡洛仿真等不同的类型,并且在目前的研究中应用的也比较多。仿真建模方法是以其他的方法为基础的,建立模型时需要用到数学公式、逻辑表达式等,能够很好地对过程进行绩效评估和优化,是动态的交互式的建模方法。但是模型建立过程比较困难,出错风险比较大。

3.2.1.3　工程供应链集成

工程供应链集成研究主要集中在斯坦福大学。CIFE 的 Min 博士研究了基于 Agent 的供应链管理自动化系统,其中构造了工程 agent、分包商 agent 和供应商 agent,各个供应链实体 agent 通过网络动态发布信息、及时进行交互,并利用系统动力学仿真模型验证了系统的有效性,目前正在开发工程供应链管理仿真器和基于 Web 的服务平台。CEE 的 Kim 提出工程控制可以看作是一种特殊形式的供应链协调,称为工程供应链协调,工程供应链协调转变了管理的注意力,焦点在于更好地利用分包商所拥有的资源,而工程控制则更多地关注生产活动的完成,工程供应链协调是建筑工程供应链管理的一个子集,他提出构建一个为工程供应链协调服务的基于 agent 的电子市场框架。Lim、Hill 基于食品工业和汽车工业等制造业的特点提出了 EDI(电子数据交换技术)在供应链中的应用,可以提升供应链各成员间的信息交换速度,从而加强供应链集成水平,同时 Kaefer 提出了基于多交流模式的 EDI 在供应链中的应用,但他同时也指出了由于 EDI 技术本身的复杂性和高成本,使得它很难在中小型企业中得到广泛的应用,Lee 也认为 EDI 技术成本高昂,而且很难进行远程控制,从而也就限制了其在工程供应链中的应用。

由于 EDI 技术的种种限制,近年来越来越多的工程企业开始关注企业资源计划(ERP)在工程供应链中的应用。Davenport 认为 ERP 可以实现供应链上各个公司之间信息流的无缝联接。Akkermans 等也认为随着网络化经济的到来,ERP 系统可以减少信息流动中的"牛鞭效应",增加信息流动速度以减少信息延迟,提高整个供应链系统的信息透明度。同时 Chung 等也指出 ERP 系统可以有效地集成工程中的各种业务功能,最大程度的实现工程目标,提高工程竞争力,辅助决策者进行决策,他也具体分析了工程中影响 ERP 成功的各种因素,并提出了 ERP 发展过程中的成功模式。然而,ERP 在工程供应链中的应用也存在着许多争议。Yang 等在认可 ERP 系统可以加强供应链成员的合作关系,实现远程采购和库存管理,提高决策能力和降低成本的基础上,进一步也指出了其在时间、成本和资源上都是一笔巨大的投资,而且许多采用 ERP 系统的工程企业最后都是不成功甚至是走向破产的。Yang 认为这可能是由于这些公司的 IT 应用水平比较低的缘故,因此他建议应该谨慎对待和考虑 ERP 在工程中的应用。Rao 经过调查评估发现,96.4% ERP 系统实施时最终以失败告终,Mashari 也经过实际论证认为 70% 的 ERP 在实施过程中未能实现最初的目标,Akkermans 认为 ERP 的限制主要体现在这几个方面:①跨组织的企业扩展功能往往不是很有效;②一旦供应链需求发生改变,其往往显得不是很灵活;③缺乏事务管理以外的功能;④不能和供应链的合作伙伴有效地分享内部数据信息。

随着网络技术的不断发展,互联网技术不断成熟,由于互联网在应用时的低成本和高效的信息集成,越来越多的学者将互联网技术引入到了工程供应链中,电子集成和电子商务、电子交易等概念也越来越多地出现在了工程供应链的日常业务操作中。比如基于网络的原材料采购、基于网络的分包商评价体系(WEBSES)。CIFE 的 Taylor 提出了基于互联网的工程供应链业务运作模型,并于 2001 年在 US Build Corporation 的供应链管理应用中通过"e - chain"平台进行实践,结果表明前六个月中的效益是显著的。基于 Web 的工程项目网络(CPE)也被应用于工程项目中各个项目部门之间的交流与沟通,用户通过浏览器即可访问这些系统,极大加强了整个供应链的合作和协调水平,但是由于其部署的不灵活和安全性问题,CPE 的应用也存在着许多障碍,此时 Cheng 等又在此基础上提出面向服务架构的网络应用系统以解决 CPE 和 ERP 在应用时的种种限制,支持多种通信协议使得用户可以更加方便快捷地访问系统,同时不同用户根据其所处的角色可以灵活地定制相应的服务。刘振元所在团队结合我国大型水电开发工程背景开发了工程供应链建模语言、研制了工程物资供应链综合集成控制平台,能够提供对包括原材料供应商、预制品生产系统、工程承包商和仓储管理系统在内的供应链运行管理的技术支撑。

3.2.2　工程物资供应链管理

3.2.2.1　工程物资供应链基本结构

在我国大型水电开发工程的建设管理中,为保证工程质量、降低工程总成本、确保工程实施进度,针对工程建设所需的大宗原材料(如水泥、粉煤灰、混凝土外加剂、钢筋等)的供应组织普遍采用业主统一供材的模式,由业主统一招标选定物资供应商。而针对工程建设所需的预制品如预拌混凝土、预制钢筋、金属结构等则由业主招标选定专门的工程承包商在工程现场或附近建立集中的预制品生产系统,原材料通过物资供应商组织供应到现场中转储备系统(中转储备系统在工程建设组织中也叫转运站或中转站,下文不做区分),预制品生产系统从中转储备系统申请调拨预制品生产所需要的原材料,经由预制品生产系统加工生产成各类预制品,输送到工程现场由工程承包商进行工程施工。如图 3-3 所示,此类供应链系统是一类典型的物资供应商—预制品生产系统—工程承包商三级集总型工程供应链。

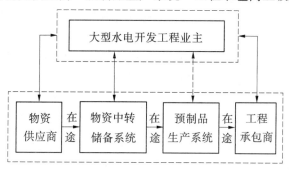

图 3-3 业主统一供材下的广义工程物资供应链结构

考虑到预制品生产和工程施工通常是由工程承包商来统一组织,水电开发工程的物资供应管理工作的范围通常只考虑从物资供应商经物资中转储备系统将物资交付给承包商的过程,预制品生产以及工程建设施工组织由工程承包商来考虑,不作为物资供应管理的内容。因此,下文接下来所要讨论的工程物资供应链将聚焦到一个相对狭义的工程物资供应链,是面向工程业主统供物资的包括物资供应商、中转储备系统和工程承包商在内的由工程业主组织、协调和控制下的工程物资供应链结构,如图 3-4 所示。

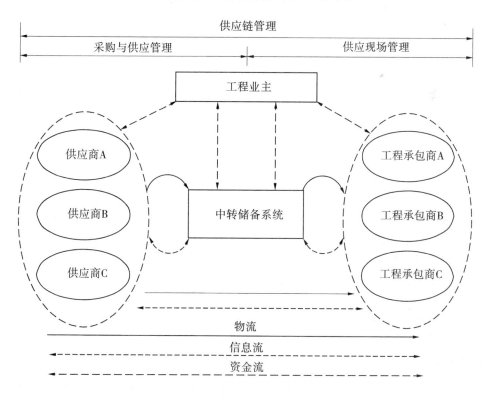

图 3-4 业主统一供材下的狭义工程物资供应链结构

3.2.2.2 工程物资供应链管理内容

通常,工程项目的建设周期划分为四个阶段:项目策划和决策阶段、项目准备阶段、项目实施阶段、项目竣工验收和总结评价阶段。对应于水电开发工程项目而言,以上四个阶段分别有以下主要工作内容:预可研和可研、招标设计和采购招标、项目施工、试生产和竣工验收。

根据水电开发工程项目的建设周期,工程物资供应链的生命周期也可分为供应链的战略策划、供应链的设计与构建、供应链的运行和供应链的收尾等四个阶段。从工程建设物资供应管理的目标出发,工程物资供应链生命周期的每个阶段对应有不同的管理内容。

1. 工程物资供应链的战略策划阶段

工程物资供应链战略策划的主要工作内容包括:

(1)物资的总体需求分析;

(2)资源和市场调研;

(3)确定业主统供物资范围;

(4)物资供应方案的规划。

通过以上工作,将形成《各电站(或组)业主统供物资供应战略策划》,为整个供应链的运行提供战略规划,同时可为项目的预可研和可研工作提供参考。

2. 工程物资供应链的设计与构建阶段

工程物资供应链设计与构建的主要工作内容包括:

(1)工程物资供应链设计;

(2)物资供应商采购与培育;

(3)中转储备系统建设与开通运行;

(4)供应链其他服务采购(包括中转储备系统运行管理服务、中转运输服务、物资驻厂监造服务、技术咨询服务、试验和科研项目服务等);

(5)相关合同条款的完善及合同调价机制设计。

本阶段的工作是物资供应链高效运行的重要基础,对于确保合同顺利执行、有效防范合同执行过程中的各种风险、物资供应保障具有重要意义。

3. 工程物资供应链的运行阶段

工程物资供应链运作管理的主要工作内容包括:

(1)供应链运行的管理策划;

(2)采购计划与供应商管理;

(3)需求计划与承包商管理;

(4)物资中转储备系统运行与中转运输管理;

(5)工程物资供应链多级库存控制;

(6)物资的技术和质量管理;

(7)供应链风险管理。

本阶段是供应链运作管理的具体实施阶段,需要在前期策划和构建的基础上对供应链的各管理环节、流程和要素进行进一步细化,同时采取相关措施确保供应链高效运行。

4. 工程物资供应链的收尾和总结评价阶段

在工程物资供应链的收尾和总结评价阶段,物资供应链日常运行管理本质上和供应链的运行阶段相同,不过,因为工程建设收尾期施工组织的特点,工程物资供应组织中也需要做一些特殊的考虑,这一点对应的关键工作是工程现场计划和调度控制。

另外,因在水电开发工程建设这个特殊的背景下,项目竣工验收和总结评价也需要针对物资供应管理的整体状况进行相应的梳理,主要工作包括:物资供应合同收尾、物资竣工核销、供应链管理的总结评价等。

本阶段工作的主要目的是:加强对现场物资的监管,防止物资流失;对物资供应合同全面清理,完成调差结算,避免合同纠纷;完成对各工程项目的物资竣工核销工作,对超耗和欠耗原因进行全面分析,为工程项目管理提供反馈;全面总结物资供应链管理过程中的经验教训,建立持续改进机制。

3.3　流域梯级水电开发工程物资供应链管理

如前所述,在我国流域水电开发工程的建设管理中,针对工程建设所需的大宗物资(如水泥、粉煤灰、钢筋、混凝土外加剂等)的供应组织普遍采用业主统一供材的模式,由业主统一招标选定物资供应商。而针对工程建设所需的预制品如预拌混凝土、预制钢筋、金属结构等则由业主招标选定专门的工程承包商在施工现场或附近建立集中的预制品生产系统,物资通过物资供应商组织供应到现场中转储备系统,预制品生产系统承包商从中转储备系统申请调拨预制品生产所需要的原材料,经由预制品生产系统加工生产成各类预制品,输送到工程现场由各标段承包商组织进行工程施工。

如图 3-5 所示,此类供应链系统是一类包含物资供应商、流域水电开发业主、工程承包商等三类成员的供应链。其中,物资供应商包括水泥供应商、粉煤灰供应商、钢筋供应商等,流域水电开发业主则通常针对流域梯级水电开发组建相应的现场管理机构,并根据流域水电工程建设的需要适度搭建物资中转储备系统,基于各梯级水电开发的工程需求通过工程招标采购选定合适的各标段工程承包商,并搭建合适的预制品生产系统,包括混凝土生产系统、钢筋加工系统、金属结构制作系统等。

流域水电开发工程多项目物资供应链是一类典型的网络结构,流域水电开发工程业主基于流域全局物资供应组织的需要,招标选择合适的物资供应商,采取租赁或新建、改建的方式建立中转储备系统,招标选取合适的中转储备系统运行管理单位,基于各流域水电开发工程施工、预制品生产和供应组织的需要,招标选择合适的工程承包商,建立适当规模的预制品生产系统。物资供应商、中转储备系统、预制品生产系统、标段施工现场成为供应链的物理节点,在流域水电开发业主的组织、协调下,建立各物理节点之间的网络关系。

针对流域梯级水电开发工程物资供应链的管理,除前文中所阐述的工程物资供应链管理的主要内容外,还需要特别关注在不同的梯级水电开发工程之间资源的统筹协调,在物资供应链的策划、设计和构建工作中整合各梯级工程物资需求,站在流域水电开发的全局进行物资供应链的策划、设计和构建,并在物资供应链运行期内,形成全流域对物资供应的组织和协调,在正常和应急情形下,充分发挥多梯级同步建设时资源共享、组织协同、互通互联的优势,以实现多项目物资供应链运行的集成效益。

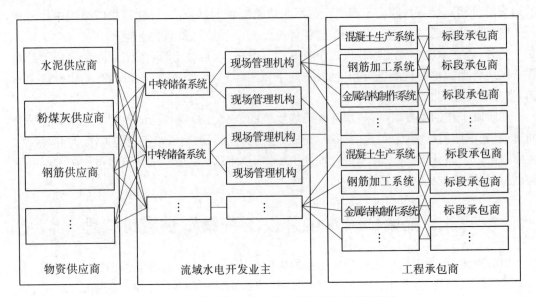

图 3-5　流域水电开发工程多项目物资供应链结构

第三部分　工程物资供应链战略策划

　　本部分结合水电工程建设程序,讨论工程建设前期工程物资供应链战略策划、工程物资供应链战略策划组织工作中工程物资供应需求分析、工程物资潜在供应市场调研、工程物资供应方案规划等关键环节的一般原理和方法,给出雅砻江流域水电开发有限公司在工程物资供应链策划组织中的最佳管理实践。

第4章　工程物资供应链战略策划管理

4.1　工程物资供应链战略策划

在市场经济环境下，为保证在整个建设周期都能以较为理想的价格和质量获得满足工程建设所需的物资，各工程建设企业往往采用有效的物资供应管理模式来降低工程成本，以提高项目的实施效率。在上一章工程物资供应链的分析中，工程物资管理通过采取供应链管理的模式，不仅有利于各环节有机整合，确保工程物资正常供应，还能使物流、信息流和资金流得到有效控制。

另外，为使工程物资供应链管理在市场竞争中处于较为有利的地位，在工程物资正式供应开始以前，需要制定适合企业自身管理方式和工程建设特点的战略，并以长期规划的形式表现出来。

4.1.1　工程物资供应链战略策划的定义

"战略"在我国最早用于军事，《孙子兵法》中就有论述。美国波士顿顾问公司的创始人、国际著名企业战略问题大师亨德森（Henderson），于1980年概括出了被国际上视为经典的企业战略的定义："任何想要长期生存的竞争商家，都必须通过形成差异化而建立压倒所有其他竞争者的独特优势，勉力维持这种优势差异，正是企业长期战略的精髓之所在。"

企业为了在市场竞争中取得优势，往往需要制定相应的应对策略和长远的战略规划。企业战略策划就是指企业在市场经济竞争激烈的环境中，在总结历史经验、调查现状、预测未来的基础上，为谋求生存和发展而做出的长远性、全局性的谋划或方案。它是企业经营思想的体现，是一系列战略性决策的结果，又是制订中长期计划的依据。

对于工程企业来说，由于工程建设的特点和工程物资管理的不可确定性和复杂性，在工程项目前期准备甚至在预可研或可研阶段，工程业主常常需要根据已掌握的项目相关信息及历史数据，在对当前外部资源情况和市场情况充分调研基础上，制订出针对未来整个工程建设生命周期的物资管理全过程的供应战略及规划方案。

4.1.2　工程物资供应链战略策划的基本内容和特点

4.1.2.1　工程物资供应链战略策划的基本内容

根据企业战略策划的主要内容，战略策划是一个包括战略制订（或规划方案）和战略实施的过程，也就是企业在制订和实施战略中作出的一系列决策和进行一系列活动，它由战略分析、战略选择和战略初稿三个主要部分组成。

基于企业战略策划的基本内容，工程物资供应链战略策划实质上是一个管理过程。工程正式开始以前，一方面对历史工程物资供应情况进行统计和数据分析，另一方面通过对工程总体物资需求、外部市场资源、中转运输可行性及物流运输组织等方面全面调查分析的基础上,通过规划不同物资的供应及采购方式、合作伙伴(包括供应商、运输协作单位、中转运输单位和工程承包商等)之间的关系、供应链各环节的主要构成、物资供应整体实施方案等方面的内容,研究和制定工程物资供应规划报告,以满足整个工程建设生命周期内所有工程物资能科学采购,安全和稳定的供应。

4.1.2.2 工程物资供应链战略策划的特点

同时,为保证所制定的规划方案在工程物资实际供应管理过程中具有指导意义,保证工程物资供应链有效运行,工程物资供应链战略策划必须具有以下几个方面的的特点:

(1)全局性。为满足工程建设全周期对物资供应的需求,在确保供应链长期稳定可靠运行的同时,是对物资供应所制订的总体性和系统性的谋划方案。

(2)长期性。由于工程建设持续时间较长,在进行物资供应链战略策划时,需结合工程建设特点,按照工程建设各阶段情况分别研究并紧密衔接,一方面各阶段可根据需求和环境变化有所差异和侧重,另一方面保证方案的连贯性和可持续性。

(3)竞争性。以保证工程建设进度、合理控制工程投资为前提,供应链战略策划方案的制定应能应对外部物资市场竞争及供应链之间相互竞争的局面。

(4)动态性。由于工程建设时间跨度较长,物资供应战略策划应能适时反映工程物资需求和内外环境变化情况,在规划方案中制定相应对策并进行动态调整优化。

(5)风险性。为使工程物资供应链做到风险可控、及时应对,物资供应战略策划应提前防范外部环境、自然条件、政策因素等对物资正常供应可能带来的风险。

(6)稳定性。为使工程建设全周期物资平稳供应,物资供应规划中所拟定的供应原则、供应方式、物流方向、供应商选择等主要环节应尽量保持稳定不变,以确保物资供应链运行的可操作性。

【案例】 雅砻江流域工程物资供应链战略策划分析

通过对雅砻江流域各阶段工程建设期间物资供应按照长期、系统和全面的原则进行战略布局,为工程物资供应链管理创建总体纲要和决策指导。在战略策划中主要考虑以下几个方面的内容:

(1)由于雅砻江流域各阶段战略开发时间跨度较长,通过对雅砻江流域上、中、下游电站有序整合,按照多项目梯级电站群的组合方式予以考虑,同时结合已掌握的各种物资的市场资源情况,将外来物资合理划分或组合,供应时段总体上除满足多个项目物资供应需求以外,还可根据各供应商实际供应情况进行系统评价,择优选择和扩充,使各阶段物资供应有效衔接,资源利用长期化、固有化,且动态调整。

(2)通过对外部资源近远结合,统筹规划,谋求为全流域工程建设寻求可靠的战略资源。

第一,通过对在工程物资实际供应过程中已经形成战略合作伙伴的物资供应商进行资源整合,研究长期合作的可行性。

第二,按照流域化进程和后续中上游梯级电站纵深开发,结合外部市场资源变化情况寻求新的供应商,并在各项工程主体工程大规模建设以前有条件地扶持和培育。

第三,鉴于漫水湾转运站在已完工投产项目物资供应链管理中所发挥的关键枢纽作用,结合后续工程开发情况,提前开展漫水湾转运站的过渡衔接,后续项目的定位及相关使用方案等。

（3）由于雅砻江流域梯级电站建设普遍呈现时间跨度长、工程施工变化大等特点，同时受国家相关政策影响，外部市场和资源变化较快，在制定各阶段物资供应战略时，充分研究物资供应内、外部条件变化带来的影响，从供应链管理的角度出发，对于物资供应方式的选择、物流方向、运输方式、交货地点设置等环节进行综合策划。

通过研究和制定流域物资供应战略策划，在已建成的锦屏、官地等项目的物资供应中得到了良好成效。目前，根据已形成的下游梯级电站物资供应战略策划基础上，逐步将战略策划沿伸至流域中上游，最终形成较为完整的流域工程物资供应战略规划报告，为后续项目工程物资供应链管理提供实施纲领和指导依据。

4.1.3　工程物资供应链战略策划的组织框架

为更好地组织和实施整个物资供应链战略策划，参照项目管理的方式，建立针对物资供应链战略策划的组织管理模型，详见图4-1。

如图4-1所示，整个物资供应链战略策划组织管理模型主要分为研究、计划、实施、交付四个阶段，四个阶段存在一定的时间顺序与强制逻辑。

4.1.3.1　研究阶段

该阶段包括工作方案策划、工作方案可行性研究以及工作方案评估三个部分。在该阶段，为了后续的战略策划组织工作方案有利于整个物资供应链的良好运作，为后续的组织活动奠定良好的基础，将整个战略策划过程的组织方案进行设计和讨论。

（1）工作方案策划。物资供应链战略策划组织工作方案的策划主要是对战略策划工作进行设计，包括战略策划工作的开展方式、战略策划工作的具体内容、各个阶段的任务、战略策划工作中的注意事项等。

（2）工作方案可行性研究。物资供应链战略策划组织管理方案的可行性研究指的是对于已经讨论生成的方案，设计单位、专家组或者公司成员，根据以往的经验和现有的资源，进行可行性的判断。

（3）工作方案评估。物资供应链战略策划组织管理方案的评估指的是公司对于通过可行性研究的方案从诸多方面进行评估考量，了解其合理性、不足之处以及其价值。

4.1.3.2　计划阶段

该阶段主要可分为四个步骤，存在以一定的先后顺序和逻辑限制。在该阶段所做的计划工作有利于后期战略策划工作的正式展开。

（1）划分界限。在计划阶段的首要任务是定义物资供应链战略策划组织的界限，即明确战略策划管理工作的范畴，确保后续计划中战略策划管理工作能够全面而无缺漏。

（2）在确定组织管理工作的界限后，主要有三个方面的计划工作：

定义规划任务：列出完成物资供应链战略策划所需进行的各项任务。

制定质量要求：制定各项物资供应链战略策划任务的质量要求。

分配人力资源：设定进行物资供应链战略策划任务的组织职责与人员安排。

这三方面的工作主要从任务定义、质量计划、组织计划三个方面对后续的战略策划工作进行了界定。

（3）获取咨询服务。在上一个步骤中，主要涉及的是公司内部对战略策划工作的计划

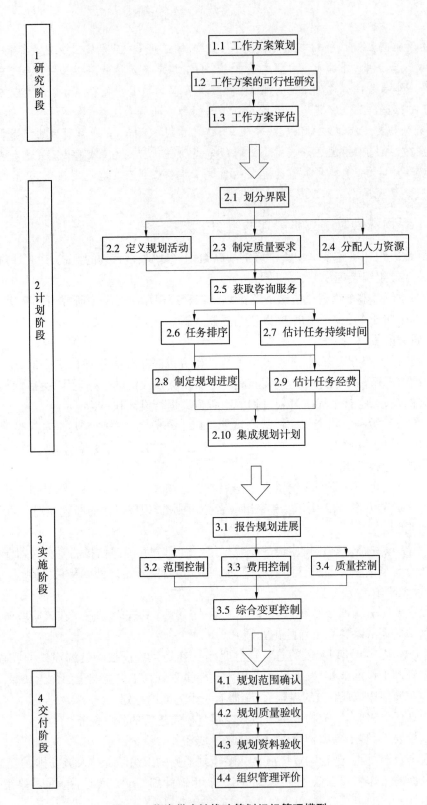

图 4-1　物资供应链战略策划组织管理模型

要求,为了后续的计划安排,在本步骤中需要获取相关的咨询服务,以便于后续对相关战略策划管理工作的计划安排。相关的咨询服务包括战略策划活动的进度安排、战略策划所需求的资源计划等从设计单位或者专家获得的信息支持。

(4)在获取相关咨询服务后,可进行如下计划安排:

工作任务排序:对物资供应链战略策划工作各项任务进行排序。对已知的物资供应链战略策划内容中各项任务的时间顺序以及逻辑关系进行梳理,使其能够按照合理的顺序进行。

估计任务持续时间:估计物资供应链战略策划工作各项任务的持续时间。除了合适的资金和资源需求,每个规划任务需要持续的时间也需要进行大致的估计。

制定规划进度:制定整体物资供应链战略策划的进度。从物资供应链战略策划的活动排序和持续时间安排上,可以指定整体物资供应链战略策划的进度。

估计任务经费:估计物资供应链战略策划工作任务所需的经费。物资供应链战略策划任务包括调研费用、决策会议、公司内部信息整合等任务都需要相关的经费,因而需要相关的经费预算。

(5)集成计划。在完成已有的组织管理的计划工作后,集成现有的物资供应链战略策划计划,便于实施阶段对组织管理工作的控制。

4.1.3.3　实施阶段

该阶段的主要任务是随时监控物资供应链战略策划工作的进度,包括战略策划工作范围控制、费用控制和质量控制。

范围控制:指监控正在执行的战略策划活动是否超过了原有的界限,是否存在需要修正的地方。

费用控制:指的是监控正在进行的规划活动所需经费是否超过了预算,超出部分是否合理等。

质量控制:指的是监控战略策划活动是否保质保量的在进行,是否达到了质量计划的目标。

综合变更:如果战略策划工作获取的信息表明该战略策划方案有误,则需按照流程进行综合变更。

4.1.3.4　交付阶段

该阶段物资供应的战略策划工作已经基本结束,战略策划方案也已经制定完成,此时需要进入交付过程。包括以下四个步骤:

(1)规划范围确认。确认战略策划工作范围内的活动是否都已完成。

(2)规划质量验收。确认战略策划工作的质量是否达标。

(3)规划资料验收。接收战略策划工作得到的相关资料,包括物资供应规划报告、调研报告、供应商招标方案及招标文件、承包商土建标的相关条款等。

(4)组织管理评价。对此次组织管理工作进行评价,验证组织管理工作是否达到了预期的效果,检验其对物资供应链战略策划工作的积极影响有多大。

4.2　工程物资供应链战略策划业务模型

为了便于物资供应链战略策划工作的组织管理,可将物资供应链战略策划的内容进行整理,建立物资供应链战略策划业务模型。

为了明确各项战略策划内容的时间顺序和逻辑关系,可将整个物资供应链战略策划业务模型划分为信息整合、调研活动、数据分析、规划决策四个阶段(见图4-2)。

4.2.1　信息整合阶段

信息整合阶段主要包括四个部分:

(1)制定规划目标。整个物资供应链战略策划起始于制定规划目标,制定规划目标对物资供应链战略策划的最终成果、注意要点等内容有一个明确的导向性,有助于后期的物资供应链战略策划工作的展开。

(2)划分物资供应区域。该部分主要针对工程建设企业下的各个工程项目所在区域、潜在供应商、现场工程承包商等主要供应链成员,并根据工程特点和需要可适当增加相关成员(如运输协作单位、中转储备系统等),了解物资供应过程中可能涉及的地理范畴。

(3)预估工程物资需求。该部分的预估参考主要包括两方面的数据信息,一方面是设计阶段获取的工程物资建设全生命周期的总体物资需求量的相关成果,另一方面是测算的单项工程物资需求计划量,主要得到的是工程物资的种类、工程物资计划量以及相关技术指标要求等工程物资相关参数。

(4)预估物资供应链成员结构。该部分的预估参考了历史上工程建设企业的物资供应情况、物资供应商和承包商的数量等,得到物资供应成员的组成和可能的数量。

本阶段的目的在于获取公司内外部或历史记录中有利于战略策划工作开展的相关资料或者数据,并根据物资供应链战略策划目标对整个物资供应链有一个初步的描绘或者架构设计。同时,信息整合阶段所获取的资料和数据提供了数据分析阶段的相关基础数据,而该阶段所缺少的信息也在一定程度上明确了活动调研阶段的部分任务。

4.2.2　调研活动阶段

调研活动阶段在时间顺序和逻辑关系上继承于信息整合阶段之后,该阶段主要包括三个部分:

(1)调研物资供应范围内的交通环境。该调研主要包括可用运输的路线、运输路线的可靠度等。

(2)调研物资市场。该调研内容主要是通过信息整合阶段获得的工程所需物资种类和技术指标要求,有针对性的将涉及范畴内的物资进行市场调查,了解资源的经济可选半径、主要来源方向、资源的市场供应能力、供应价格水平、供应的可行性等信息。

(3)调研潜在供应商。该调研过程主要获取的是各类物资供应商的生产能力、技术可靠度、运输能力以及与业主的合作能力等指标。

本阶段的目的在于弥补信息整合阶段公司外部信息的缺漏,补充调研获得的交通条件、相关物资价格与资源分布、各种物资供应商的各项数据,便于数据分析阶段需要的资料和信

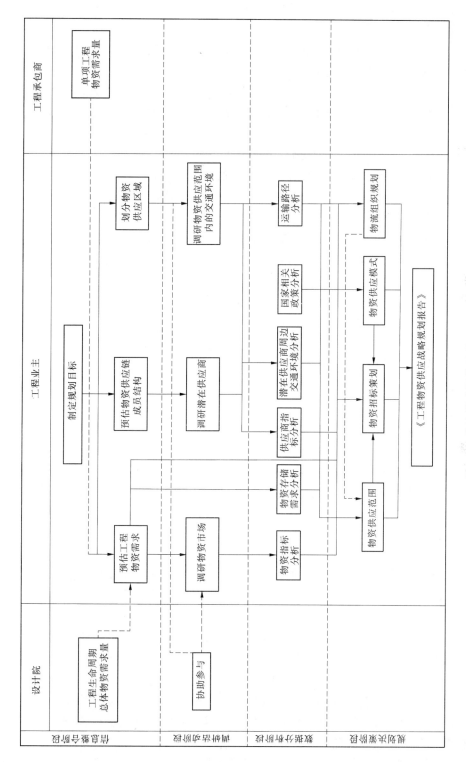

图 4-2 物资供应链战略策划业务模型

息获取,为战略策划阶段需要做出的相关决策奠定基础。

4.2.3 数据分析阶段

数据分析阶段主要是针对信息整合阶段以及调研活动阶段获得的数据和信息进行分析整理,该阶段这要包括六部分内容:

(1)运输路径分析。该分析过程有利于规划后期的物资供应范围和模式、运输方式选择、中转储备系统选址等决策内容,通过对已存在的运输路径分析,获取可能的运输量大小等信息。

(2)潜在供应商周边交通环境分析。周边交通环境的分析有利于供应商评价体系的相关指标建立,同时对于物资供应模式的选择也有一定的影响。

(3)国家相关政策分析。国家的相关政策决定了部分物资的供应模式,同时对于中转储备系统选址等战略决策也有一定程度的影响。

(4)物资存储需求分析。物资存储对于中转储备系统的需求是由工程的整体物资需求、物资供应数量、不同物资供应方式的不同而确定的,该需求的确定有利于后期对中转储备系统的建设规划。

(5)相关物资指标分析。物资的价格和资源分布可从物资市场调研中得到,这有利于物资供应采购招标及承包商土建标中相关条款的设定。

(6)各类供应商指标分析。分析各类供应商的生产能力、技术可靠度、运输能力以及与业主之间的合作历史所需要的数据主要由调研潜在供应商获得,可便于供应商评价指标体系的建立。

4.2.4 规划决策阶段

规划决策阶段对于确保工程建设全周期物资供应保障性和可靠性及后续物资供应链是否能正常运转都至关重要,根据在前三个阶段已经获得的需求的数据资料和已经完成的相关分析工作,需要对相关物资条款进行整理和发布,做出相关决策。该阶段主要包括四个部分:

(1)物流组织规划。该决策包括确定现场物资交货点的地理位置,确定各类物资的运输方式、路线,中转储备系统的选址与建设规划。决策过程由数据分析阶段的运输路径、运输量、潜在供应商周边交通环境、物资存储对于中转储备系统的需求等信息共同决定。

(2)确定物资供应模式。该决策明确了业主统供、业主协助供应、承包商自购三种模式及分别对应的物资种类。该决策过程受物流组织规划结果的影响,同时参考前三个阶段的信息资料。

(3)编写承包商土建标的相关物资条款。该部分条款主要包括承包商自购物资数量、物资的品种规格、物资供应的价格、物资交货地点等信息。主要参考工程所需物资数量、种类和质量要求,相关物资的市场资源与价格、以及物资供应模式的决策结果。

(4)物资供应招标方案。该部分包括招标时机、供应商选择的评价体系、招标供应商数量等信息,主要参考各类供应商的生产能力、技术可靠度、运输能力以及与业主之间的合作历史,物资供应模式等信息。

本阶段基本包括了物资供应链战略策划所需要的全部决策内容,本阶段过后会产生相关的文档资料和规划报告书。

第5章 工程物资供应链战略策划关键环节

5.1 工程物资供应需求分析

5.1.1 水电工程建设总进度计划

水电工程建设总进度计划的编制是其工程施工组织设计的重要内容,其目标是确定包括施工准备和结尾工作在内的工程施工所需总时间。

编制施工总进度计划要基于工程所在地区的自然及社会经济条件、工程施工特点,进行工程分解,确定施工顺序,结合既往工程施工经历计算正常条件下的施工工期,从而编制可能的施工进度方案,并且参考指令性工期,调整各工程施工进度,进行施工总进度优化,确保工程按期完成并投入使用。最终的施工总进度计划不但要尽可能满足各方面的对工期要求,而且要经济上合理、技术上可行,并确保不因进度提前或滞后影响工程质量和施工安全。

5.1.1.1 施工总进度的设计阶段划分

1. 工程河流规划阶段

根据已掌握的流域内自然和社会条件、已有的规划及可能的施工方案,参照已建工程的施工历史数据,拟定轮廓性施工进度规划,匡算施工总工期、初期发电期、劳动力数量和总工日数。

2. 可行性研究阶段

根据工程具体条件和施工特性,对拟订的各坝址、坝型和水工枢纽布置方案,分别进行施工进度的分析研究,提出施工进度资料。参与方案选择和评价水工枢纽布置方案。在既定方案的基础上,配合拟订并选择导流方案,研究确定主体工程施工分期和施工程序,提出控制性进度表及主要工程的施工强度,初算劳动力高峰时的人数和平均人数。

3. 初步设计阶段

根据主管部门对可行性研究报告的审批意见、设计任务和实际情况的变化,在参与选择和评价枢纽布置方案、施工导流方案的过程中,提出并修改施工控制性进度;对导流建筑物施工、工程截流、基坑抽水、拦洪、后期导流和下闸蓄水等工期要专门分析;对枢纽主体工程中土建、机电、金属结构安装等的施工进度要求程序合理、均衡施工。在单项工程施工进度计划编制的基础上,综合平衡,进一步调整、完善、确定施工控制性进度,提出施工总进度表及施工强度、劳动力需要量和总工日数等资料。

4. 技术设计(招标设计)阶段

根据初步设计编制的施工总进度和水工建筑物形式、工程量的局部修改,结合施工方法和技术供应条件,进一步调整、优化施工总进度。

一般来说,大中型水电工程建设是通过一系列合同如主体工程施工合同、辅助工程施工合同、物资设备采购合同和各种服务性合同等与相关合作方达成协议后予以实施。本阶段将提出一个工序衔接合理、责任划分清楚、合同管理方案、经济效益显著的进度安排。各单项工程施工进度,经调整、修改确定后,据以进行调整施工总进度。

5.1.1.2 编制施工总进度的主要步骤

1. 收集基本资料

施工总进度编制得合理与否,在很大程度上取决于原始资料的收集是否全面、准确,以及对资料是否进行了充分的分析研究。因此,在编制施工总进度之前和在工作过程中,要收集和不断完善所需的基本资料,主要包括:国家规定的工程施工期限或限期投入运转的顺序和日期,以及上级主管部门对该工程的指示文件,工程勘测和技术经济调查资料,工程的规划设计和预算文件,交通运输和技术供应的基本资料,国民经济各部门对施工期间的防洪、灌溉、航运、过木、供水等方面的要求。

2. 编制轮廓性施工进度计划

轮廓性施工进度,可根据初步掌握的基本资料和水工建筑物布置方案,结合其他专业设计文件,对关键性工程施工分期、施工程序进行粗略研究之后,参考已建同类工程的施工进度指标,匡算工程受益工期和总工期。一般编制方法如下:

(1)进度计划编制人员同水工设计人员共同研究选定有代表性的设计方案,并了解主要建筑物的施工特性,初步选定关键性施工项目。

(2)根据对外交通和工程布置的规模及难易程度,拟定准备工程的工期。

(3)以拦河坝为主要主体建筑的工程,根据初拟的导流方案,对主体建筑物进行施工分期规划,确定截流和主体工程的基坑的施工日期。

(4)根据已建工程的施工进度指标,结合本工程的具体条件,规划关键性工程项目的施工期限,确定工程受益日期和总工期。

(5)对其他主体建筑物的施工进度作粗略分析,编制轮廓性施工进度表。

3. 编制控制性施工进度计划

控制性施工进度计划与导流、施工方法设计等专业有密切联系,在编制过程中,应根据工程建设总工期的要求,确定施工分期和施工程序。控制性施工进度的编制通常是一个反复调整优化的过程。

编制控制性施工进度时,应以关键性工程施工项目为主线,根据工程特点和施工条件,拟定关键性工程项目的施工程序,分析研究关键性工程的施工进度。而后以关键性施工进度为主线,安排其他各单项工程的施工进度,拟定初步的控制性施工进度表。计算并绘制施工强度曲线,经反复调整,使各项进度合理,施工强度曲线平衡。

完成控制性施工进度的编制后,应基本解决施工总进度中的主要施工技术问题。

4. 编制施工总进度表

施工总进度表是施工总进度的最终成果,它是在控制性进度表的基础上进行编制的,其项目较控制性进度表全面而详细。在编制总进度表的过程中,可以对控制性进度作局部修改。对非控制性施工项目,主要根据施工强度和土石方、混凝土方平衡的原则安排。

总进度表除应绘制出施工强度曲线外,还应绘出劳动力需要量曲线,并计算出整个工程的总劳动工日及机械总台班。

5.1.1.3 编制施工总进度计划的主要工作内容

1. 拟定工程项目清单

编制施工总进度计划的基础工作是按照工程开展顺序和分期投产要求,将项目建设内容进行分解及合并,列出施工过程中可能涉及的工程项目。

一般情况下,一个建设项目的工程项目分解可能包括单项工程、分部分项工程、各项准备工作、辅助设施、结束工作及工程建设所必需的其他施工项目等。

工程项目划分完成后,根据这些项目的施工顺序和相互关系进行排序,依次填入总进度表中。总进度表中工程项目的填写顺序一般是:各项目准备工程、导流工程(包括基坑排水)、主体单项工程、次要单项工程、机电及金属结构安装工程(可以单列也可以合并在有关的单项工程中)、现场清理等结束工作。在各单项工程中,再按施工顺序列出各分部分项工程。如大坝工程中可列出基坑开挖、坝基处理、坝身填筑、坝顶工程、金属结构安装等。

2. 计算工程量

在列出工程项目后,依据所列项目,根据工程量计算规则《水电工程设计工程量计算规定》(SL 328—2005)、《水利工程工程量清单计价规范》(GB 50501—2007),计算各项工程的工程量。工程量计算时,由于进度计划所对应的设计阶段不同,工程量计算精度也不一样。在工程规划阶段,可参照类似工程进行匡算;在可行性研究阶段,依据可行性研究设计图纸进行估算;在初步设计阶段,设计图纸内容更为全面,工程量精度加深;在技术设计阶段,各项工程设计图纸更为详细,工程量计算精度相应提高。

3. 初拟施工进度

这是编制总进度的一项主要步骤。在草拟总进度计算时,应该做到抓住关键、分清主次、安排合理,保证各项工程的实施时间和顺序互不干扰、可能实现连续作业。在水利工程的实施中,与雨洪有关的、受季节性影响的以及施工技术复杂的控制性工程,往往是影响工程进度的关键环节,一旦这些项目的任何一项发生延误,都将影响整个工程进度。因此,在总进度中,应特别注意对这些项目的进度安排,以保证整个项目如期进行。

4. 论证施工强度

一项工程的施工进度,往往不仅是由工程本身决定的,外部的施工条件(包括自然条件、人力、物力、财力)和所采用的施工方法也将影响工程的施工进度。因此,在初拟一个施工总进度后,要考虑各种因素,对各项工程的施工强度进行分析论证,特别是那些对总进度起控制作用的关键性工程的施工强度,一定要详尽地论证,使编制的总进度计划合理、可靠、可行,能有效地指导施工作业。

论证施工强度的目的在于分析初拟的施工进度是否合理。在论证强度时,一般采用工程类比法。所谓类比法,就是参考已建类似工程的施工强度,通过对施工条件、施工方法等方面内容的比较来分析论证本工程的施工强度是否合理,能否实现,并以此来决定是否对初拟的施工进度进行调整。如果没有类似工程可供对比,则应通过施工设计,从施工方法、施工机械和生产能力、施工的现场布置、施工措施等方面进行论证。

5. 编制劳动力、材料、机械设备等需要量

根据拟定的施工总进度和定额指标,技术劳动力、材料、机械设备等的需要量,并提出相应的计划。这些计划应与器材调配、材料供应、厂家加工制造的交货日期相协调。所有材料、设备尽量均衡供应,这是衡量施工进度是否完善的一个重要标志。

6. 调整和修改

在完成初拟施工进度后,根据对施工强度的论证和劳动力、材料、机械设备等的平衡,就可以对初拟的总进度作出评级。看它是否切合实际、各项工程之间是否协调、施工强度是否大体平衡,特别是主体工程要大体均衡。如果有不尽完善的地方,及时进行调整和修改。

对施工总进度的编制,在实际工作中并不是简单地划分为以上几个步骤,各个步骤也不是单独进行的,它们之间相互关联、互为先后,一个施工总进度的编制,往往要经过多次修改,不断完善才能最终确定。在施工过程中,随着新情况的不断出现,施工总进度也要求不断地进行调整、修正,才能有效地指导现场施工,进行进度控制。

5.1.1.4 施工总进度编制实例

以土石坝为主体工程的某水库施工总进度计划编制为例。

该水库工程工期3年,第4年7月蓄水,以此为控制,到第4年6月底之前全部建成投产。其施工总进度见图5-1。

土石坝一般是不允许溢流过水的。不论采取何种导流方式,当围堰截流闭气后,就要求大坝坝面始终要保持在水库水位以上。该水库截流是在第2年汛期后,则导流建筑必须在第2年截流前完成。由于坝体工程量大,在拦洪高程以下坝分两段施工,右岸坝段必须于第2年汛期前达到度汛高程,而左、右坝段均需于第3年汛期前达到拦洪高程。这便构成控制进度。

相应导流渠应在右岸围堰合龙、坝基开挖之前完成。相应坝体填筑之前,清基、削坡、坝基处理必须完成。水电站在隧洞的出口处,可待输水洞完成之后进行。溢洪道待第4年汛期前完成,安排较灵活,可作为调节项目,平衡各月的施工强度。临时工程应满足主体工程施工进度的要求,在主体工程开工之前,应有一段准备工作时间。图5-1中安排开工初期2个月进行施工道路、风、水、电及临时房屋的修建,为正式开工准备,其余临时工程安排稍后。在总进度末尾留有一段时间进行试运转及结束工作,图5-1中安排了3个月的时间。另外,可以在施工总进度计划甘特图下部绘制出主要工程的施工强度曲线。一般均衡施工时,曲线在开始阶段逐渐增高,结束阶段逐渐降低,而在中部相当长的时间内保持均衡不变。当不均衡时,应进行调整。调整的方法:缩短或延长某些可以变动工期的工程进度线,向前或向后移动使曲线平衡。

5.1.2 水电工程物资需求预测

水电工程物资需求预测是工程物资供应链战略策划的基础,其内容主要包括对工程项目物资需求种类、数量、技术指标、需求时间分布等方面的预测分析。

水电工程物资需求预测主要数据来源于水电工程各阶段咨询或设计成果,由咨询或设计单位根据水电工程建筑物类型、技术要求、施工方案等工程建设要素推算出物资需求预测所需各项内容,业主负责物资需求预测成果的审核工作。

5.1.2.1 咨询或设计各阶段物资需求预测成果及测算方式

1. 工程河流规划阶段

根据河流规划报告中初步拟定的某工程项目装机容量、坝型选择、枢纽总布置及主要建筑物、开发时段等指标,估算出该工程项目物资需求大致种类、数量和需求时段。

ID	任务名称	开始时间	完成	持续时间
1	施工道路	2014-7-1	2014-8-29	44d
2	施工道路	2014-10-1	2015-1-30	88d
3	风水电工程	2014-9-1	2014-10-31	45d
4	料场准备	2014-9-1	2014-10-31	45d
5	钢木厂	2014-9-1	2014-11-28	65d
6	混凝土拌和站	2014-11-3	2014-11-28	20d
7	混凝土拌和站	2015-3-2	2015-3-31	22d
8	混凝土拌和站	2015-12-1	2015-12-31	23d
9	临时房屋	2014-7-1	2015-1-30	154d
10	围堰	2014-9-1	2014-9-30	22d
11	围堰	2015-9-1	2015-9-30	22d
12	导流渠	2014-8-1	2014-8-29	21d
13	基坑排水	2014-10-1	2015-1-30	88d
14	基坑排水	2015-10-1	2015-11-30	43d
15	坝肩削坡	2014-9-1	2014-10-31	45d
16	坝基清理	2014-11-3	2014-11-28	20d
17	坝基清理	2015-10-1	2015-10-30	22d
18	坝基截水槽土石方	2014-10-1	2015-1-30	88d
19	坝基截水槽土石方	2015-10-1	2015-10-30	22d
20	坝基截水槽齿墙	2014-11-3	2014-11-28	20d
21	坝基截水槽齿墙	2015-11-2	2015-11-2	21d
22	排水堆石块	2014-12-1	2015-1-30	45d
23	排水堆石块	2015-12-1	2015-12-31	23d
24	坝基帷幕灌浆	2014-9-1	2015-6-30	217d
25	坝基帷幕灌浆	2015-9-1	2015-10-30	44d
26	坝体填筑	2015-2-2	2017-5-31	608d
27	上下游坝顶混凝土砌石	2016-1-1	2016-6-30	130d
28	坝坡坝顶砌石	2017-3-1	2017-5-31	66d
29	土石方开挖	2014-9-1	2015-3-31	152d
30	钢筋混凝土衬砌	2015-4-1	2015-9-30	131d
31	闸门安装	2015-10-1	2015-10-1	1d
32	进出口导流洞封堵	2017-3-1	2017-3-31	23d
33	土石方开挖	2015-11-2	2015-12-31	44d
34	厂房工程	2014-10-23	2014-10-23	1d
35	机组安装	2016-9-1	2017-5-31	195d
36	库区清理	2016-12-1	2017-2-28	64d
37	结束工作	2017-4-3	2017-5-31	43d

图 5-1　水库工程进度甘特图

由于工程河流规划阶段设计深度有限,物资需求预测主要采用经验法计算,根据历史上同类项目的经验进行估算。

2. 可行性研究阶段

根据水电工程可行性研究报告中基本选定的某工程项目建筑规模、坝型、枢纽总布置及主要建筑物的基本型式、施工进度控制表等指标,初步确定出该工程项目物资需求主要种类、需求时段并计算出各主要物资种类需求总量及分年度需求量。

可行性研究阶段物资需求量计算主要采用理论计算法,以各分部分项工程理论工程量和国家或行业材料消耗量定额为依据,计算方式如下:

$$分部分项工程物资需求量 = \sum 分部分项理论工程量 \times 材料消耗定额$$

$$单位工程物资需求量 = \sum 分部分项工程物资需求量$$

$$单项工程物资需求量 = \sum 单位工程物资需求量$$

$$建设项目工程物资需求量 = \sum 单项工程物资需求量$$

3. 招标设计阶段

根据水电工程招标设计报告中明确的某工程项目工程布置及建筑物、工程分标规划、施工组织设计等指标,明确该工程项目物资种类、技术指标、需求时段并计算出各物资种类需求总量及分年度、分月度需求量。

招标设计阶段物资需求量计算主要采用图纸计算法,首先根据施工图计算出各分部分项施工工程量,再根据各分部分项工程配合比计算出材料单耗量,最后计算出各分部分项工程物资需求量并逐级汇总,计算方式如下:

$$分部分项工程物资需求量 = \sum 分部分项施工工程量 \times 材料单耗量$$

$$单位工程物资需求量 = \sum 分部分项工程物资需求量$$

$$单项工程物资需求量 = \sum 单位工程物资需求量$$

$$建设项目工程物资需求量 = \sum 单项工程物资需求量$$

5.1.2.2　业主的主要工作

1. 工程河流规划阶段

该阶段业主主要对咨询或设计单位提供的工程物资需求预测成果进行合理性评估,提出修改意见,经双方讨论研究后确定物资需求预测成果。

2. 可行性研究阶段

该阶段业主审核重点在于对物资种类的审核,业主可以根据以往工程物资供应经验、潜在供应资源调研情况、物资供应经济性分析等内容,向咨询或设计单位提出物资需求种类优化建议,经双方讨论研究后确定物资需求种类。

3. 招标设计阶段

该阶段业主审核重点在于物资技术指标和需求量的审核,业主可以根据以往工程物资供应经验、工程建设物资技术要求、施工进度安排、潜在供应资源等内容,向设计单位提出物资技术指标和需求量优化建议,经双方讨论研究后确定物资需求种类。

5.1.2.3　需求预测示例

某水电建设项目包括 A 标、B 标和 C 标 3 个主要单项工程,其中 C 标为引水发电系统工程,该工程包括厂房部分、引水部分、尾水部分、泄洪洞部分 4 个单位工程,下面以计算该水电建设项目 P. O42.5 水泥需求量为例说明工程物资需求预测量计算过程。

假设引水部分包括回填灌浆、固结灌浆、C10 混凝土浇筑、C20 混凝土浇筑、C25 混凝土浇筑 5 个涉及 P.O42.5 水泥消耗的分部分项工程。分部分项工程 P.O42.5 水泥需求量计算见表 5-1。

表 5-1　引水部分分部分项 P.O42.5 水泥需求量计算及汇总

分部分项工程	工程量	单位	单耗量(t/工程量单位)	需求量(t)
回填灌浆	5 000	m²	0.18	900
固结灌浆	20 000	m	0.35	7 000
C10 混凝土浇筑	15 000	m³	0.15	2 250
C20 混凝土浇筑	30 000	m³	0.20	6 000
C25 混凝土浇筑	35 000	m³	0.25	8 750
合计				24 900

引水发电系统工程 P.O42.5 水泥需求量汇总见表 5-2,其中引水部分的需求量数据来自表 5-1,其他部分需求量计算过程略。

表 5-2　引水发电系统工程 P.O42.5 水泥需求量汇总

单位工程	P.O42.5 水泥需求量(t)
厂房部分	56 500
引水部分	24 900
尾水部分	16 400
泄洪洞部分	18 500
合计	116 300

该水电建设项目 P.O42.5 水泥需求量汇总见表 5-3,其中 C 标需求量数据来自表 5-2,其他单项工程需求量计算过程略。

表 5-3　建设项目 P.O42.5 水泥需求量汇总

单项工程	P.O42.5 水泥需求量(t)
A 标	56 300
B 标	248 700
C 标	116 300
合计	421 300

5.2 工程物资潜在供应市场调研

5.2.1 工程物资潜在供应商市场调研内容

由于水电站建设所需物资供应的特点,一般具有物资供应总量大,高峰期比较突出,物资质量及供应保障要求极高的特性,因此提前做好水电站工程物资供应的策划等基础工作,对电站建设期间的物资采购及供应保障极为重要,而对水电站周边一定半径范围内的物资市场情况进行充分的调研是做好物资供应链策划的基础。

传统的水电站建设过程中,供应商市场调研主要集中在对水电站周边地区潜在供应商的调研本身,即在水电站物资需求总体计划明确后,工程业主组织对电站周边地区的潜在供应商的生产情况进行调研,以确定后续采购招标策略。但影响物资供应市场的因素很多,除潜在供应商本身外,国家宏观经济形势、同一地区物资市场需求情况特别是其他大型流域水电开发公司后续物资需求情况、潜在供应商的主要外部关系及与其他大型客户的合作情况、物资供应保障可靠性等都可能直接影响到后续电站建设过程中的物资供应保障能力。因此,广义的物资供应商市场调研特别是对大型流域水电开发企业而言不仅是在水电站建设过程中某一阶段的一项活动过程,而且还是应长期坚持和不断完善的工作内容,根据市场形势的实时变化,掌握最新的供应市场形势。广义的市场调研应包含以下主要内容。

5.2.1.1 外部市场及宏观经济形势分析

主要分析在国家总体经济形势下,国家关于水电开发的相关主要中长期规划和政策、总体水电市场情况及可能影响到本工程物资供应的其他大型土建工程建设情况、水电站各主要物资市场产能分析及预测、主要市场需求形势分析、主要物资可能的总体价格趋势分析等。

5.2.1.2 潜在供应商调研

潜在供应商是指有能力向采购人提供符合其特定技术规格要求的货物、工程和服务的法人、其他组织和自然人。对水电工程物资采购而言,潜在物资供应商即在一定的经济半径范围内,可能向水电站建设提供符合要求的货物的生产企业或代理商。

所谓经济半径,因不同的水电站工程所处的地理环境及外部市场情况而有较大的差异,并不完全等同于一般的通用型产品市场经济半径的概念。如水电站所处地理位置相对较好,周边地区成熟供应商较多,可能经济半径就小,相反经济半径就大。而如果有铁路运输或水路运输的便利,经济半径就比公路运输大。因此,经济半径的选择需要根据水电站周边地区的实际情况及采购的物资技术指标和品种来确定。

水电工程潜在供应商的调研主要应包括以下内容:

(1)潜在供应商的主要生产设备及生产工艺、生产能力及仓储能力;

(2)潜在供应商质量管理体系;

(3)潜在供应商的主要供应能力;

(4)潜在供应商的基本情况、股权结构等;

(5)潜在供应商的主要供货业绩,与其他大型流域水电开发公司的合作情况及主要客户情况,主要物资品种的销售情况及供应价格;

（6）潜在供应商的外部交通条件、运输能力、运输路线、运输方式及可靠度等；

（7）潜在供应商与工程业主的合作意愿。

5.2.1.3 潜在供应商的主要客户或其他同区域的大型流域水电开发公司调研

对与物资供应市场区域相同的其他大型流域水电开发公司或潜在供应商主要客户的调研，不仅是对供应商调研的有效补充，以更全面掌握市场需求供应情况，更是工程业主更充分掌握其他有竞争关系公司物资管理相关信息的有效途径，是后续分析决策及提升自身供应链管理水平的信息基础。

对潜在供应商的主要客户的调研或其他大型流域水电开发公司调研主要应包括以下内容：

（1）流域水电开发公司当前水电建设情况及后续水电开发规划情况；

（2）当前及后续主要工程物资需求情况；

（3）与主要供应商的合作情况及其对相关供应商的评价；

（4）主要物资管理模式；

（5）主要合同条款（如供应价格及其调整机制）。

总体而言，对于调研阶段的相关信息的收集，重点依靠在日常的工作之中逐步进行累积，最好能建立相应的数据库不断充实和完善。对于日常无法了解的信息，可以组织专题调研进行相关信息的收集，形成调研报告，为后续的相关信息分析提供决策基础。

5.2.2 工程物资潜在供应商市场调研分析

工程物资潜在供应商市场调研分析主要是针对信息整合阶段以及调研活动阶段获得的数据和信息进行分析整理，该阶段主要包括六部分内容：

（1）分析运输路线。该分析过程有利于规划后期的物资供应范围和模式、运输方式选择、中转储备系统选址等决策内容，通过对已存在的运输路线分析，获取可能的运输量大小等信息。

（2）分析潜在供应商周边交通环境。周边交通环境的分析有利于供应商评价体系的相关指标建立，同时对于物资供应模式的选择也有一定的影响。

（3）分析国家相关政策。国家的相关政策决定了部分物资的供应模式，同时对于中转储备系统选址等战略决策也有一定程度的影响。

（4）分析物资存储需求。物资存储对于中转储备系统的需求是由工程的整体物资需求、物资供应数量、不同物资供应方式的不同而确定的，该需求的确定有利于后期对中转储备系统的建设规划。

（5）分析相关物资指标。物资的价格和资源分布可从物资市场调研中得到，这有利于物资供应采购招标及承包商土建标中相关条款的设定。

（6）分析各类供应商指标。分析各类供应商的生产能力、技术可靠度、运输能力以及与业主之间的合作历史所需要的数据，主要由调研潜在供应商获得，可便于供应商评价指标体系的建立。

基于供应市场调研过程和调研分析结果，将形成相应的供应市场调研分析报告，调研报告提纲一般包括前言、厂商调研情况、结论和建议等，如图5-2所示。

目　录

第一部分　前言 1
1.1　调研目的 1
1.2　调研内容 1
1.3　调研的组织和过程 2
第二部分　中热水泥生产厂商调研情况 3
2.1　广西鱼峰水泥股份有限公司 3
2.1.1　基本情况 3
2.1.2　中热水泥生产设备和生产工艺 4
2.1.3　中热水泥生产原材料和产品品质 5
2.1.4　供货业绩 6
2.1.5　储运能力 7
2.1.6　中热水泥检验实验室及质量控制措施 7
2.2　中国葛洲坝集团股份有限公司水泥厂 8
2.2.1　基本情况 8
2.2.2　中热水泥生产设备和生产工艺 9
2.2.3　中热水泥生产原材料和产品品质 9
2.2.4　供货业绩 11
2.2.5　储运能力 11
2.2.6　中热水泥检验实验室及质量控制措施 12
2.3　甘肃祁连山水泥集团股份有限公司 13
2.3.1　基本情况 13
2.3.2　中热水泥生产设备和生产工艺 13
2.3.3　中热水泥生产原材料和产品品质 14
2.3.4　供货业绩及储运能力 14
2.3.5　中热水泥检验实验室及质量控制措施 15
2.4　陕西秦岭水泥（集团）股份有限公司 15
2.4.1　基本情况 15
2.4.2　中热水泥生产设备和生产工艺 16
2.4.3　中热水泥生产原材料和产品品质 16
2.4.4　供货业绩 16
2.4.5　储运能力 16
2.4.6　中热水泥检验实验室及质量控制措施 17
第三部分　结论和建议 18
附件 1　锦屏水电站中热硅酸盐水泥技术要求 20
附件 2　官地水电站中热硅酸盐水泥技术要求 20

图 5-2　锦屏、官地水电站建设中热水泥供应商调研

5.3　工程物资供应方案规划

5.3.1　工程物资 ABC 分类与供应模式决策

5.3.1.1　ABC 分类法

ABC 分类法由意大利经济学家和社会学家维尔弗雷多·帕累托(Pareto)首创,又称为帕累托分析法、主次因素分析法。1879 年,帕累托在研究个人收入的分布状态时,发现少数人的收入占全部人收入的大部分,而多数人的收入却只占一小部分,即 80/20 法则或帕累托法则。该分析方法的核心思想是在决定一个事物的众多因素中分清主次,识别出少数的但对事物起决定作用的关键因素和多数的但对事物影响较少的次要因素,简言之为“关键的少数、次要的多数”。基于此,对这些关键的少数进行重点关注,而对次要的多数给予少一些的关注。后来,帕累托法被不断应用于管理的各个方面。1951 年,管理学家戴克(Dickie)将其应用于库存管理,正式命名为 ABC 法。1951 ~ 1956 年,美国著名质量管理大师约瑟

夫·朱兰将ABC法引入质量管理,用于质量问题的分析,被称为排列图。1963 年,彼得·德鲁克(Drucker)将这一方法推广到全部社会现象,使 ABC 法成为企业提高效益的普遍应用的管理方法。

图 5-3 为 ABC 分类法中常用的标准帕累托图,图中有两个纵坐标、一个横坐标、几个长方形和一条曲线,左边纵坐标表示频数(或量度值,如产量、需求量、销售额等),右边纵坐标表示频率(或占比),以百分数表示。横坐标表示所关注的各项因素,按影响大小从左向右排列,曲线表示各种影响因素大小的累计百分数。一般地,将曲线的累计频率分为三级,与之相对应的因素分为三类:

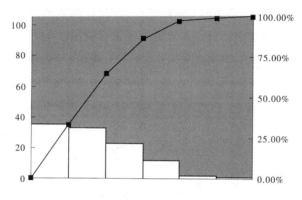

图 5-3 标准帕累托图

(1)A 类因素:发生累计频率为 0 ~80% ,是主要影响因素;

(2)B 类因素:发生累计频率为 80% ~90% ,是次要影响因素;

(3)C 类因素:发生累计频率为 90% ~100% ,是一般影响因素。

ABC 分类法的基本步骤如下:

(1)收集基础数据。即确定构成某一管理问题的因素,收集相应的特征属性数据。例如,在有待进行库存控制的物资类型进行销售额分析时,应收集年销售量、物资单价等数据。

(2)计算整理数据。即对收集的基础数据进行加工,按要求进行计算,包括计算特征数值、特征数值占总计特征数值的百分比、累计百分数、因素数目及其占总因素数目的百分数、累计百分数等。

(3)进行 ABC 分类。按照特征数值占总计特征数值百分比从大到小排序,并分别计算各因素对应的累计百分数,习惯上常把主要特征值的累计百分数达 70% ~80% 的若干因素称为 A 类,累计百分数在 10% ~20% 的若干因素称为 B 类,剩下的累计百分数在 10% 左右的若干因素称 C 类。

(4)绘制 ABC 分析图。以累计因素百分数为横坐标,累计主要特征值百分数为纵坐标,按 ABC 分析表所列的对应关系,在坐标图上取点,并连接各点成曲线。

5.3.1.2 工程物资供应模式

在我国大型水电开发工程建设中,工程物资供应模式通常包含业主统供、承包商自购、业主协供等三种,每一类模式下业主、承包商、供应商分别存在不同的工作界面。

1. 业主统供

业主统供即业主统一供应工程物资,是指业主对所需工程物资的计划、采购、订货、检测和储运调拨等各个物流环节实施全面管理,按照施工承包合同规定的供应单价向工程承包商进行调拨,工程物资核销后发生的价差由业主承担的一种工程物资供应方式。

这种模式的优点是:

(1)业主直接掌握工程物资的全过程、全方位动态信息。

(2)保障工程物资供应质量和及时性。

(3)灵活性较高,能根据市场情况进行及时、高效的调节。

(4)能通过规模采购降低工程物资采购成本。

(5)和物资供应商之间建立战略合作伙伴关系,形成相对稳定的供应链网络。

这种模式的缺点是:增加了管理人员和管理费用(供应商调研、培育、采购招标、供应协调、质量检测、信息处理等)、中转储备系统建设或租赁费用以及运行费用等。

业主统供模式中业主担负的成本结构(见图5-4)如下:

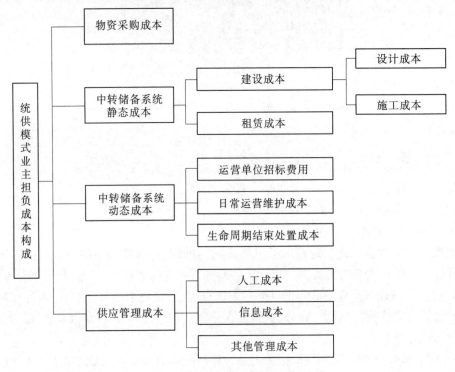

图5-4　统供模式业主成本结构

(1)物资采购成本 = 采购总量×采购单价 + 采购招标费用。

(2)中转储备系统静态成本:

$$设计成本 = 前期可行性研究成本 + 招标投标成本 + 勘察设计成本$$
$$施工成本 = 人工费用 + 材料费用 + 机械费用 + 现场管理费用$$
$$租赁成本 = 选择租赁单位调研成本 + 租赁费用$$

(3)中转储备系统动态成本 = 运营单位招标费用 + 日常运营成本 + 生命周期结束处置成本。

(4)供应管理成本 = 人工成本 + 信息成本 + 其他管理成本。

总成本中将扣除中转储备系统及相关设备的固定资产残值或固定资产转移产生的收益。

2. 承包商自购

承包商是由工程承包商自行负责物资采购,物资成本纳入工程投标报价中,业主不负责物资材料供应,只负责对施工中标单位交付的工程进行整体监理和验收检查。

这种模式将工程物资供应管理工作全部交由承包商完成,优点是减轻了业主的管理负担,使业主能减少管理人员,节省管理费用,也让承包商有了更大的自主权。其缺点是对施工过程中物资的使用监督难度加大,物资质量和供应及时性难以掌控,对项目施工进度容易造成较大的影响,物资采购的整体成本相对较高。

此模式下,业主需要担负的成本为承包商物资采购成本,即物资需求总量×采购单价。

这里采购单价通常是指承包商土建项目应标中针对物资的投标报价或者基于行业定额计算确定的针对单方混凝土工程量对应的物资单价。

3. 业主协供

业主通过招标程序,分别与供应商和施工方签订合同,约定材料供应商和施工方对材料供应的责任与管理范围。这种模式的优点是可以充分发挥工程材料管理的优势互补,分解风险,提高管理的主动性和灵活性。此模式的不足之处是业主的管理协调工作量较大,要求管理人员有丰富的经验,对各方面的情况都有所了解,而且应善于发现管理问题,能及时采取补救措施,防止因管理脱节影响工作进展,避免造成索赔事件。

5.3.1.3 ABC分类法在工程物资供应模式决策中的应用

众所周知,在大型水电开发工程的现场生产要素管理中,工程物资管理一直是其中最重要的一项管理内容。不仅是因为它涉及的范围广、头绪多、管理任务重、物资质量关系到工程质量,而且在整个项目中,工程物资成本占到了施工项目总成本的很大一部分,对工程成本控制具有重要影响,如果没有一套科学合理的方法对其进行管理,施工项目的总成本将无法控制,严重时将导致项目失败。基于此,采用ABC分类法来对工程所需物资进行分类并确定相应的供应模式。其主要工作内容为:运用80/20法则、ABC分类法对工程物资进行分析,确定A、B、C类物资,选择A类物资纳入统一供应范围、B类物资开展协供、C类物资为承包商自购。

下面以某水电开发工程进场道路改扩建项目为例,来说明ABC管理方法在工程物资管理中的应用。

1. 收集并处理数据,绘制ABC分类图表

对于不同的分类对象和分析内容,收集、分析的数据不同。对工程物资进行管理,可以按照工程物资在仓库中的流通速度来分类,也可以按照工程物资的产品价值来分类,这里主要从不同工程物资的费用占工程物资资金总额的大小不同来进行分析。首先按每种工程物资的单价和所需的数量计算该种工程物资的金额,然后把各种工程物资的金额从高到低排列,这样就可以了解哪些物品占用资金多,以便实行重点管理。表5-4是主要工程物资的数据和计算结果。

表5-4 ABC分析表

序号	物品名称	品种累计（%）	单价	需要量	占用金额（元）	材料费用百分比（%）	费用百分比累计(%)
1	425号水泥	1.72	350元/t	23 744	8 130 400	23.74	23.74
2	柴油	3.45	3.6元/L	1 355 040	4 878 144	13.93	37.67
3	砂砾	5.17	35元/m³	128 515	4 498 025	12.85	50.52
4	块石	6.90	60元/m³	46 136	2 768 160	7.91	58.43
5	当地砂	8.62	47元/m³	52 759	2 479 673	7.08	65.51
6	碎石(4 cm)	10.34	55元/m³	40 898	2 249 390	6.43	71.94
7	片石	12.07	40元/m³	46 520	1 860 800	5.32	77.26
8	粉煤灰	13.79	60元/m³	14 541	872 460	2.49	79.75
9	砂	15.52	47元/m³	18 214	856 058	2.45	82.2
10	Ⅱ级钢筋	17.24	3 200元/t	259	828 800	2.37	84.57
11	硝铵炸药	18.97	6.5元/kg	110 939	721 103.5	2.06	86.63
12	Ⅰ级钢筋	20.69	3 100元/t	224	694 400	1.98	88.61
13	合金钻头	22.41	40元/个	13 962	558 480	1.60	90.21
14	生石灰	24.14	120元/t	3 634	436 080	1.25	91.46
15	汽油	25.86	3.8元/L	82 732	314 381.6	0.90	92.36
16	导火线	27.59	1元/m	279 954	279 954	0.80	93.16
17	525号水泥	29.31	400元/t	482	192 800	0.55	93.71
18	普通雷管	31.03	0.8元/个	222 515	178 012	0.51	94.22
⋮	⋮	⋮	⋮	⋮	⋮	⋮	⋮

2. 根据ABC分析图表，按照一定的分类指标对物资进行分类

对于物资的分类，一方面要遵循一般的分类原则和方法；另一方面也要考虑问题的具体情况，不可盲目照搬，硬性对物资进行划分。对于本例的物资，这里主要采用占总金额的百分比区间和占总费用累计百分比两个分析指标来分类。通过对ABC分析表进行分析，从425号水泥材料到砂砾材料，前三种材料费用累计比例就已经超过了物资费用总量的50%，增幅也非常明显，因此它们是物资成本管理中的重中之重，应该归为A类；但就分类管理来讲，3种物资数量过少，管理起来反而达不到整体效率化、合理化的目的。所以，把后面的4种占总费用比例相近的物资（比例变化范围7.91%～5.32%）归进来，共7种物资同列为A类，其品种累计比例占总量的12.07%，但费用累计比例则占到了总金额的77.26%，应该是整个项目中物资管理的重点对象；随后的5种物资，从粉煤灰到合金钻头，单个物资的费用所占金额的变化区间是2.49%～1.60%，较为均匀。5种物资的品种累积比例占总量的

10.34%,整体费用占总费用的比例近13%,可以把它们归为B类;剩余的物资虽然品种累计比例占到了总产量的近77.59%,但单品费用占总费用的比例绝大部分都在1%以下,因此它们全部归为C类。具体分类标准和分类结果如表5-5。

表5-5 物资的ABC分类表

分类	单品占总金额的百分比区间(%)	占总费用的累计百分比(%)	物资名
A	23.74~5.32	23.74~77.26	425号水泥、柴油、砂砾、块石、当地砂、片石、碎石(4 cm)
B	2.49~1.60	79.75~90.21	粉煤灰、砂、硝铵炸药、Ⅱ级钢筋、Ⅰ级钢筋、合金钻头
C	1.25以下	91.46~100	生石灰、汽油、导火线、525号水泥、普通雷管等剩余的其他材料

从物资的ABC分类表可以得出不同工程物资的供应模式如下:425号水泥、柴油、砂砾、块石、当地砂、片石、碎石(4 cm)为A类物资,这些物资需要业主统一供应;粉煤灰、砂、硝铵炸药、Ⅱ级钢筋、Ⅰ级钢筋、合金钻头为B类物资,需要业主协供;生石灰、汽油、导火线、525号水泥、普通雷管等剩余的其他材料为C类物资,需要承包商自购。

以上只是一个针对工程物资分类的简单示例。通常在水电开发工程建设的物资管理工作中,需要站在工程建设物资管理工作的全局甚至流域多梯级水电开发工作的全局来考虑物资的总体需求,把握物资供应对工程建设质量、成本和进度控制的影响,以此为出发点来综合对工程物资进行分类,并结合不同大类物资分别适用业主统供、业主协供和承包商自购等不同模式进行相应的成本、效益以及风险分析,最终确定相应的物资供应模式。

因为这里所讨论的工程物资供应链是在水电工程业主组织协调下的供应链组织,后面所讨论的工程物资供应链设计、供应链构建、供应链运作管理、技术和质量管理以及工程物资供应链集成控制平台都将围绕业主统供范围内的物资展开。

5.3.2 工程物资供应方案分析与规划决策

在战略策划阶段,工程物资供应规划需要考虑在工程物资潜在供应市场调研的基础上,结合工程物资供应需求分析,确定初步的供应商范围,对中转储备系统(通常也通俗地称为转运站)的可能选址和规模大小进行初步规划,筛选可行的运输路线,规划和分析工程物资供应网络的主体结构,本节主要围绕供应商范围决策和中转储备系统选址初步规划展开讨论,下文将结合其他问题在供应链网络中进行综合分析。

5.3.2.1 供应商范围决策

供应商的范围选择是工程物资供应链策划的关键内容。所选的供应商能否和整个工程物资供应链的步调保持一致,能否促进整个工程物资供应链竞争力的增强,是工程物资供应链上每个企业尤其是工程业主所关注的问题。目前,该领域中针对供应商选择的理论方法有很多,可以将其分为定性和定量两大类。

1.定性法

用于供应商范围决策的定性法主要是直观判断法,根据供应市场调研所得的资料并结合专家经验,对潜在供应商进行初步分析、评价的一种方法。这种方法主要是倾听和采纳有经验的专家的意见,或者直接由物资供应管理专家凭经验做出判断。这种方法比较直观,简单易行,但是主观艺术性很强,科学性相对较差。

2. 定量法

1)采购成本比较法

结合供应市场调研资料,对现有物资质量和交货期都能满足要求的潜在供应商,计算采购成本来进行比较分析。采购成本一般包括售价、采购费用、运输费用等各项支出的总和。采购成本比较法是通过计算分析针对各个不同供应商的单位采购成本,选择采购成本相对较低、累计供应能力满足工程物资需求预测量的一组供应商的一种方法。

2)线性加权法

线性加权法是一类多目标数学规划法。它的基本方法就是确定筛选潜在供应商的成本、质量、风险等各目标(选择准则)的权重,从而将多目标规划问题转化为单目标规划问题,针对各潜在供应商各目标下的目标值,计算综合目标值,再结合综合目标排序来确定相应的供应商范围。

3)层次分析法

层次分析法(Analytic Hierarchy Process,AHP)是一种定性与定量分析相结合的多目标决策方法,其基本原理是根据具有递阶结构的目标和子目标(选择准则)以及约束条件等对供应商进行评价。首先用两两比较的方法确定判断矩阵,然后把判断矩阵的最大特征值与相应的特征向量的分量作为相应的系数,最后综合出每个潜在供应商各自的权重(优先程度),通过对优先程度的比较实现对供应商范围的决策。

层次分析法用于供应商的选择步骤如下。

(1)建立层次结构模型。利用 AHP 法将供应商的评价模型分为 3 层:最高层 A 表示供应商评价选择的目的;中间层 B 表示采用某种方案实现目标所涉及的原则,即供应链评价指标体系;最低层 P 表示解决问题所选用的各种方案,即多个待评供应商。

(2)构造两两判断矩阵。由于在该供应商的选择评价模型中,有许多指标的数据难以通过统计方法获得,因而采用 Delphi 法或 1~9 标度法来构造两两比较判断矩阵。常用的判断尺度有九分判断尺度,见表5-6。

表5-6 九分判断尺度

标度	含义
1	表示 2 个元素相比,具有同样重要性
3	表示 2 个元素相比,前者比后者稍重要
5	表示 2 个元素相比,前者比后者明显重要
7	表示 2 个元素相比,前者比后者强烈重要
9	表示 2 个元素相比,前者比后者极端重要
2、4、6、8	表示上述相邻判断的中间值
倒数	若元素 i 与元素 j 的重要性之比为 b_{ij},那么元素 j 与元素 i 重要性之比为 $b_{ij}=1/b_{ij}$

判断矩阵见图5-5。

A	B_1	$\cdots$	B_j	$\cdots$	B_n
B_1	b_{11}	$\cdots$	b_{1j}	$\cdots$	b_{1n}
$\vdots$	$\vdots$	$\vdots$	$\vdots$	$\vdots$	$\vdots$
B_j	b_{j1}	$\cdots$	b_{jj}	$\cdots$	b_{jn}
$\vdots$	$\vdots$	$\vdots$	$\vdots$	$\vdots$	$\vdots$
B_n	b_{n1}	$\cdots$	b_{nj}	$\cdots$	b_{nn}

图5-5　判断矩阵示意图

图5-5中，b_{ij}表示B层因素i与j因素两两比较对于A层目标重要性程度的标度值；n表示判断矩阵的阶数。

（3）计算权重。可采用平均值法、方根法或特征根法等。

（4）一致性检验。计算一致性指标CI。

（5）通过上述步骤推算出中间层B对目标层A的相对权重。

在计算完各层判断矩阵有关要素的权重以后，即可从最上层开始自上而下地求出方案层关于最上层要素目标层的总重要度，通过综合重要度计算，对所有的备选方案进行优先排序，按排序结果挑选出符合条件的供应商。

3. 中转储备系统选址初步规划

在工程物资供应链系统中，中转储备系统选址是关系到供应链网络稳定可靠运行的一个具有战略意义的问题。中转储备系统是工程物资从供应商至工程施工需求点（工程现场或预制品生产系统）之间的中间贮存据点，是集纳和分散物资、促进物资迅速流转的配送中心。水电工程建设所需物资和机电设备、金属结构等往往都选择通过建立工程现场附近的中转储备系统来进行中转，而这些物资、设备和金属结构总量大、成本高，足见中转储备系统在水电工程建设中的位置相当重要，合理选址可以有效节省费用，促进供应和施工需求量中流量的协调与配合，保证工程施工的正常进行。

传统的配送中心选址决策中存在两类问题：①影响转运站选址的因素有许多，往往只考虑了可量化因素，许多无法量化的因素未纳入考虑范畴。②当存在多个候选点时，对候选方案的取舍往往凭借经验，缺乏科学性。

影响中转储备系统选址的因素较多，主要包括：

（1）交通条件：运输效率是中转储备系统未来运作管理考量的核心，而周边交通条件则是运输的关键。它包括中转储备系统周边进入工程施工现场在内的道路等级、通畅性、准点性和安全性等。

（2）辅助性基础设施：中转储备系统运作的通畅与否，和选择地区的辅助性基础设施密切相关。选址时必须考虑的辅助性基础设施有通信、能源、土建、安全和消防等。

（3）转运效果。施工需求点是中转储备系统服务的最终目标，对于转运效果的考虑包括两个方面：一是施工需求点与转运站的关系和相对位置，这影响到转运业务的具体流程和繁复程度；二是在配送区域内所需要物资量。

这些影响因素可以分为定性因素和定量因素，相应地，结合这些因素进行中转储备系统选址也有定性、定量以及定性和定量相结合的方法。

1）定量的方法

这里主要介绍重心法，重心法在配送中心选址决策中经常采用连续型定量选址决策方法。此方法将物流节点与供应商和用户之间的直线距离分别乘以其对应的物流量，再乘以发送费率所得的积为最小时，则求得的为最优解。

此方法在建模中存在如下假设：物流量往往被聚集在一定数量的点上，每个点代表分散在一定区域内的众多的物流总量；忽略不同地点选址可能产生的固定资产构建、劳动力成本、库存成本等成本的差异；运输费率的线性假设；直线运输假设；静态选址假设。

定量的方法往往不考虑未来的收益与成本的变化。这个方法的优点是不限于在特定的备选地点进行抉择，灵活性较大。但是选出的地点很可能是无法实现的地点。同时将线路考虑为直线往复也可能是不符合实际的。

定量分析方法中还可以通过以多个可选的方案中挑选合适数量的站点作为决策变量建立并求解混合整数线性规划模型来进行辅助决策。

2）定性的方法

常用的定性分析方法有头脑风暴法、专家调查法等。

定性方法的执行步骤一般为：

（1）根据经验和原则确定评价指标；

（2）对各个待选地点，利用指标进行优劣性检验；

（3）根据检验结果进行决策。

定性方法的优点是注重历史经验，简单易行；缺点则是可能犯经验主义和主观主义的错误，在地点较多时，不易作出理想的决策，导致决策的可靠性不高。

3）定性与定量相结合的方法

这种方法是最常用的方法，适用于大范围选址问题。它的执行步骤一般为：

（1）根据经验或者利用指标对备选地址进行初步筛选；

（2）利用数学模型进行定量计算确定备选方案及最优方案。

这种方法的优点是综合了定性方法和定量方法的长处，能够做出比较合理的决策。

5.3.3 工程物资供应链网络分析

5.3.3.1 工程物资供应链网络

大型水电工程中的工程物资供应链网络是在工程业主的组织协调下由物资供应商、物资中转储备系统、工程承包商等作为物理节点，并通过合适的运输线路和运输模式选择建立节点之间连接的网络结构。工程物资供应链网络是工程所需物资流运行的载体，同时也是工程建设全过程的一个成本中心、效率中心，其结构的经济性、可靠性、高效性将从本质上决定工程建设物资供应的成败。

工程物资供应链网络分析和一般的供应链网络分析一样是作为供应链核心的工程业主的高层管理者应考虑的供应链管理问题，属于战略层次，其目的在于如何基于工程建设全周期内对物资供应需求的预测以及供应市场调研的初步信息来决定物资供应模式、所筛选的供应商范围、中转储备系统选址和规模设计、物资在不同供应链成员之间的交货地点、运输模式等，分析工程建设前期、施工期、结尾期等时段内供应链网络节点布局和节点之间关系的合理性、供应链网络构建和运行的经济性、高效性，从而论证工程物资供应规划方案的可行性。其主要应考虑的问题是如何优化构建有效的供应链网络、确定供应链的配置。

一般说来，供应链网络分析和优化需要从整体来考虑供应链节点的构架和布局，确定每个设施节点的功能、角色和位置，再确定合理的运输路径。供应链网络分析和优化是工程业主的一项重要战略性决策，是一项长期的、战略层面的、对工程物资供应链设计与构建具有指导意义的决策问题。

5.3.3.2 工程物资供应链网络的特点

结合水电开发工程建设的背景，水电开发工程物资供应链网络具有如下特点。

1. 以工程业主为中心

供应链网络设计、构建和运行都是在工程业主的组织协调下，围绕工程建设的质量、成本、进度等目标来展开的。

2. 面向工程建设对物资的需求

水电开发工程物资供应链的构建、动态调整和运行，都是以不同时期工程建设施工的物资需求为驱动，供应链的总体供应能力须与工程建设物资需求总量相匹配，供应链运行管理中各批次物资供应、运输、库存、中转等须与相应周期内工程施工各标段工程进度和质量要求相匹配。

3. 供应链网络的动态性

正因为工程物资供应链需要面向工程建设对物资的需求，而不同时期工程建设对物资需求的品种规格、需求量大小等会呈现不同的情形，这将导致工程物资供应链结构中对供应链成员的配置以及供应链节点之间的关系会适当进行动态调整。

4. 供应链网络结构的复杂性

工程建设所需物资品种众多、物资需求量大、物资供应来源往往分布广泛、物流条件复杂，供应链网络结构错综复杂，水电工程业主面对不同时期的不同上下游企业，其选择也呈现出一定的多样性，这样构建的供应链网络结构会相当复杂。

5.3.3.3 工程物资供应链网络分析的步骤

工程物资供应链网络分析的一般步骤如下：

第一步：确定供应链优化的战略目标。首先，对工程业主企业进行战略分析，包括企业的外部环境分析和内部环境分析，对企业的现状充分认识，对企业和外部市场发展趋势做出科学预测，从而进行系统科学的战略选择。

第二步：确定供应链网络的基本架构。通过调查、分析和预测工程建设物资需求及物资潜在供应市场现状与发展趋势，大致确定供应链的成员结构。

第三步：确定供应商范围和中转储备系统选址范围。在上述工作的基础上，工程业主已确定了供应链网络的基本构架，结合工程物资潜在供应市场调研结果，筛选出合适的供应商范围、确定多种备选的中转储备系统设施地址和系统构建模式。

第四步：确定初步的供应链网络规划方案。从上步确定的备选供应商范围和中转储备系统选址方案，结合物资潜在市场调研中对可能的运输路线的分析以及其他分析，基于不同时期内工程物资需求分布特点，建立多种多周期供应链网络规划方案，在现有粗粒度数据的基础上，建立供应链网络分析的数学模型、一般统计模型或系统仿真模型，对模型进行计算分析，综合计算分析结果和基础数据，对比确定初步的较优供应链网络规划方案。

5.3.3.4　工程物资供应链网络分析的离散事件系统仿真方法

系统仿真技术是借助计算机技术、网络技术和数学手段,采用虚拟现实方法,对系统进行实际模仿的一项应用技术。运用计算机仿真技术对目标系统进行论证,不仅可以避免建立物理试验模拟系统的投资,减少规划设计成本,而且可以通过计算机技术进行精确计算和验证分析,提高系统方案的可行性。

根据实际系统的不同性质,可以把它们分为两大类:连续系统和离散事件系统。连续系统是指系统状态变化在时间上是连续的,可以用方程式(常微分方程、偏微分方程、差分方程)描述系统模型。离散事件系统是指系统的状态只是在离散时间点上发生变化,系统状态的变化称为事件,而这些离散时间点都是随机的。

离散事件系统是指受事件驱动、系统状态跳跃式变化的动态系统,系统的状态迁移发生在一系列的离散事件点上。这种系统具有很强的随机性,事件的产生情形会千变万化。离散事件系统大量地存在于我们的周围,物流系统、交通控制系统、计算机系统都可以看作是离散事件系统。运用离散事件仿真系统进行相应的系统分析时首先要建立离散事件系统的模型,然后进行相应的仿真实验分析。

离散事件系统的建模大致按照以下步骤进行:

(1)明确仿真目的;

(2)正确描述系统;

(3)建立仿真模型;

(4)确定仿真输出函数。

离散事件系统仿真建模的目的,是要建立与实际系统模型有同构或同态关系的能在计算机上实验的模型。

离散事件仿真模型通常采用流图或网络图描述。例如,事件图模型、Petri 网络模型、排队网络模型、自动机模型等。

针对工程物资供应链网络,运用离散事件仿真方法来进行系统分析的基本步骤在前一部分已经阐述过。其关键点在于建立工程物资供应链网络的离散事件仿真模型,模型要素包括:工程物资需求分布、中转储备系统可能的选址和规模设计方案、潜在供应商的供应能力、不同供应链节点间的运输模式和运输路线、供应商 – 中转储备系统 – 工程物资需求点之间的物资交货界面、物资供应节奏等。

通过建立的离散事件仿真模型,基于工程物资供应需求预测和潜在供应市场调研的粗粒度数据,对规划出的多套供应链规划方案进行仿真实验,对仿真结果进行统计分析。

第四部分 工程物资供应链设计与构建

　　本部分结合水电工程建设程序,讨论工程建设前期工程物资供应链设计的一般原理和方法、工程物资供应链网络建设(打造供应链网络运行的结构性要素)工作的一般程序和方法,给出雅砻江流域水电开发有限公司在工程物资供应链设计和供应链构建中的最佳管理实践。

第6章 工程物资供应链设计

6.1 工程施工组织设计

施工组织设计是水利水电工程设计文件的重要组成部分,是编制工程投资估算、总概算和招标文件的重要依据;做好施工组织设计,既可为建设管理单位提供决策依据,又可为承包商提供有效指导,并且是监理的重要参考资料。施工组织设计可分为施工组织总设计、单项工程施工组织设计及施工措施设计3大部分。设计内容有施工导流、主体工程施工、交通运输、施工工厂设施、施工总布置、总进度及施工管理设计等。按基本建设程序可分为可行性研究、初步设计、技术设计3个阶段。在工程实施阶段包括招标文件、投标书及合同实施3个阶段的施工组织设计。

大型水利水电工程的施工组织设计是一门涉及专业门类很广的综合性学科。从事这项工作的设计人员应掌握水利水电工程设计和现代管理科学的基础理论,熟悉国家有关规程规范,通过自身不断参加工程实践和总结经验,认真学习其他工程的先进技术和经验,经多方案优化设计,提出技术先进可行、经济合理的实施方案。

6.1.1 施工组织设计要素分析

施工组织设计是实现设计任务与施工的有效衔接的方法,也是指导工程施工的一种技术性文件。由于其技术性要求,必然决定了不同工程项目之间较大的差异性,在水电工程项目中施工组织设计的内容包括:

(1)工程项目概述,主要介绍施工组织设计的编制依据、项目概况、工程特点、项目管理的总体目标以及要求,说明项目的范围及工程性质;

(2)项目组织机构设计以及施工管理组织机构设计,主要介绍组织的基本架构,包括项目组成员、关键人员的岗位以及职责等;

(3)主要施工技术方案,主要是针对工程的质量管理目标、进度管理目标、成本控制目标、安全施工目标以及文明施工与环保目标进行施工组织设计,同时编制相应的技术保障措施。

6.1.2 水电工程项目施工组织特点

相比一般项目,水电工程项目的系统性更强,从项目前期规划开始到勘测、设计,再到施工建设、竣工验收,所涉及的工程任务量巨大,需要投入大量的人力、物力等资源。水电工程施工通常具有投资建设规模大、项目工期长、施工复杂性高以及项目所涉及的风险因素多等特点,另外水电工程项目具有社会性和经济性,这些都对水电工程项目管理水平提出了很高的要求,需要对其实施全过程、全方位的计划、组织与协调控制,同时结合动态管理方法来提高施工效率与效益。水电工程项目实现项目管理目标就需要加强施工组织设计管理,强化组织协调工作。水电工程项目的特点决定了其施工组织设计的特点:露天施工、工期长,需要配置的资源多;人员流动性大,组织协调工作量大;施工工艺、方案涉及复杂的技术经济关系、法律行政关系以及各种人际关系等。因此,水电工程项目的施工组织设计主要具有技术性、多变性、决定性、复杂性等特性。

6.1.2.1　技术性

施工组织设计的编制对象一般为单个工程项目,根据项目的不同,组织设计就有所不同,对技术性和综合性有很强的要求,通常对编制单位有较高的要求,不仅要有理论基础,更需要经验积累。水电工程设计单位在水电工程领域具有丰富的经验积累,对水电工程项目的勘察、设计、施工方法、竣工、验收、资料整理以及竣工结算具有较深入的理解,具备了较丰富的项目管理经验。

6.1.2.2　多变性

施工组织设计的多变性是由编制对象的多变性所决定的。不同的拟建工程具有不同的工程特点以及技术要求,甚至还需要考虑不同环境因素对施工组织设计的要求。因此,很难找到一本通用的施工组织设计手册,这都需要总承包单位对各项因素综合考虑后才能制定出来。此外,水电工程项目在不同的阶段工作内容有很大差别。准备阶段、基础施工阶段、结构施工阶段、线路工程施工阶段、安装施工阶段、竣工验收施工阶段,涉及的工作内容及对管理的要求差异都很大,施工组织设计需要进行针对性管理。

6.1.2.3　决定性

施工组织设计是在设计阶段完成的,需要完成对将设计任务转换为具体可操作性的指导文件,是实现设计与施工的关键环节。施工阶段的施工计划的编制需要根据施工组织设计文件,需要严格执行项目的施工组织设计,因此它具有决定性。

6.1.2.4　复杂性

水电工程项目施工过程中,生产活动非常复杂,涉及的施工人员多、流动性大、施工工序繁杂、施工活动协调工作量大,施工组织设计需要设计出能够适应项目有效管理的控制体系,工作内容复杂。此外,施工组织设计的复杂性还来源于其生产活动和市场交易活动,二者是同时进行的,是在特殊市场上进行特殊商品或生产活动的交易活动,其复杂性要比其他的生产活动复杂得多。

6.1.3　施工组织设计下资源需求计划特点

水电工程项目的生产要素是项目目标得以实现的保证,涉及的要素包括施工机械等设备、人力资源、材料以及资金和技术等。水电工程项目的资源需求计划需要适应施工组织设计的要求,在项目实施过程中实行动态管理,在不浪费资源的情况下最大限度的满足项目的需求。其特点主要表现为:

(1)适应性。资源需求计划的设计需要适应施工组织设计的要求,在不浪费资源的情况下最大限度的满足项目的需求。

(2)复杂性。资源需求计划涉及项目资金、劳动力、施工设备机械以及材料等的需求状况,工作量大且复杂,任何一项需求得不到满足都会影响到整个项目。

(3)动态性。资源需求计划不仅要适应施工组织设计的要求,而且需要根据项目的实施情况作出动态调整,如工程设计变更、自然灾害影响等。

6.2　工程物资供应链设计目标和设计原则

正如前文多次提及一个观点,现代水电开发工程建设的组织管理中,工程所需物资供应对工程建设的质量、成本和进度控制非常关键。而随着社会分工越来越细致,物资供应工作中一般会在比较广泛的空间范围内选择合适的供应商、不同的运输模式甚至是多式联运模式、充分利用社会运输服务资源,在工程建设现场周边区域内,利用各类社会资源如铁路运输线、场地资源等,选择建立合适的中转储备系统,并引入相应的中转运输资源,从而建立起一个为工程建设提供物资供应服务的工程物资供应链网络。在水电开发工程尤其是大型水电开发工程的施工组织设计过程中,设计团队以及工程业主就需要考虑如何合理地构建一个与工程建设施工进度计划、质量控制计划、成本控制计划等相匹配的工程物资供应链,不再是传统的简单考虑周边物资供应资源和现场物资存储系统设计的模式,工程物资供应链设计已经成为工程施工组织设计的重要内容。

6.2.1　工程物资供应链设计目标

工程物资供应链设计不仅是水电工程施工组织设计的重要内容。同时,工程物资供应链系统也是社会经济系统的一部分,由此工程物资供应链设计需要考虑宏观和微观两方面的效益目标。

工程物资供应链的宏观经济效益是指一个工程物资供应链系统的建立对社会经济效益的影响,其直接表现形式是这一工程物资供应链系统如果作为一个子系统来看待,就是其对整个社会流通及国民经济效益的影响,尤其是对区域社会经济发展的影响。面向工程建设所要构建的工程物资供应链系统本身会比较庞大,但相比整个社会经济系统而言,它也不过是其中的一部分,需要将工程物资供应链放在社会经济系统中统筹考虑。如果工程物资供应链的建立破坏了社会经济系统的整体效益,那么这样的工程供应链也是不成功的。基于此,工程物资供应链设计须考虑社会经济的整体效益。

工程物资供应链的微观经济效益是指供应链运行后所获得的供应链整体效益。其直接表现形式是这一供应链通过组织"物"的流动,实现的水电工程建设所需物资的按质、按量、及时供应,从而最终保障了工程建设的顺利进行,同时也促使各供应链成员如供应商、中转储备系统、各运输服务、监理服务单位等获得了相应的直接经济收益。

应该说,一个工程物资供应链系统的建立,需要有宏观及微观两个方面的推动力,二者缺一不可。一般来说,由于微观效益相对直接,在工程物资供应链系统设计时,往往先将微观经济效益作为唯一目的,然后来判断其宏观经济效益,并经多次迭代优化直到总体目标的达成。

具体地,工程物资供应链设计要实现以下目标:

(1)及时、可靠。及时性是工程建设物资供应的基本要求。工程建设现场需要相应的物资开展施工或预制品生产时,需要工程物资供应链系统快速响应,及时通过从中转储备系统出发的中转运输或从物资供应商出发的直达工程现场的运输将相应数量的物资输送到需要的地点。

(2)经济。经济性始终是社会经济系统运行的基本要求之一,在工程物资供应链的设计和构建中,在符合工程建设技术质量要求的基础上,有待选取较为经济的建筑材料,并结合这些材料类型的选择来进一步寻求相对经济、保障能力稳定可靠的供应商以及运输模式,在合适的范围内以尽可能低的成本建立适当规模的中转储备系统。

（3）规模优化。以工程物资供应链规模作为工程物资供应链系统的目标,以此来追求规模效益。生产领域的规模生产早已为社会所承认,工程物资供应领域也存在规模效益。在我国大型水电开发工程建设中,工程物资供应链以集中的方式建立与供应商之间的物资供应契约关系、与运输服务组织之间的服务供应契约关系、并通过合适规模的中转储备系统的建立以降低库存成本,通过合适批量的采购、运输和仓储等来形成规模化效益。

（4）能力柔性。库存调节性是及时性的延伸,也是工程物资供应链的特殊要求。工程物资供应链的运行要面向工程建设施工需求,而这些需求通常因为施工组织自身的动态变化、自然环境、政策环境等各方面的原因会出现波动,而且工程建设不同阶段对物资的需求也会有比较大的不同。因此,工程物资供应链的物资供应、仓储、运输等方面的能力需要具备一定的柔性,从而保证在工程物资需要的时候能通过合适能力的资源供应相应的物资到目标交付点。

6.2.2 工程物资供应链设计原则

参考一般的供应链设计原理和方法,在工程物资供应链的设计过程也应遵循一些基本的设计原则,以保证工程物资供应链的设计和构建能满足前述工程物资供应链设计目标。下面从宏观和微观两个方面来讨论。

6.2.2.1 宏观角度

从宏观角度来把握工程物资供应链的设计应遵循以下七条原则。

1. 自顶向下和自底向上相结合的原则

在系统建模设计方法中,存在两种设计方法,即自顶向下和自底向上的方法。自顶向下的方法是从全局走向局部的方法,自底向上的方法是从局部走向全局的方法;自顶向下是系统分解的过程,而自底向上则是一种集成的过程。在设计一个工程物资供应链系统时,往往是先有工程业主企业主管高层作出战略规划与决策,规划与决策的依据来自市场需求和企业发展规划,然后由下层部门实施决策,因此工程物资供应链的设计是自顶向下和自底向上的综合。

2. 简洁性原则

简洁性也是工程物资供应链设计的一个重要原则,为了能使供应链具有灵活快速响应市场的能力,供应链的每个节点都应是简洁的、具有活力的、能实现业务流程的快速组合。比如供应商的选择就应以少而精的原则,通过和少数的供应商建立战略伙伴关系,以减少采购成本,推动实施 JIT 采购模式和生产模式。

3. 集优原则(互补性原则)

工程物资供应链的各个节点的选择应遵循强强联合的原则,实现各供应链成员的资源互补,每个成员只集中精力致力于各自核心的业务过程。

4. 协调性原则

工程物资供应链业绩好坏取决于供应链合作伙伴关系是否和谐,建立战略伙伴关系的合作企业关系模型是实现供应链最佳效能的保证。和谐是描述系统是否形成了充分发挥系统成员和子系统的能动性、创造性及系统与环境的总体协调性。只有和谐而协调的系统才能发挥最佳的效能。

5. 动态性(不确定性)原则

不确定性在工程物资供应链中随处可见。由于不确定性的存在,导致需求信息的扭曲。要预见各种不确定因素对供应链运作的影响,减少信息传递过程中的信息延迟和失真。在应对不确定性的问题上,降低安全库存常常和服务水平的提高相矛盾,二者需要适当均衡。

6. 创新性原则

创新设计是系统设计的重要原则,没有创新性思维,就不可能有创新的管理模式,因此在工程物资供应链的设计过程中,创新性也是很重要的一个原则。要产生一个创新的工程物资供应系统,就要敢于打破水电开发工程传统物资供应模式的思维框框,用新的角度、新的视野审视原有的管理模式和体系,进行大胆地创新设计。

7. 战略性原则

工程物资供应链的建模应有战略性观点,通过战略的观点考虑减少不确定影响。从供应链的战略管理的角度考虑,需要兼顾供应链的长远发展,比如基于某一个梯级或几个梯级水电开发工程所设计和构建的工程物资供应链还需要适当扩展覆盖到更多的梯级水电开发工程。

6.2.2.2 微观角度

从微观管理的角度,工程物资供应链设计也有一些具体的原则。

1. 总成本最小原则

成本控制是工程物资供应链管理的重要内容。供应链管理中常出现成本悖反问题,即各种活动的成本的变化模式常常表现出相互冲突的特征。解决冲突的办法是平衡各项成本使其达到整体最优,供应链管理就是要进行总成本分析,判断哪些因素具有相关性,从而使总成本最小。

2. 多样化原则

工程物资供应链设计的一条基本原则就是要针对不同的工程物资向不同的工程建设子系统提供不同的服务水平,要求供应链将适当的商品在恰当的时间、恰当的地点传递给恰当的客户,多样化地开展服务。

3. 延迟原则

延迟原则一般的含义是分拨过程中运输的时间和最终产品的加工时间应推迟到收到客户订单之后。在水电开发工程建设中,工程施工现场空间狭窄,场地布置困难,不可能配置很大的工程物资存储仓库和预制品生产加工系统,因此通常要在中转储备系统中设置一定的安全库存量,以实现运输时间的延迟,即在工程施工现场需要的时候运送相应的物资,这样一来需要在供应链设计中考虑相应的中转仓储和中转运输能力配置。

6.3 工程物资供应链设计的工作内容与程序

6.3.1 工程物资供应链设计的工作内容

类似于生产系统或服务系统设计,工程物资供应链设计需要完成工程物资供应链系的结构要素设计和管理要素设计。

工程物资供应链的结构要素设计内容包括：

(1)供应链的成员结构,具体包括:多少个怎样的物资供应商? 多少个在哪些可能地点的中转储备系统? 通过什么方式建立这些中转储备系统? 新建、改扩建或是租赁现有的系统? 这些中转储备系统的规模如何设置? 具有怎样的功能? 针对哪些工程承包商来开展工程物资供应?

(2)物资供应运输路线,具体包括:物资干线运输和物资中转运输的运输路线,针对物资中转问题,要决定是否需要新建从干线运输节点到中转储备系统之间的运输线路、建立怎样的线路、建立的方式是什么;是否需要建立从中转储备系统到工程现场的运输路线。在我国大型水电开发工程中,普遍建立有铁路中转储备系统,需要考虑建立合适能力的从铁路干线运输节点到中转储备系统之间的铁路专线。

(3)供应链成员之间的物资交付关系,具体包括:来自不同方向的物资供应商的物资交付到中转储备系统还是直接到工程现场? 在中转储备系统和工程现场的物资库存管理模式是什么?

(4)供应链成员选择决策方法,具体包括:如何进行物资供应商选择? 如何进行中转储备系统选址、规模设计和平面布置? 是否需要采购中转储备系统管理服务? 需要采购怎样的中转储备系统管理服务? 是否需要中转运输服务? 需要采购怎样的中转运输服务? 是否要针对物资供应商派驻驻厂监造? 驻厂监造服务如何采购?

工程物资供应链的管理要素设计内容包括:

(1)工程物资供应链运作业务模型。确定在供应链构建完成后支撑起运行的业务管理模型,以实现供应链成员之间物流、信息流、资金流的通畅。

(2)供应链多级库存控制方法。确定如何基于不同时间粒度的工程承包商的工程施工进度计划来进行供应商向中转储备系统、中转储备系统向工程现场仓储系统之间的物资供应和库存控制策略。

(3)物资技术和质量控制体系。确定如何进行供应链运行期间的全过程物资技术管理和质量控制。

(4)工程物资供应链风险控制体系。结合供应链运作业务模型,如何实时识别、监控、评价供应链中的风险? 如何进行风险决策?

(5)工程物资供应链信息管理体系。确定如何运用信息技术支撑工程物资供应链的运行? 建立工程物资供应链成员之间的信息共享机制。

6.3.2　工程物资供应链设计的工作程序

这里讨论的工程物资供应链设计主要是指在工程建设实施阶段的物资供应链设计。其基本程序如下:

(1)总结、分析工程建设资源配置现状。主要分析针对水电开发工程业主而言通过工程建设前期准备和初步建设以及历史形成的各类资源配置现状,结合已经完成的工程施工组织设计方案,分析工程建设现场与周边区域之间的交通条件、工程建设现场的物资仓储和运输条件,着重于研究工程物资供应链设计的方向,分析、找到、总结当前工程建设资源供应组织中存在的问题及影响工程物资供应链设计的阻力等因素。

（2）提出工程物资供应链设计目标。结合存在的问题和工程建设施工组织设计方案，参考前文提出的各类设计项目，提出具体的供应链设计目标。

（3）分析供应市场环境。在工程物资供应链战略策划的初步物资供应市场调研分析的基础上，结合工程建设资源配置现状分析以及既往的物资供应合作关系，进一步展开对各潜在供应商的深入调研，调研内容类似于供应链战略策划环节对供应市场的调研，主要区别在于深度的加强，着重调查分析供应商当前的供应能力和未来可能发展的供应能力、供应商的主要客户及其对供应商供应绩效的评价、供应商的运输条件等。

（4）设计供应链。按照工程物资供应链设计的结构要素和管理要素的各项内容分别进行设计，形成工程物资供应链设计报告。

（5）检验供应链设计方案。供应链设计完成以后，应通过一定的方法、技术进行供应链运行测试检验或试运行，这里可以采取的方法类似于工程物资供应链战略策划工作中的供应网络分析方法，通过数学模型、一般统计模型或系统仿真模型进行相应的测试分析。同样地，其中运用系统仿真方法进行检验能更全面地进行工程物资供应链设计方案的论证。针对供应链设计方案，所建立的模型会更加精细，测试分析也需要针对具体的设计目标来进行深入分析。通过测试检验分析，可以发现供应链设计方案是否能达成既定的设计目标。如不行，返回第（4）步重新进行设计；如果可行，则可组织构建工程物资供应链并投入运行。

6.4　工程物资中转储备系统选址与规模设计

工程物资供应链中的中转储备系统是一类供应型物流配送中心，其主要角色是物资供应的承上启下，物资供应商通过国家主要铁路、公路或水路等干线运输和多式联运方式将相关物资运送到中转储备系统，然后经由中转储备系统接受工程承包商和工程业主或供应商之间达成的物资调拨指令进行物资中转运输服务，将符合质量要求的准确数量的准确品种规格的物资通过合适的运输工具运送到工程承包商的物资需求点。

工程物资中转储备系统如何来进行选址、如何进行规模设计和功能布局是供应链设计中的关键问题。

6.4.1　工程物资中转储备系统选址

工程物资中转储备系统的选址需要从技术、经济两方面进行论证，做到技术上可行，具备修建转运站的相关条件；经济上合理，具有一定的经济性。

技术上可行，需具备修建转运站的相关条件：

（1）综合考虑转运站站址的地势条件、建设征地的难度、与所服务工程项目的整体对外交通规划的适应性；

（2）对于铁路转运站还应考虑是否具有运输能力强、运输组织方便的铁路干线和接轨车站。

经济合理性是修建转运站方案是否可行的另一重要因素。要对各方案进行技术经济比较后作出最终决策。

基于以上技术经济要求，结合国家相关规章、政策（例如征地移民政策、制度、程序，铁路相关规定和许可政策等）在转运站建设程序中的相关要求、相关程序的审批时间与转运站建设投运时间以及工程建设进度的匹配性(时间太长不能保证按时投运,就无法对所服务的电站工程形成有效的供应保障和发挥应有的作用)以及工程物资供应链设计中针对物资供应商的决策等,拟订合适的中转储备系统的可能选址方案。

在此基础上,可以根据多属性评价方法如简单加权和方法进行选址方案决策,拟订选址方案评价的指标并进行指标的归一化(将所有的指标结果值都转化为 0-1 的量),通过主观赋予相应指标的权重,进行加权和,最终排出各个选址方案的综合评价值供决策者选取。也可以运用 AHP 方法来解决中转储备系统的选址决策问题,其基本步骤为:

(1)建立评价对象的层次分析结构。建立层次分析结构是层次分析法中最重要的一步,弄清系统的范围、所包含的因素、因素之间的相互关系和最终需要解决的问题。中转储备系统选址的过程中涉及的因素比较多,建立起准则层和指标层。如图 6-1 所示,目标层为最优选址方案,准则层为评价中转储备系统选址的各类指标,方案层为拟订的可选址方案。

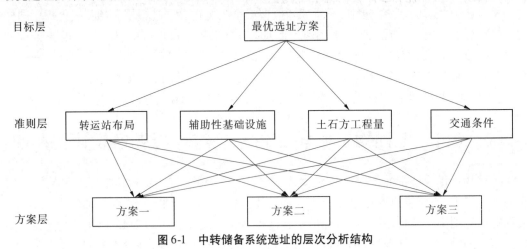

图 6-1 中转储备系统选址的层次分析结构

(2)构造各层判断矩阵。判断矩阵是对上层次某要素而言,本层次与之相关的各要素之间的相对重要程度。

(3)层次单排序及其一致性检验。层次单排序即把本层次各要素对上一层次来说排出优劣顺序,即求出权重,当 $CR < 0.1$ 时,认为判断矩阵满足一致性要求,否则需要调整判断矩阵的值。

(4)层次总排序,取得决策结果。利用层次单排序的计算结果,即每一层元素对其上一层各要素的相对权重,进一步计算出层次分析模型中每一层中所有要素相对于目标层的组合权重。根据权重的大小即可得到各方案的优劣,从而为选择最优方案,使整个系统达到最优化提供依据。

6.4.2　工程物资中转储备系统设计

6.4.2.1　工程物资中转储备系统规模设计原则

工程物资中转储备系统规模的确定是一个多因素影响过程,包括物流总量、对时效性的要求、所处供应链网络的位置、需求量、作业效率、用地要求、服务范围、规模经济等。以上这些影响因素,使工程物资中转储备系统规模的确定很难有一个严格和统一的标准。在其规模设计中,可以遵循以下原则。

1. 与工程施工组织适应

工程物资中转储备系统规模设计要根据对工程施工组织中的物流现状和未来发展趋势进行定性、定量分析和预测,分析物流量、流向、分布和结构,以确定中转储备系统的合理规模。

2. 内部与外部系统性

工程物资中转储备系统规模的影响因素众多,需要用系统分析的方法求得整体优化,并与设计专家经验相结合,同时把定性分析和定量分析结合起来。坚持对内部的功能区进行合理的系统优化布局,在流线合理的前提下尽量减少用地,同时根据工程区域内运输、配送距离、物资品种结构和货物种类也会对工程物资中转储备系统规模的决定产生影响。

3. 适度超前

工程物资中转储备系统是规模大、投资高、涉及面广的系统工程,一旦建成则很难变动,因此应具有适当的超前性。在规模设计中,要使规模有较强的应变能力和柔性化程度,以适应物流量的增大、物资范围拓展的需要,为工程物资中转储备系统的发展提供必要的用地保障。但应杜绝任何盲目的、脱离实际的超前带来的浪费。

6.4.2.2 工程物资中转储备系统规模的计算

工程物资中转储备系统规模的确定,一般是通过横向对比国内外已有的工程物资中转储备系统建设规模来确定新建工程物资中转储备系统的建设规模。工程物资中转储备系统规模的设计,可根据物流生产区、辅助生产区、办公生活区和发展预留用地四方面的规模进行细化。

1. 物流生产区规模的设计

物流生产区一般包括储存保管区、收货验货区、拣货作业区、配送集货区。物流生产区规模确定方法多采用时空消耗理论。

2. 辅助生产区的规模设计

辅助生产区包括停车场、中转储备系统内交通线路、绿化以及车辆维修区、机械维修区等其他建筑设施。一般为中转储备系统规模的5%~8%。

3. 办公生活区的规模设计

办公生活区指非直接从事生产、物流、仓储或流通加工的部门区域,主要有办公室、会议室、休息室、洗手间、餐厅等。一般为中转储备系统规模的5%左右。办公生活区的规模一般根据实际情况,取决于中转储备系统内的工作人员数量和内部的设施配置。

4. 发展预留用地规模

考虑到中转储备系统在发展过程中的不可预见因素影响,一般应预留3%~5%的空地,近期可作为绿化或其他简易建筑用地,以便在未来的发展扩建过程中改变其用地性质。

对这四个方面的规模分别设计规划之后,再按照实际情况和相互影响因素进行修正和汇总,得出工程物资中转储备系统比较精确的规模。

除此之外,在水电开发工程物资中转储备系统的设计中往往还要综合考虑如下问题:

(1)总体功能要求宜按照功能分区、相对独立的原则进行设计,同时充分考虑和优化站内物流流向、交通流向,以及装卸、仓储作业的便利和效率。

（2）应充分考虑物资供应品种及潜在物资供应厂家数量，从而对水电开发工程建设所需要的散装物资如水泥、粉煤灰等储罐的数量和罐位设置以及散装物料卸车系统进行研究和合理设计。

（3）铁路转运站其铁路专用线（站外接轨走行线和站内铁路线）的设置应充分考虑其各种功能要求（装卸线、调车线、机车调头线、临时停车线和走行线等），从设计上确保站内外调车作业的效率。

第7章 工程物资供应链构建

7.1 工程物资供应链构建的工作内容

工程物资供应链的策划和设计分别从工程建设初期的概念逐步深入直至一个即将要结合工程建设实施期的工程建设需求组织运行的供应链结构。在工程物资供应链构建中将依据工程物资供应链设计方案构建物理的供应链网络,搭建供应链运行的机体。

工程物资供应链构建的工作内容主要包括:

(1)工程物资供应商采购与培育。完成对工程物资供应商的招标采购,工程业主和物资供应商之间签订供应协议,本着满足未来工程建设物资需求的目的,对存在一定供应潜质的供应商采取适当的措施进行培育,以实现未来的物资供应。

(2)工程物资驻厂监造服务采购。为了对供应商生产和发货进行更加有效的监督,特别是保证其生产和供应的物资质量,业主可以选择性地向供应商派驻驻厂监造,基于此目的,需要在工程物资供应工作正式开启之前招标采购相应的物资驻厂监造服务。

(3)中转储备系统建设与开通运营。根据工程物资供应链设计方案,需要在合适的地点建立合适规模的中转储备系统,针对中转储备系统建设任务,以项目管理理论方法为指导开展相应的建设管理,并按照国家法律法规以及行业管理规定组织办理中转储备系统开通运营的相关手续。

(4)中转储备系统运行管理服务采购。中转储备系统是一类综合型的仓储作业单元,其运行管理需要专业的队伍来负责实施,在工程物资供应链构建工作中需要考虑通过合适的手段引入相应的中转储备系统运行管理单位来承担未来的运行管理任务。

(5)中转运输服务采购。为了实现从中转储备系统向工程建设现场各预制品生产系统或施工标段的物资输送,需要采取合适的形式采购合适的中转运输服务,由中转运输服务单位提供相应的人员和车辆实时完成中转运输服务。

不同工程之间在规模、难度等方面差异明显,导致工程建设周期长短不一,其工程物资供应链生命周期也不尽相同。有的工程物资供应链生命周期较长(5年以上),为构建供应链所发起的各种采购可能由于各种原因会发生多次,业主为应对价格波动等风险,一般会将采购周期限制在一定范围内(如不超过3年),也可能各种因素导致原有采购合同不能执行或意外终止,从而迫使业主再次发起采购以保持供应链的完整性。在同一工程物资供应链生命周期中,首次采购和非首次采购在某些方面存在一定区别。如无特殊说明,后续章节出现的首次采购和非首次采购均指在同一工程物资供应链生命周期中。

7.2　工程物资供应商采购与培育

7.2.1　工程物资供应商采购

工程物资供应链运作的主要实物是工程物资,而工程物资的生产和供应的发起均由供应商完成,因此为构建工程物资供应链最上游的节点,须进行工程物资供应商的采购,这对供应链构建来说是至关重要的一环,直接关系到供应链运作管理的各个方面,如供应保障、成本控制、风险管理、质量管理等。

7.2.1.1　工程物资供应商采购的工作内容

根据国家相关法律法规,工程物资供应商采购一般采用公开招标的方式,其工作内容可分为规划招标和实施招标两个阶段。

(1)规划招标:工作内容主要包括根据工程建设进展、工程物资供应模式、工程物资需求等分析确定供应商采购的招标方案。

(2)实施招标:工作内容主要包括编制和发售招标文件、组织开标和评标、签订合同等。

7.2.1.2　工程物资供应商采购的业务模型

业主可以委托专业的招标公司实施,也可以自行实施。业主自主招标的业务模型见图7-1。

对图7-1业务模型中的部分环节工作说明如下。

1. 收集信息

对于首次采购,所需收集的信息包括工程物资供应模式、需求计划、潜在供应商调研报告、物资技术指标、市场供应形势、市场价格、相关价格信息趋势等。

对于非首次采购,所需收集的信息包括工程物资供应模式、需求计划、供应商资信评价、以往类似招标资料、物资技术指标、市场供应形势、市场价格、相关价格信息趋势等。

2. 分析制定招标方案

招标方案的内容主要包括确定招标范围、潜在投标人分析、招标时机分析、评标方法设计、调价方式研究、投标人资格条件设置等。

7.2.1.3　工程物资供应商采购实施

工程物资供应商采购的目标由以下几方面构成:

(1)选择的供应商供应价格相对较低,利于控制供应链成本。

(2)选择的供应商有潜力成为战略合作伙伴。

(3)选择的供应商能够满足工程物资需求,供应链风险分析结果在可接受范围内。

(4)选择的供应商生产的产品质量及质量控制水平满足工程需求。

在采购实施的过程中,即在规划招标和实施招标过程中,均要围绕上述目标开展相关工作,特别是一些关键环节。

1. 收集信息

在分析制定招标方案之前,业主必须将所需的有关信息收集完整,有些信息可以从内部收集,有些则必须从外部收集。

(1)工程物资供应模式。工程物资供应模式在业主进行工程物资供应链战略策划时就已确定,可到工程物资供应方案中查找。

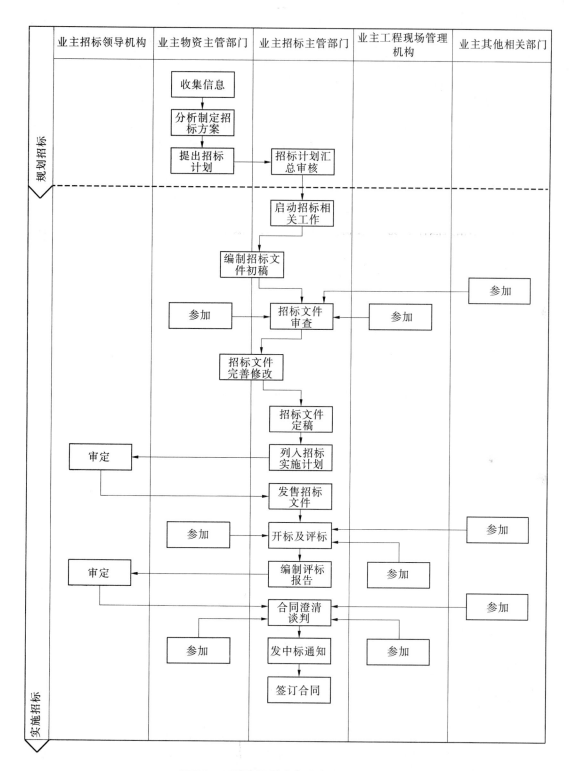

图 7-1　工程物资供应商采购招标业务模型

（2）工程物资需求计划。在工程建设的不同阶段，获取工程物资需求计划的渠道也有所区别。一般来说，在工程土建标尚未招标时，物资需求计划只能从设计单位获得（如工程规划报告），其准确度相对较低。在工程土建标招标后，业主可要求承包商根据工程进度计划和工程量清单编制物资需求计划，其准确度也相对较高。

（3）潜在供应商调研报告。在物资供应链战略策划阶段，业主即对市场上的潜在供应商进行了调研，并出具了调研报告。该报告可用于首次采购的潜在投标人分析。

（4）供应商资信评价。对于合作过的供应商，业主会根据其在生产、发货、质量控制等各方面的表现对其进行资信评价。该评价可用于非首次采购的潜在投标人分析。

（5）物资技术指标。物资技术指标是供应商采购的必备要素，由工程设计单位提供。

（6）以往类似招标资料。业主可从内部资料中获取。

（7）市场供应形势。市场供应形势大体可分为三类，即供大于求（买方市场）、供不应求（卖方市场）和供需平衡，在不同类别的市场供应形势下，根据具体情况可对供需状况进行详细评判。对于市场供应形势的评判，不仅要针对当前，还要针对未来一段时间的预估。为此，业主需寻找多种渠道获取与拟建工程类似的工程建设信息、物资需求信息以及潜在供应商当前及未来一段时间内的产品对外销售情况等，如通过行业内的相关人士、行业刊物、互联网等。

（8）市场价格。业主可通过正在合作或曾经合作的供应商、互联网等渠道，获取当前市场价格信息。

（9）相关价格信息趋势。对于可能用于价格调整依据的价格信息（包括行业相关统计主管部门定期发布的价格信息、行业相关权威网站发布的价格信息等），业主需对其近期变化趋势进行收集。

2. 分析制定招标方案

1）确定招标范围

招标范围包括三个方面：工程土建标范围、物资品种和规格型号范围、合同期限范围。其中，工程土建标范围可根据工程进度计划和供应链策划时确定的各土建标物资供应模式确定；物资品种和规格型号范围可根据供应链策划时确定的物资供应范围确定；合同期限范围可根据工程建设所处阶段（前期、主体或收尾），并结合物资品种、规格型号、市场形势等因素进行确定，常规工程物资一般合同期限不宜过长，以不超过3年为宜，有特殊技术指标要求的工程物资不宜经常换供应商，因此合同期限可适当延长，甚至涵盖整个工程建设期。

招标范围决定了物资预估采购数量，而预估采购数量的大小决定了招标对投标人的吸引力。因此，在确定招标范围时，业主应对物资预估采购数量进行校核，以免对投标人的吸引力过小导致招标失败。需要注意的是，同样的物资预估采购数量，在不同的市场供应形势下对供应商的吸引力也是有区别的，同一采购数量在买方市场条件下对供应商的吸引力就比卖方市场条件下大。

2）潜在投标人分析

在招标范围确定后，应根据潜在供应商调研报告、供应商资信评价、市场供应形势等对潜在投标人进行分析，包括可能有哪些供应商参与投标、各潜在投标人可能的投标态度（志在必得还是无所谓是否中标等）、各潜在投标人的优势和劣势等。

3）评标方法设计

一般采用综合评审法,即分商务部分和技术部分分别设定具体的评审要素及分值比例。根据物资品种、技术要求等方面的区别,可以对技术部分和商务部分分值比例进行必要的调整。如减水剂等对技术服务方面要求比较高的物资,可以适当提高技术部分的分值比例。

为了确保招标采购的供应商提供的产品满足工程需求,对于有些技术方面要求较高或有特殊要求的物资,还可在招标阶段安排取样送第三方权威机构检测或进行相关混凝土试验,并将检测结果或试验结果纳入评标办法中(如检测结果不合格则不会中标等)。

4）调价方式研究

受多方面因素影响,工程物资的市场价格会在一定范围内波动。由于工程物资每次招标的合同期限不会很短(一般在一年以上),业主在招标时应设置合理的调价方式,以使买卖双方共同承担价格风险。

工程物资采购价格一般包括物资的出厂价和运杂费两部分,业主可根据两部分价格构成的比例水平考虑调价范围(出厂价和运杂费其中之一或全部参与调价)和调价方式,调价方式应能够比较真实地反映市场价格变化情况。一般来说,对于出厂价,业主可以根据物资品种选择一种价格信息,按照投标人投标价和价格信息的变化幅度确定调价额度;对于运杂费,业主可根据油价的变化(发改委公布的成品油价格调整通知)及油费占运杂费的比重(可要求投标人在投标文件中明确)确定价格调整额度。

5）招标时机选择

招标时机的选择和招标价格息息相关,业主应结合市场价格、相关价格信息的变化趋势等进行慎重选择。若招标时市场价格水平太高,则可能导致供应商报价过高,或供应商虽报价不高,但由于调价机制导致后续价格一直往下调整,进而造成供应商利润空间不断受到挤压直至难以执行合同;若招标时市场价格太低,则可能由于后续信息价格涨幅较大,导致调价金额较高,不利于业主成本控制。

6）投标人资格条件设置

为了让潜在投标人都能参与投标,同时尽量避免其他明显没有能力承担项目任务的公司参与投标导致评标的难度和不确定性加大的情况,业主应在招标时设置合理的投标人资格条件,具体可从以下几个方面考虑:

（1）投标人性质。这里的投标人性质指投标人是物资生产企业或代理商。投标人性质的要求主要取决于物资品种,如水泥对生产技术要求较高,且规格型号相对较少,一般要求投标人为水泥生产企业,确保其对水泥生产有较强控制力,钢筋则对生产技术要求相对较低,各大钢厂产品同质化现象严重,且规格型号较多,一般要求投标人为代理商,具有较强的对不同规格型号钢筋的统筹协调能力。

（2）生产规模。根据工程物资需求计划反映的物资需求强度,可对供应商的供应能力提出要求。在投标人资格设置里,可转化为供应商的生产规模(如年生产能力)。对生产规模进行限制,可避免规模较小的供应商参与投标。

（3）供应业绩。供应业绩可以反映供应商的供应能力,并从侧面反映其供应信誉,因此应在资格设置时予以考虑。

（4）其他。业主还需设置一些基本要求,如投标人应具有独立法人资格、具备 ISO 质量体系认证、近年内财务状况良好等。

7) 其他

对于某些特殊种类的工程物资,如民爆器材、油料等,业主一般需在招标采购前完成现场民爆器材库和加油站等设施建设,作为招标文件中业主提供的条件之一。

3. 编制评标报告

评标报告除包含招标评标的过程和相关资料外,还需包含对中标候选人的建议,即中标候选人的数量和排序。

关于中标候选人的数量,主要考虑各投标人的实际供应能力(对本项目的供应能力)、物资需求总量和需求强度(特别是高峰期需求强度)等因素,并对不同数量中标候选人的供应风险进行分析后确定。若物资需求总量大、需求强度高,中标候选人的数量一般都大于1个;若物资需求总量小、需求强度低,则可以在进行充分风险分析论证的基础上考虑只选择一个中标候选人。供应商采购招标评标结果如图7-2所示。

4.4 综合评审结果

汇总的商务、技术综合得分及排序如下:

序号	投标人	得　分			排序
		商务	技术	合计	
1		59.37	27.78	87.15	2
2		68.17	28.68	96.85	1
3		42.50	25.55	68.05	3

商务、技术评委评分汇总资料见 **_附件十五_**。

其他相关资料见 **_附件十六_**。

第五章　评标结果

基于前述综合评分结果,评标委员会推荐:

第一中标候选人:

第二中标候选人:

第三中标候选人:

专家签字:

图 7-2　供应商采购招标评标结果

7.2.2 工程物资供应商培育

相比普通的公路、铁路及市政工程,水电工程一般具有地理位置较为偏僻,对物资材料的技术指标要求较高,物资需求量大且高峰期突出,对供应保障的要求极高,成熟供应商运距较远,周边地区供应商的供应及生产技术水平不足等特点。因此,对水电站周边地区具有培育潜力的供应商进行培育,使其能满足水电站建设物资质量要求,具有稳定供应保障能力,对于提高水电站建设期间的物资供应保障,有效降低工程建设成本具有极为重要的意义。此外,供应商在这一过程中也能够提高自身水平,促进企业自身发展,从而达到拉动地方经济的良好效果。

7.2.2.1 进行供应商培育的必要条件和启动时间

当水电站周边地区成熟供应商较为缺乏,或对物资技术指标有特殊要求,周边地区供应商暂时不具备稳定生产的技术能力时,有必要开展供应商培育工作。

由于供应商培育需要一定周期(几个月至几年),因此培育工作一般开始于水电站前期工程建设期间或工程建设准备期,以确保在主体工程开始前完成相关工作。

7.2.2.2 培育对象的选择

拟进行培育的供应商需从招标采购确定的供应商中选择,主要考虑以下两个方面:

(1)供应商自身条件。距离水电站较近、自身具备一定技术实力和生产规模的供应商,对于降低物资采购成本和供应保障风险是非常重要的,应列入培育对象的考虑范围。需要注意的是,对于供应商与水电站的距离分析,不应仅考虑与单一水电站的距离,而应从流域化角度分析供应商与多个水电站之间的距离,从而使供应商培育工作达到事半功倍的效果。

(2)供应商的意愿。即便供应商自身条件足够好,若缺乏主观上的积极配合,业主的培育目标也是很难达成的。在调研阶段,业主可以通过与潜在供应商的沟通,向其传递自身水电站对相关物资需求的信息,了解对方的企业管理理念、发展愿景,以及对于双方长期合作的兴趣等,从而初步判断其配合培育工作的主观意愿。在招标采购完成后,业主可通过进一步沟通,明确供应商的意愿后确定培育对象。

7.2.2.3 制定供应商培育方案

供应商培育需要达到的主要目标如下:

(1)提升被培育供应商的生产技术水平,使其能稳定生产、满足工程建设所需材料技术指标要求的物资。

(2)提升被培育供应商与工程业主的合作理念,使其尽快融入工程业主的供应商管理体系。

根据上述目标,结合招标确定的供应商的实际情况、工程物资品种及技术要求,制定针对性的供应商培育方案。

对于生产技术水平有待进一步提升,以更好地满足工程现场所需物资技术指标要求的供应商,在相关采购招标时,可设置相应的培育条款或明确相应的培育时期。在完成采购招标后,由业主组织相关人员及专家对供应商质量管理体系进行检查和评估。根据评估结果,有以下两种方式进行供应商质量管理及技术水平提升培育。一是由业主引进权威的技术咨询单位,由其根据业主的要求全面主导(供应商及业主参与)制定详细的供应商培育方案,并负责相应生产方案审查和技术总结,以及在生产方案实施过程中实行全面跟踪和监督,技术咨询单位服务费由业主承担;二是由业主根据对供应商生产水平的评估,引导供应商按照业主的相关要求制定相应的技术水平提升方案,由业主全面参与并负责相应的审查和方案实施过程的监督检查。

针对没有与业主进行过合作,或以前较少参与水电工程建设的供应商,需要对其与工程业主进行合作的理念进行进一步培育。即在招标采购阶段,业主在招标文件中设置相应的激励约束机制(相关内容详见 10.3.1"供应商关系管理"部分),并在合作过程中,利用业主的品牌优势,引导供应商与自身建立长期战略合作机制,既能有效提升水电站物资供应保障,特别是市场资源紧张时期的物资供应保障,同时也使供应商通过与工程业主的战略合作,提升自己的品牌价值,达到双赢的效果。

7.2.2.4 供应商培育典型案例

由于世界第一高拱坝——锦屏一级水电站对大坝中热水泥提出了极高的技术指标要求,雅砻江公司经过 2008~2009 年近两年时间,通过引进建材行业的权威单位——中国建筑材料科学研究总院作为技术咨询单位,对具有潜质的四川峨胜水泥集团股份有限公司及四川嘉华企业(集团)股份有限公司,在锦屏一级水电站中热水泥正式供应前成功完成了培育工作,不仅大幅提升了供应保障能力,满足了锦屏一级水电站中热水泥的需求,同时提升了供应商生产技术水平、管理水平及品牌价值,其中四川峨胜水泥集团股份有限公司已成为西南地区规模最大、集中度最高的水泥生产基地之一。

7.3 工程物资驻厂监造服务采购

为了对供应商生产和发货进行更加有效地监督,特别是保证其生产和供应的物资质量,业主可以选择性地向供应商派驻驻厂监造,这就需要进行工程物资驻厂监造服务的采购。

7.3.1 工程物资驻厂监造服务采购的工作内容

工程物资驻厂监造服务采购一般采用公开招标的方式,其工作内容分为规划招标和实施招标两个阶段。

(1)规划招标:工作内容主要包括根据工程建设进展、供应商情况等分析确定驻厂监造服务采购的招标方案。

(2)实施招标:工作内容主要包括编制和发售招标文件、组织开标和评标、签订合同等。

7.3.2 工程物资驻厂监造服务采购业务模型

业主可以委托专业的招标公司实施,也可以自行实施。业主自主招标的业务模型与供应商采购招标相同,见图 7-1。

对业务模型中的部分环节工作说明如下:

(1)收集信息。所需收集的信息主要包括潜在驻厂监造服务单位信息、潜在供应商调研报告、中标供应商投标文件、供应商资信评价、物资技术指标等。

(2)分析制定招标方案。招标方案的内容主要包括确定招标范围、潜在投标人分析、招标时机分析、评标方法设计、调价方式研究、投标人资格条件设置等。

7.3.3 工程物资驻厂监造服务采购招标

工程物资驻厂监造服务采购的目标由以下几方面构成：

(1)选择的驻厂监造服务单位价格相对较低,利于控制供应链成本。

(2)选择的驻厂监造服务单位能帮助业主有效监督供应商的生产和发货,并确保供应的物资质量满足要求。

(3)选择的驻厂监造服务单位能帮助供应商完善质量控制水平,提高物资质量稳定性。

在采购实施的过程中,即在规划招标和实施招标过程中,均要围绕上述目标开展相关工作,特别是一些关键环节。

7.3.3.1 收集信息

1. 潜在驻厂监造服务单位信息

做工程物资驻厂监造服务的公司较少,因此信息收集相对容易,主要是其公司基本信息和类似项目驻厂监造服务业绩等。

2. 潜在供应商调研报告

在驻厂监造服务采购招标前,若业主尚未对供应商进行采购招标,则需通过潜在供应商调研报告分析确定拟派驻驻厂监造的潜在供应商范围。

3. 中标供应商投标文件

在驻厂监造服务采购招标前,若业主已经通过招标选定供应商,则需参考中标供应商投标文件分析确定拟派驻驻厂监造的供应商范围。

4. 供应商资信评价

在驻厂监造服务采购招标前,若存在正在进行物资供应的供应商,则业主需参考供应商资信评价分析确定拟派驻驻厂监造的供应商范围。

5. 物资技术指标

物资技术指标是驻厂监造服务采购的必备要素,由工程设计单位提供。

7.3.3.2 分析制定招标方案

1. 确定招标范围

招标范围包括三个方面:供应商范围、物资品种和规格型号范围、合同期限范围。

供应商范围即拟派驻驻厂监造的供应商名单。工程物资供应商确定与否,决定驻厂监造服务采购招标范围中供应商范围的表述方式。若供应商尚未确定,则业主对供应商范围就无法明确到具体的供应商,只能通过其他方式进行概念性描述(如某工程的供应商),业主将通过书面通知告知驻厂监造服务单位具体派驻的供应商;若供应商已经确定,则业主可以给出明确具体的供应商范围。

物资品种和规格型号范围根据生产难度、对工程质量控制的重要程度等进行分析确定,一般来说需派驻驻厂监造的物资品种和规格型号对工程质量控制都比较重要且长期保持质量稳定生产有一定难度。为了便于评标,一次招标的物资品种不宜过多,招标范围内的物资品种和规格型号应确保潜在投标人能够独立承担监造任务。

合同期限范围可根据工程建设所处阶段(前期、主体或收尾)进行确定,由于驻厂监造服务的持续性对物资质量控制是非常有必要的,因此合同期限不宜过短,并将合同条款设置成具有一定弹性(如合同即将到期前,经双方协商,合同期限可以延长),甚至可以直接将合同期限涵盖相关物资的整个供应周期。

2.潜在投标人分析

在招标范围确定后,应根据了解到的潜在投标人进行分析,包括可能有哪些公司参与投标、各潜在投标人可能的投标态度(志在必得还是无所谓是否中标等)、各潜在投标人的优势和劣势等。

3.评标方法设计

一般采用综合评审法,即分商务部分和技术部分分别设定具体的评审要素及分值比例。

4.调价方式研究

服务类合同人员工资占合同金额比例较大,且单价调整容易找到依据,可以根据投标人的投标单价以及当地统计行政主管部门发布的相关指数(如 CPI 指数)变化幅度进行定期调整,对于业主和驻厂监造服务单位都比较公平。

5.招标时机选择

按照一般规律,与人员工资相关的指数均呈上升趋势,因此选择招标时机时无需考虑价格指数因素,主要根据工程物资供应链运行的需要,以能尽早招标为宜。

6.投标人资格条件设置

为了让潜在投标人都能参与投标,同时尽量避免其他明显没有能力承担项目任务的公司参与投标导致评标的难度和不确定性加大的情况,业主应在招标时设置合理的投标人资格条件,具体可从以下几个方面考虑。

1)投标人业绩

即便对于同一类工程物资,不同企业对指标要求和关注的重点也有所区别,如有些水电工程侧重关注水泥的碱含量,因此对投标人的业绩要求应细化到具体行业。

2)主要人员相关要求

项目负责人必须有一定的技术水平,因此对其职称和类似项目经验上都要做一定要求;具体的监造人员主要工作内容是日常的检验检测工作,因此参与类似项目的经验很重要,职称可放松要求或不作要求。

3)其他

业主还需设置一些基本要求,如投标人应具有独立法人资格、具有 CMA 或 CAL 用印资质、近年内财务状况良好等。

7.3.3.3 编制评标报告

评标报告除包含招标评标的过程和相关资料外,还需包含对中标候选人的建议,即中标候选人的数量和排序。

驻厂监造服务的中标候选人选择一个即可,业主无需考虑与多个公司签订合同。

7.4 中转储备系统建设管理与开通运行

7.4.1 中转储备系统建设管理与开通运行的工作内容

中转储备系统完成选址和设计后,应适时进行系统建设并开通运行,主要包括以下几项内容。

7.4.1.1 建设征地

业主应根据中转储备系统的规划、设计方案完成建设用地的征用和相关手续办理。

7.4.1.2 施工建设

在确定中转储备系统的设计方案、完成建设征地后,业主应开展施工承发包及监理工作,选择合适的承包商和监理单位承担中转储备系统的建设。在建设的过程中,业主应充分发挥现场管理协调的作用,保证建设的顺利推进。

7.4.1.3 竣工验收

承包商提出竣工验收申请后,由业主组织进行竣工验收,竣工验收由业主单位、设计单位、承包商、监理单位、相关主管部门等共同参加,验收发现的问题由承包商及时整改,直至验收合格交付业主。

7.4.1.4 开通运行

在完成竣工验收后,业主组织办理中转储备系统开通运行的必要手续。对运行初期发现的问题,业主应及时协调设计单位和承包商进行消缺处理。

7.4.2 中转储备系统建设和开通业务模型

中转储备系统若仅与公路相连,则完成竣工验收后无需其他手续,具备条件即可开通运行,若与铁路运输系统相连,具备铁路运输接卸功能,则在开通运行前还需办理相关手续。两种中转储备系统建设开通的业务模型见图7-3和图7-4。

同只与公路相连的中转储备系统相比,包含铁路运输接卸功能的中转储备系统开通运行还需到铁路主管部门办理相关手续,竣工验收的流程也有所区别,其他工作内容和流程基本一致,因此在图7-4中,将相同的工作环节进行了一定简化,重点突出了竣工验收的流程和开通运行需到铁路相关部门办理手续的流程。

(1)竣工验收的程序。业主初验→备齐规定份数竣工文件提交路局→以书面形式向路局提出竣工验收申请→正式验收。

(2)开通运行。专用线产权单位与铁路运营有关单位(车务段、车站,工务、电务等单位)签订运输协议及有关设备维修、维护合同→办理货物运输申请(允许到达的货物种类、品名)→路局以电报形式批准开通→路局报铁路系统相关主管部门注册批准(《客货运输专刊》上发布)。

(3)其他专项业务手续办理。如铁路20英尺散装水泥罐式集装箱到达业务、铁路超限超长超重集重货物到达业务等。

需要注意的是,承包商在申请竣工验收前,除准备工程建设的相关资料外,还应完成包括消防验收在内的专项验收。

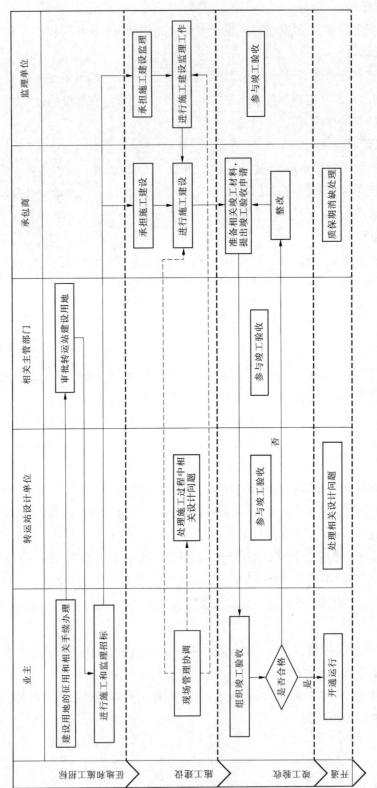

图 7-3 中转储备系统（不含铁路接卸功能）建设开通一般业务模型

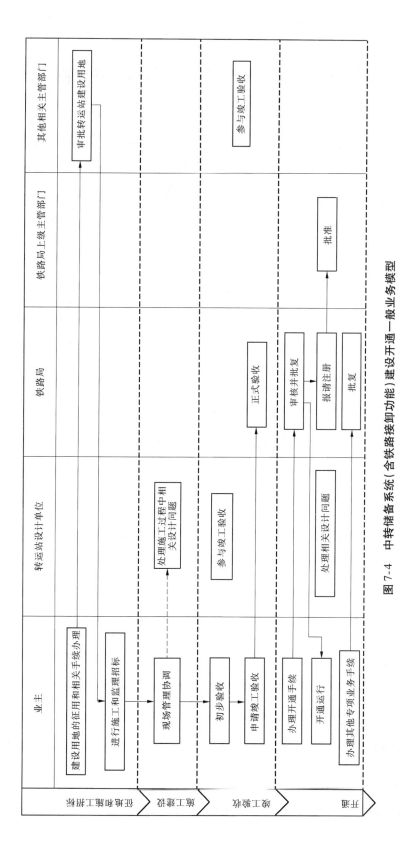

图 7-4 中转储备系统（含铁路接卸功能）建设开通一般业务模型

7.5 中转储备系统运行管理服务采购

在供应链设计阶段,已经完成中转储备系统选址与规模设计。中转储备系统的运行管理需要一批有经验的专业人员,由于系统运行周期有限,不会超过物资供应链生命周期,因此业主一般会通过运行管理服务采购,选定专业的公司负责中转储备系统的运行管理。

7.5.1 中转储备系统运行管理服务采购的工作内容

中转储备系统运行管理服务采购一般采用公开招标的方式,其工作内容分为规划招标和实施招标两个阶段。

(1)规划招标。工作内容主要包括根据工程建设进展、供应商采购方案等分析确定中转储备系统运行管理服务采购的招标方案。

(2)实施招标。工作内容主要包括编制和发售招标文件、组织开标和评标、签订合同等。

若中转储备系统包含与铁路系统接入的部分,则业主还须与铁路有关部门签订专用铁路服务的相关合同,具体包括专用铁路代维修合同、调车作业服务合同等。此类服务只能由铁路相关部门提供,因此无法通过招标进行采购,业主只能与铁路部门直接谈判,以铁路行政主管部门发布执行的相关计价文件、计算规则为依据,通过商价方式确定合约价款。业主一般与铁路部门每年进行一次专业服务采购商洽并签订服务协议。

7.5.2 中转储备系统运行管理服务采购的业务模型

业主可以委托专业的招标公司实施中转储备系统运行管理服务招标,也可以自行实施。业主自主招标的业务模型与供应商采购招标相同,见图7-1。

对业务模型中的部分环节工作说明如下。

(1)收集信息。所需收集的信息包括工程物资需求计划、同类项目相关资料等。

(2)分析制定招标方案。招标方案的内容主要包括确定招标范围、潜在投标人分析、招标时机分析、评标方法设计、调价方式研究、投标人资格条件设置等。

7.5.3 中转储备系统运行管理服务采购招标

中转储备系统运行管理服务采购的目标包括以下几个方面:

(1)选择的运行管理服务单位价格相对较低,利于控制供应链成本。

(2)选择的运行管理服务单位能按照业主要求使中转储备系统高效运行。

在采购实施的过程中,即在规划招标和实施招标过程中,业主均要围绕上述目标开展相关工作,特别是一些关键环节。

7.5.3.1 收集信息

1.工程物资需求计划

决定中转储备系统运行工作量的是中转储备系统的物资吞吐量,该数据的预估来自于工程物资需求计划,有关工程物资需求计划的获取方式在"7.2.1.3 工程物资供应商采购实施"部分中已进行说明,此处不再重复。

2.同类项目相关资料

这里指类似规模、类似功能的中转储备系统运行的相关资料,包括运行管理单位的信息、运行人员的配置情况、物资吞吐量信息等,业主可通过调研搜集其他公司中转储备系统的运行资料,也可查询本公司的其他中转储备系统(若有)资料。

7.5.3.2　分析制定招标方案

1.确定招标范围

招标范围主要包括中转储备系统范围、物资品种和规格型号范围以及合同期限范围。其中,中转储备系统运行管理的招标一般只针对一个系统进行,很少出现针对中转储备系统群进行的招标,物资品种和规格型号在中转储备系统设计阶段即已确定;中转储备系统的运行管理要求持续、高效、稳定,不宜经常更换运行管理单位,因此合同期限范围可设置较长(如5年以上)。

2.潜在投标人分析

根据收集的同类项目相关资料,分析潜在投标人范围、各潜在投标人可能的投标态度(志在必得还是无所谓是否中标等)、各潜在投标人的优势和劣势等。

3.评标方法设计

一般采用综合评审法,即分商务部分和技术部分分别设定具体的评审要素及分值比例。

4.调价方式研究

与工程物资驻厂监造服务类似,人员工资占合同金额比例较大,因此调价方式基本一致,此处不再重复说明。

5.招标时机选择

中转储备系统运行管理服务招标的前提是中转储备系统已经建成或即将建成,业主可根据中转储备系统的建设进度及运行管理服务招标所需的时间选择招标时机。一般来说,运行管理服务招标宜于在中转储备系统建成之前完成,以使中标的运行管理单位参与到中转储备系统的建成移交之中,及时发现并解决遗留的问题,同时尽早开展试运行工作。

6.投标人资格条件设置

为了让潜在投标人都能参与投标,同时尽量避免其他明显没有能力承担项目任务的公司参与投标导致评标的难度和不确定性加大的情况,业主应在招标时设置合理的投标人资格条件,具体可从以下几个方面考虑:

(1)投标人企业规模。为了匹配中转储备系统的规模和预估的吞吐量水平,应对投标人企业规模进行限制。

(2)投标人业绩。为了证明投标人能够承担中转储备系统运行管理的任务,必须要求其具备类似项目的业绩,最好是同行业内的类似项目业绩。

(3)其他。业主还需设置一些基本要求,如投标人应具有独立法人资格、近年内财务状况良好等。

7.5.3.3　编制评标报告

评标报告除包含招标评标的过程和相关资料外,还需包含对中标候选人的建议,即中标候选人的数量和排序。

中转储备系统运行管理服务的中标候选人选择一个即可,业主无需考虑与多个公司签订合同。

7.6 工程物资中转运输服务采购

对于业主负责向承包商供应的物资,若供应商向业主交货的地点不在工程现场,在供应商向业主交货后,还需要从供应商交货地点运输至工程现场,我们称之为工程物资的中转运输。业主可以根据工程物资的不同种类以及不同的工程项目,在综合分析的基础上对中转运输责任方进行决策,一般可选择由承包商负责或业主负责。

对于业主负责中转运输的工程物资,业主须进行其中转运输服务采购,选择承运商来承担中转运输任务。

7.6.1 工程物资中转运输服务采购的工作内容

工程物资中转运输服务采购一般采用公开招标的方式,其工作内容分为规划招标和实施招标两个阶段。

规划招标:工作内容主要包括根据工程建设进展、工程物资需求、供应商交货地点分布等分析确定中转运输服务的招标范围及招标时机等。

实施招标:工作内容主要包括编制和发售招标文件、组织开标和评标、签订合同等。

7.6.2 工程物资中转运输服务采购的业务模型

业主可以委托专业的招标公司实施中转储备系统运行管理服务招标,也可以自行实施。业主自主招标的业务模型与供应商采购招标相同,见图7-1。

对业务模型中的部分环节工作说明如下。

7.6.2.1 收集信息

所需收集的信息包括工程土建标招标计划、工程物资需求计划、市场价格水平等。

7.6.2.2 分析制定招标方案

招标方案的内容主要包括确定招标范围、潜在投标人分析、招标时机分析、评标方法设计、调价方式研究、投标人资格条件设置等。

7.6.3 工程物资中转运输服务采购招标

工程物资中转运输服务采购的目标包括以下几个方面:

(1)选择的承运商价格相对较低,利于控制供应链成本。

(2)选择的承运商能够安全、高效地完成工程物资中转运输任务。

在采购实施的过程中,即在规划招标和实施招标过程中,业主均要围绕上述目标开展相关工作,特别是一些关键环节。

7.6.3.1 收集信息

(1)工程土建标招标计划。这里指业主对工程土建标的招标计划。

(2)工程物资需求计划。决定中转运输的工作量的是工程物资中转运输量,该数据的预估来自于工程物资需求计划,有关工程物资需求计划的获取方式在"7.2.1.3 工程物资供应商采购实施"部分中已进行说明,此处不再重复。

(3)市场价格水平。运输市场价格水平比较透明,可通过很多渠道了解,只需注意收集同类工程物资的运输价格即可。

（4）同类项目相关资料。包括承运商的信息、人员和车辆配置情况、运输物资的种类和运输量等，业主可通过调研收集其他公司类似项目资料，也可查询本公司以往类似项目（若有）资料。

7.6.3.2　分析确定招标方案

1. 确定招标范围

招标范围主要包括工程土建标范围、物资品种和规格型号范围以及合同期限范围。

中转运输服务涵盖的工程土建标范围、物资品种和规格型号范围在物资供应链策划阶段均已确定。工程的物资中转运输是供应链上重要的一环，物资品种往往对工程建设至关重要，因此中转运输服务最好从始至终由同一承运商承担，以避免更换承运商导致的种种不便和物资供应风险，因此可设置较长合同期限，并将合同条款设置成具有一定弹性（如合同即将到期前，经双方协商，合同期限可以延长），甚至可以直接将合同期限涵盖相关物资的整个供应周期。

2. 潜在投标人分析

根据收集的同类项目相关资料，分析潜在投标人范围、各潜在投标人可能的投标态度（志在必得还是无所谓是否中标等）、各潜在投标人的优势和劣势等。

3. 评标方法设计

一般采用综合评审法，即分商务部分和技术部分分别设定具体的评审要素及分值比例。

4. 调价方式研究

影响运输成本的主要因素中，便于调价的只有人员工资和燃油费，人员工资的调价方式与驻厂监造服务招标采购相同，燃油费的调价方式与物资供应商招标采购相同，此处不再重复说明。

5. 招标时机选择

工程物资中转运输服务的招标应与对应的工程土建标招标计划相匹配，确保工程土建标进场后具备物资中转运输条件。

6. 投标人资格条件设置

为了让潜在投标人都能参与投标，同时尽量避免其他明显没有能力承担项目任务的公司参与投标导致评标的难度和不确定性加大的情况，业主应在招标时设置合理的投标人资格条件，具体可从以下几个方面考虑：

（1）投标人企业规模。为了匹配预估的中转运输物资量和运输强度，应对投标人企业规模进行限制。

（2）投标人业绩。为了证明投标人能够承担中转运输任务，必须要求其具备类似项目的业绩，最好是同行业内的类似项目业绩。

（3）其他。业主还需设置一些基本要求，如投标人应具有独立法人资格、近年内财务状况良好等。

7.6.3.3　编制评标报告

评标报告除包含招标评标的过程和相关资料外，还需包含对中标候选人的建议，即中标候选人的数量和排序。

中转运输服务的中标候选人选择一个即可，业主无需考虑与多个公司签订合同。

第五部分　工程物资供应链运作管理

　　本部分从供应链管理的一般原理出发,首先提出工程物资供应链管理的业务模型,继而结合业务模型中各个关键业务环节进行讨论,主要包括工程物资需求计划与承包商管理、工程物资采购计划与供应商管理、中转运输与中转储备系统运行管理、供应链多级库存控制和供应链风险管理,给出雅砻江流域水电开发有限公司在工程物资供应链运作管理中的最佳实践。

第8章　工程物资供应链运作业务模型

8.1　供应链运作参考模型

8.1.1　供应链运作参考模型的提出

全球竞争的商业环境、复杂多变的客户需求和信息技术的发展应用等外部因素不断促使企业在提高内部运作效率的同时,提高与上游的供应商、下游的客户以及其他合作伙伴的的合作效率。实现这一目标的关键就在于如何有效地评价企业所在供应链的运作情况,并基于此持续地改进企业的内外部流程,而这些工作的开展需要借助于一套标准化的管理模型及相关支撑工具来实现。供应链运作参考模型 SCOR(Supply – Chain Operations Reference-model)就是这样的一类标准化的管理参考模型,是目前影响最大、应用面最广的参考模型,借助它能测评和持续改善企业内、外部业务流程。

SCOR 是由国际供应链理事会（Supply – Chain Council）开发的适合于不同工业领域的供应链运作参考模型。1996 年春,两个位于美国波士顿的咨询公司——Pittiglio Rabin Todd & McGrath（PRTM）和 AMR Research（AMR）为了帮助企业更好地实施有效的供应链,实现从基于职能管理到基于流程管理的转变,牵头成立了国际供应链理事会,成员包括 69 个公司,并于当年年底发布了供应链运作参考模型(SCOR),经过不断地理论与实践的结合和提升,供应链运作参考模型已经于 2012 年 12 月 1 日升级为第 11 个版本。如今,国际供应链理事会在北美、欧洲、中国、日本、大洋洲、东南亚、巴西和南非共设有 8 个地区分会,并拥有近 1 000 家跨不同产业的会员公司,主要由来自生产制造商、服务商、分销商和零售商的供应链从业者组成。

SCOR 是第一个标准的供应链流程参考模型,是供应链的诊断工具,它涵盖了所有行业。SCOR 使企业间能够准确地交流供应链问题,客观地评测其性能,确定性能改进的目标,并影响今后供应链管理软件的开发。流程参考模型通常包括一整套流程定义、测量指标和比较基准,以帮助企业开发流程改进的策略。SCOR 不是第一个流程参考模型,但却是第一个标准的供应链参考模型。SCOR 模型主要由四个部分组成:供应链管理流程的一般定义,对应于流程性能的指标基准,供应链"最佳实施"（Best Practices）的描述以及选择供应链软件产品的信息。

SCOR 模型把业务流程重组、标杆比较和流程评测等著名的概念集成到一个跨功能的框架之中。SCOR 是一个为供应链伙伴之间有效沟通而设计的流程参考模型,是一个帮助管理者聚焦管理问题的标准语言。作为行业标准,SCOR 帮助管理者关注企业内部供应链。如图 8-1 所示,SCOR 模型体现了很多管理思想方法的集成,包括业务流程再造、绩效衡量标杆、最佳实践案例分析以及运用流程参考模型来指导管理模型的建立等,可用于描述、量度、评价供应链配置:规范的 SCOR 流程定义实际上允许任何供应链配置;规范的 SCOR 尺度能使供应链绩效衡量和标杆比较;供应链配置可以被评估以支持连续的改进和战略计划编制。

业务流程再造	绩效衡量标杆	最佳实践案例分析	流程参考模型
保持流程的"现状",并获得期望的"未来状态"	量化同类企业的运营绩效,并在获得最优结果的同时制定内部供应链目标	制定合理的管理规范,以此获得供应链最佳绩效	保持流程的"现有"状态,并获得期望的"应有"状态 量化同类企业的运营绩效,并在获得最优结果的同时制定内部供应链目标 制定合理的管理规范,以此获得供应链最佳绩效

图 8-1   SCOR 模型的集成结构

8.1.2　供应链运作参考模型的总体结构

SCOR 由国际供应链理事会为供应链管理的跨行业标准而开发,该模型给出了三个层次。SCOR 模型的层次结构如图 8-2 所示。

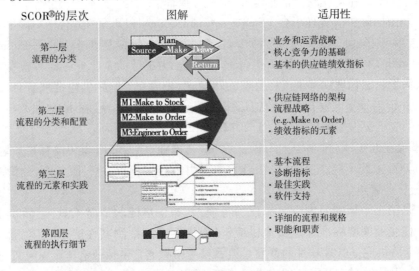

SCOR®的层次	图解	适用性
第一层 流程的分类	Plan Source Make Deliver Return	· 业务和运营战略 · 核心竞争力的基础 · 基本的供应链绩效指标
第二层 流程的分类和配置	M1:Make to Stock M2:Make to Order M3:Engineer to Order	· 供应链网络的架构 · 流程战略 　(e.g.,Make to Order) · 绩效指标的元素
第三层 流程的元素和实践		· 基本流程 · 诊断指标 · 最佳实践 · 软件支持
第四层 流程的执行细节		· 详细的流程和规格 · 职能和职责

图 8-2   SCOR 模型的层次结构

第一层为流程层,它描述了五个基本流程:计划(Plan)、采购(Source)、生产(Manufacture)、配送(Delivery)和退货(Return),它定义了参考模型的范围和内容,企业通过对第一层 SCOR 模型的分析,就可作出基本的战略决策。

供应链绩效衡量指标是 SCOR 模型的重要元素,对应于模型中的任何一个活动,SCOR 模型中都定义了相应的绩效衡量指标,这些指标能反映供应链的性能特征。高层绩效测量可能涵盖了多个不同层次的 SCOR 流程。衡量供应链的表现与理解其运作都是一样必要的。衡量工作必须结合企业的目标,衡量工作要有可重复性,衡量工作必须能对更有效地管理供应链提出见解,衡量一定要适于所评测的流程活动。SCOR 模型第一层的绩效衡量指标如图8-3所示。

	绩效指标	绩效属性的定义	第一层指标
对于外部的客户	供应链的可靠度	将正确数量的产品在对的时间配送到正确的地点时，供应链的绩效	配送绩效
	供应链的响应度	供应链向客户提供产品时端到端的速度	订单履行交付时间
	供应链的灵活度	供应链对市场变化做出反应，一次获得或保持竞争优势的灵活性	生产的灵活性
对于企业内部	供应链成本管理	供应链关键流程运营的总成本——订单管理、物料接收、仓储管理和供应链计划	供应链管理的总成本
			退货过程中发生的总成本
	供应链资产管理的有效性	企业管理那些为满足需求而产生的资产的有效性，其中包括了所有资产的管理(固定和营运资金)	生产的灵活性

图8-3 绩效衡量指标

第二层是配置层，由若干核心流程组成，大多数公司都是从 SCOR 模型的第二层开始构建它们的供应链，此时常常会暴露出现有流程的低效，进而对现有的供应链进行重组。

在第二层配置层中，存在 26 种核心流程类型。企业可选用该层中定义的标准流程单元构建他们的供应链。每一种产品或产品型号都可以有它自己的供应链。其顶层流程配置如图8-4所示。

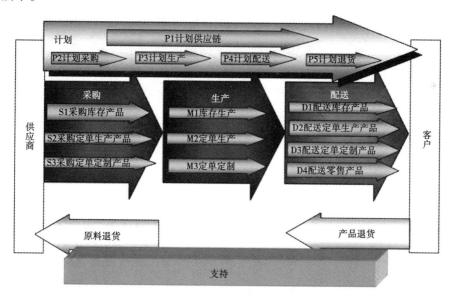

图8-4 配置层的工作流程

每一个 SCOR 流程都分三种流程元素进行详细描述：

（1）计划元素。调整预期的资源以满足预期需求量。计划流程要达到总需求平衡以及覆盖整个的规划周期。定期编制计划流程能有利于供应链的反应时间。计划流程同时综合模型中的部分及企业。

（2）执行元素。由于计划或实际的需求引起产品形式变化，需要执行的流程包括进度和先后顺序的排定、原材料及服务的转变及产品搬运。

（3）支持元素。计划和执行过程所依赖的信息和内外联系的准备、维护和管理。

第三层是流程分解层，它给出第二层每个流程分类中流程元素的细节，并定义各流程元素所需要的输入和可能的输出。SCOR 模型的第三层为企业提供了在改善供应链时成功地规划和确定目标所需要的信息。规划的内容包括过程的定义、目标的评验、最佳实施和为达到所需要的系统软件能力。企业主要在这一层上调节作业战略。

根据企业的不同业务，供应链第二层配置层存在着差异，前三个层次的构建重点在于第二层。同时，根据企业的具体业务流程，在第三层的层次下，可以定义第四层，对第三层基本模块进一步的细化，第四层一般是具体的实施层次，不属于 SCOR 标准化流程，根据企业的具体情况给出。

8.1.3　供应链运作参考模型的细分结构

SCOR 模型的第一层描述了五个基本流程：计划（Plan）、采购（Source）、生产（Make）、发运（Deliver）和退货（Return）。它定义了供应链运作参考模型的范围和内容，并确定了企业竞争性能目标的基础。SCOR 模型建立在 5 个不同的管理流程之上，如图 8-5 所示。

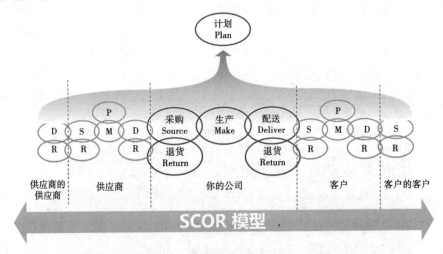

图 8-5　SCOR 模型的 5 个管理流程

企业通过对第一层 SCOR 模型的分析，可根据下列供应链运作性能指标作出基本的战略决策。

8.1.3.1　计划

需求/供应计划：

- 评估企业整体生产能力、总体需求计划以及针对产品分销渠道进行库存计划、分销计划、生产计划、物料及生产能力的计划。
- 制造或采购决策的制定、供应链结构设计、长期生产能力与资源规划、企业计划、产品生命周期的决定、生产正常运营的过渡期管理、产品衰退期的管理与产品线的管理等。

8.1.3.2　采购

寻找供应商/物料收取：

- 获得、接收、检验、拒收与发送物料。

- 供应商评估、采购运输管理、采购品质管理、采购合约管理、进货运费条件管理、采购零部件的规格管理。

原材料仓库管理：
- 运输管理、付款条件管理以及安装进度管理。
- 采购业务规则管理、原材料存货管理。

8.1.3.3　生产

生产运作：
- 申请及领取物料、产品制造和测试、包装出货等。
- 工程变更、生产状况掌握、产品质量管理、现场生产进度制定、短期生产能力计划与现场设备管理。
- 在制品运输。

生产支持业务：
- 制造业务规格管理、在制品库存管理。

8.1.3.4　配送

订单管理：
- 订单输入、报价、客户资料维护、订单分配、产品价格资料维护、应收账款管理、授信、收款与开立发票等。

产品库存管理：
- 存储、拣货、按包装明细将产品装入箱、制作客户特殊要求的包装与标签、整理确认定单、运送货物。

产品运输安装管理：
- 运输方式安排、出货运费调教管理、货品安装进度安排、进行安装与产品试运行。

配送支持业务。
- 配送渠道的决策制定、配送存货管理、配送品质的掌握和产品的进出口业务。

8.1.3.5　退货

原料退回：
- 退还原料给供应商：包括与商业伙伴的沟通，同时准备好文件资料以及物料实体的返还及运送。

产品退回：
- 接受并处理从客户处返回的产品：包括商业伙伴的沟通，同时准备好文件资料以及物料实体的返还及接受和处理。

8.2　工程物资供应链运作业务模型结构

8.2.1　工程物资供应链运作业务模型第一层结构

8.2.1.1　第一层的基本流程

类似于国际供应链理事会提出的供应链运作参考模型中第一层为流程层,水电开发工程物资供应链在第一层中定义六个基本流程:计划、采购、生产、交付、退货及施工,同时可以

将这些流程分为三类:计划类、执行类和使能类。其中,六个基本流程如下:

(1)计划(Plan):平衡需求和供应,制作一系列行动方案,更好的为其余五个流程服务。

(2)采购(Source):根据计划或需求进行获取物料和需要的服务。

(3)生产(Make):根据库存制造、订单制造和订单设计的生产实施。

(4)交付(Deliver):根据库存生产、订单制造和订单定制的产品进行订单、仓库、运输和装配的管理。

(5)退货(Return):该流程与退货及交付后的客户支持相关,一般指将物资返回给供应商。

(6)施工(Construction):该流程与承包商施工进度相关,描述施工消耗的具体流程。

SCOR 第一层运作模型如图 8-6 所示。

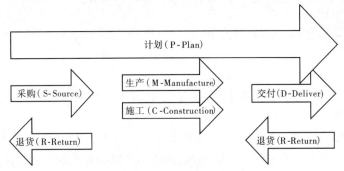

图 8-6　SCOR 第一层运作模型

8.2.1.2　供应链成员与业务流程框架

对供应链第一层进行构建,需要对供应链成员进行分析,对于水电开发工程物资供应链而言,供应链成员包括物资供应商、工程业主及其支配下的中转储备系统、工程承包商。工程业主的物资管理部门(流域化开发业主除总部物资管理部门外,还包括各项目管理局的物资管理部门)通过工程物资供货计划和工程物资需求计划间接地对供应链进行组织、协调和控制,工程业主的物资管理部门和中转储备系统都属于业主范畴,因此供应链运行期的实体成员具体包括物资供应商、承包商和业主,其中承包商负责预制品的生产及现场的工程施工。通过分析每个成员内部的基本流程,能够更清楚地展示其属性以及每个成员同供应链整体的关系。其第一层的业务流程框架如图 8-7 所示。

8.2.2　工程物资供应链运作业务模型第二层结构

基于工程物资供应链第一层流程框架,对供应链成员的属性和业务范围及基本流程进行分析,可以建立的水电开发工程物资供应链第二层如图 8-8 所示。

首先,对物资供应商进行分析,水电开发工程对物资的需求有很多种,主要包括钢筋、水泥、粉煤灰和砂石骨料等。对于不同的物资,选择不同的物资供应商,对于有些物资,业主为了保证物资的质量,会安排成员对其进行驻厂监造,对其制造环节需要共同参与;而对于另外一些物资,例如钢筋,业主在经销商处购买,就不参与物资的生产环节,因此对于有些物资,供应链中供应商考虑其生产环节,而另外一些物资,不考虑其生产环节。

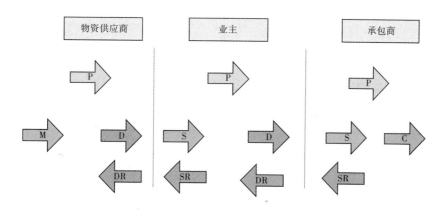

图 8-7　水电开发工程物资供应链第一层业务流程的基本框架

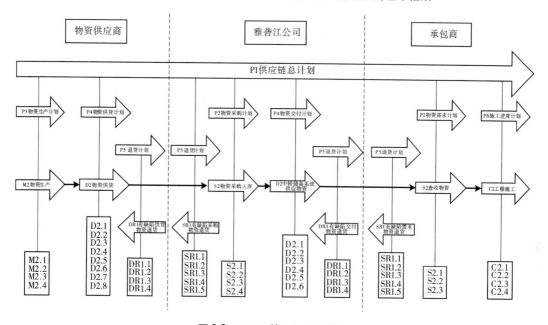

图 8-8　SCOR 第二层运作模型

其次,对于业主负责运输的物资,供应商将物资运输到中转储备系统,中转储备系统对其进行采购入库。承包商统计出需要的物资,由业主负责运输到承包商。对于供应商或承包商负责运输的物资,由供应商直接将物资运输到现场或由承包商从中转储备系统提取物资运送到现场。

最后,承包商收到物资后,在预制品生产系统对物资进行生产。同样,对于不同类型的预制品,需要采用不同的流程:对于预拌混凝土类型,生产完成后直接运输到工地使用;对于预制钢筋类型,先送入仓库进行存储,再根据其需求量对其进行采购,采购完成后再根据工地需求量进行运输,工地对其进行采购。

计划指导供应链成员的实际运作流程,供应链计划的流程从下游成员传递到上游成员,供应链实际运作则在计划的指导下将实体的物资从上游供应商传递到下游承包商。图 8-8 中实际流程的定义如表 8-1 ~ 表 8-3 所示。

表 8-1　物资供应商流程的定义

P3	物资生产计划
P4	物资供货计划
P5	退货计划
M2	物资生产
D2	物资供货
DR1	有缺陷供货物资退货

表 8-2　业主流程的定义

P2	物资采购计划
P4	物资交付计划
P5	退货计划
S2	物资采购入库
D2	中转储备系统供应物资
DR1	有缺陷交付物资退货
SR1	有缺陷采购物资退货

表 8-3　承包商流程的定义

P2	物资需求计划
P5	退货计划
P6	施工进度计划
S2	查收物资
C2	工程施工
SR1	有缺陷需求物资退货

其中,第二层的活动要素、绩效属性和绩效指标分别如表 8-4 ~ 表 8-15 所示,基于这些绩效指标可以对各供应链成员的绩效进行评价,从而不断改进供应链运作策略,优化供应链运作业务流程。

表 8-4　P3 供应商:物资生产计划活动的绩效属性和绩效指标

活动元素的定义
根据资源情况和业主采购计划对与生产相关的活动进行系统安排,将活动与时间相对应,作为生产依据。生产计划包括生产目标(产量和质量要求)、相关生产活动排序及其与时间的对应关系等

绩效属性	绩效指标
可靠性	满足业主采购计划需求、降低供应保障风险
反应度	无相关指标
灵活性	无相关指标;针对采购计划的调整,生产计划进行必要的相应调整所需时间及可调整范围
成本	无相关指标
资产管理	无相关指标

表 8-5　P4 供应商:物资供货计划的绩效属性和绩效指标

活动元素的定义
根据资源情况、业主采购计划及生产计划对与供货相关的活动进行系统安排,将活动与时间相对应,作为供货依据。供货计划包括供货周期内预计供货量、供货资源配备以及相关活动与时间的对应等

绩效属性	绩效指标
可靠性	满足业主采购计划需求、降低供应保障风险
反应度	无相关指标
灵活性	针对采购计划的调整,供货计划进行必要的相应调整所需时间及可调整范围
成本	无相关指标
资产管理	无相关指标

表 8-6　M2 供应商:物资生产的绩效属性和绩效指标

活动元素的定义
根据生产计划将原材料转化为半成品和成品,在过程中进行质量检验,并根据检验结果进行相关处理

绩效属性	绩效指标
可靠性	产量、质量、检验结果准确率
反应度	生产周期、生产准时率、检验周期
灵活性	无相关指标
成本	无相关指标
资产管理	无相关指标

表 8-7　D2 供应商:物资供货的绩效属性和绩效指标

活动元素的定义

按照供货计划将物资运输至交货地点,并完成交接

绩效属性	绩效指标
可靠性	品种规格准确性、交货数量、交货质量
反应度	运输周期
灵活性	装车、生成发货清单、运输错误后处理的及时性;装车、生成发货清单、运输错误导致损失程度
成本	无相关指标
资产管理	无相关指标

表 8-8　P2 业主:物资采购计划的绩效属性和绩效指标

活动元素的定义

根据物资需求计划及供应规划等确定物资采购计划或更新物资规划,并将采购计划发布给供应商。采购计划指某一时间段内向某供应商采购一定数量某品种物资的计划。物资规划指将一段时间内的物资需求量按不同物资品种、规格型号拟分配给各供应商,并将该分配与时间相对应

绩效属性	绩效指标
可靠性	满足需求计划及中转地仓库正常运转需求,降低供应保障风险、采购成本
反应度	编制及发布周期
灵活性	针对需求计划的调整,采购计划进行必要的相应调整所需时间及可调整范围
成本	无相关指标
资产管理	无相关指标

表 8-9　P4 业主:物资交付计划的绩效属性和绩效指标

活动元素的定义

根据工程进度计划等审批承包商需求计划。交付计划在此等同于审批后的承包商需求计划,即经审批的某承包商的某合同项目在某一时段内对某品种物资的需求数量

绩效属性	绩效指标
可靠性	满足承包商需求
反应度	无相关指标
灵活性	针对承包商计划的调整,交付计划进行必要的相应调整所需时间及可调整范围
成本	无相关指标
资产管理	无相关指标

表 8-10　S2 业主:物资采购计划的绩效属性和绩效指标

活动元素的定义

接收到货物资,将其品种、规格型号、数量、品牌、批号等与发货清单内容进行对比核实,根据核实结果进行卸车入库等处理,并对其质量进行检验,根据检验结果进行相应处理

绩效属性	绩效指标
可靠性	核实准确率、计量误差水平、检验准确率、试验误差水平
反应度	无相关指标
灵活性	核实、计量、检验、入库错误后处理的及时性;核实、计量、检验、入库错误导致损失程度
成本	无相关指标
资产管理	无相关指标

表 8-11　D2 业主:中转储备系统供应物资的绩效属性和绩效指标

活动元素的定义

根据月度物资需求计划、现场施工进度、现场库存等情况进行散装物资调拨、出库、装车、二次运输及相关物资台账统计等环节的管理

绩效属性	绩效指标
可靠性	满足承包商需求及中转地仓库正常运转需求、降低供应保障风险
反应度	无相关指标
灵活性	无相关指标
成本	无相关指标
资产管理	无相关指标

表 8-12　P2 承包商:物资需求计划的绩效属性和绩效指标

活动元素的定义

承包商根据施工进度计划及物资单耗量等计算物资预计消耗量,结合库存等因素按规定格式编制物资需求计划,经监理审核后按规定时间提交给业主。物资需求计划包括物资品种、规格型号、需求时段、使用部位及对应的合同基本信息等

绩效属性	绩效指标
可靠性	需求计划准确率
反应度	提交延误时间、提交延误次数
灵活性	无相关指标
成本	无相关指标
资产管理	无相关指标

表 8-13　P6 承包商:施工进度计划

活动元素的定义

　　承包商根据合同工期,结合实际情况编制施工进度计划,经监理审核后按规定时间提交给业主。施工进度计划是以拟建工程为对象,规定各项工程的施工顺序和开工、竣工时间的施工计划

绩效属性	绩效指标
可靠性	施工进度计划准确率
反应度	无相关指标
灵活性	无相关指标
成本	无相关指标
资产管理	无相关指标

表 8-14　S2 承包商:查收物资

活动元素的定义

　　接收到货物资,将其品种、规格型号、数量、品牌、批号等与随车单据(包括出库单)内容进行对比核实,根据核实结果进行卸车入库等处理,并对其质量进行检验,根据检验结果进行相应处理

绩效属性	绩效指标
可靠性	核实准确率、计量误差水平、检验准确率、试验误差水平
反应度	无相关指标
灵活性	无相关指标
成本	无相关指标
资产管理	无相关指标

表 8-15　C2 承包商:工程施工

活动元素的定义

　　通过工程量计量及物资单耗量计算物资消耗量,结合现场库存盘点结果,对各承包商物资消耗量与供应量吻合程度进行评估,并根据评估结果及合同约定进行价差结算

绩效属性	绩效指标
可靠性	无相关指标
反应度	无相关指标
灵活性	无相关指标
成本	无相关指标
资产管理	无相关指标

8.2.3　工程物资供应链运作业务模型第三层结构

　　对应于工程物资供应链运作业务模型的第三层是流程元素层,在这一层将对第二层的

每个流程进行进一步分解。在 SCOR 标准流程中对其做出了详细的分解规范。第三层主要包括流程元素的定义、流程元素信息的输入和输出、流程性能指标和最佳管理实践。类似于国际供应链理事会的 SCOR，水电开发工程物资供应链运作业务模型可以结合我国大型水电开发工程物资供应链管理的各类实践，以规范化、开放性模式把相应业务环节中比较好的、在工程实践中得到验证的做法融入业务模型中。

结合上一节的结构分析，第三层分别对第二层的计划和执行活动进行定义，这里选取各供应链成员的关键业务流程进行分析。

8.2.3.1 物资供应商流程

D2:物资供货

如图 8-9 所示，物资供货流程包括 8 个子流程，分别为 D2.1、D2.2、D2.3、D2.4、D2.5、D2.6、D2.7 和 D2.8。它描述了物资供货具体的步骤：从整理订单、发货到出具发票的全部过程，它包括物资供货到中转储备系统和物资供货到承包商两种情况，其中物资供货到中转储备系统中 D2.7 环节需要驻站代表到中转储备系统发货、确认，并进行后续的入库和出库流程；物资供货到承包商中 D2.7 环节需要驻站代表到现场发货、确认，在物理上没有入库和出库的环节，逻辑上可以定义为入库即出库。

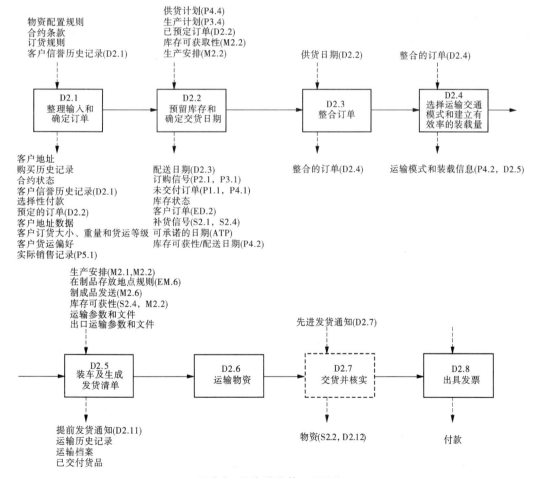

图 8-9　物资供货第三层流程

对绩效的定义中,D2.6 通常是供应链运作管理中需要考虑的重点,具体绩效属性和指标定义如表8-16 所示。

表 8-16 D2.6 运输物资的绩效属性和绩效指标

活动元素的定义	
将物资运输至交货地点	
绩效属性	绩效指标
可靠性	运输错误次数
反应度	运输用时、准时率、平均延迟时间
灵活性	运输错误后处理的及时性
成本	无相关指标
资产管理	无相关指标

8.2.3.2 业主流程

P2:物资采购计划

该流程为物资采购计划流程,指导物资的采购,共有 5 个子流程,分别为 P2.1、P2.2、P2.3、P2.4 和 P2.5,其具体的子流程如图 8-10 所示。通过明确需求和统计物资资源,在需求和资源之间达到平衡,得到实际的物资采购计划。

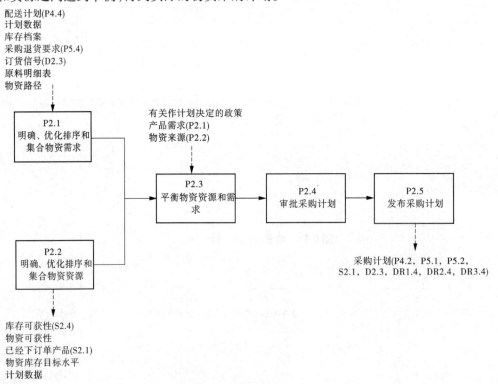

图 8-10 物资采购计划第三层流程

P4：物资交付计划

该流程为物资交付计划流程，指导物资的交付，共有 5 个子流程，分别为 P4.1、P4.2、P4.3、P4.4 和 P4.5，其具体的子流程如图 8-11 所示。通过集合各标段承包商需求和统计交付资源，在需求和资源之间达到平衡，得到实际的物资交付计划。

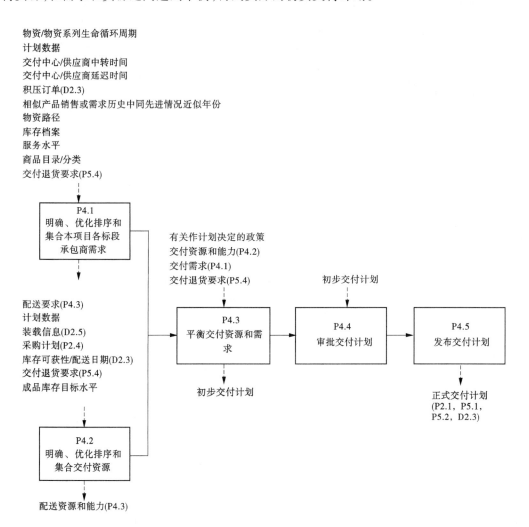

图 8-11　物资交付计划第三层流程

S2：物资采购入库

该流程在明确制定采购订单情况下，接收、核实和转运具体的物资。共有 4 个子流程，分别为 S2.1、S2.2、S2.3 和 S2.4，其具体的子流程如图 8-12 所示。

S2.4 卸车入库子流程

此流程为 S2 的细分流程，描述工程物资卸车入库的业务过程。

在转运物资的流程中，共有 3 个子流程，分别为 S2.4.1、S2.4.2 和 S2.4.3，其具体的子流程如图 8-13 所示。相应的绩效属性和绩效指标见表 8-17。

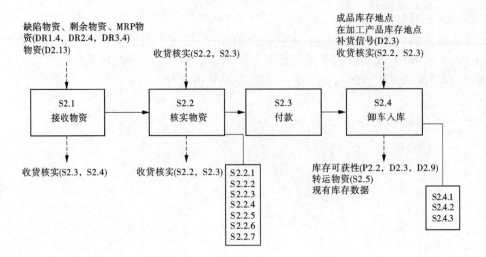

图 8-12　物资采购入库第三层流程

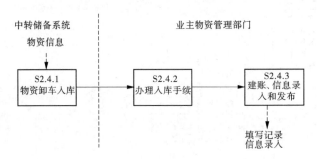

图 8-13　转运物资第四层流程

表 8-17　S2.4.1 物资卸车入库的绩效属性和绩效指标

活动元素的定义	
对到货物资进行卸车并装入对应仓库	
绩效属性	绩效指标
可靠性	入库准确性
反应度	卸车用时
灵活性	入库错误后处理的及时性、入库错误导致损失程度
成本	无相关指标
资产管理	无相关指标

8.2.3.3　承包商流程

P2：物资需求计划

该流程表示在制定的时间周期内（如每日、月度、季度、年度等），为了满足承包商工地的物资需求，编制、提交物资需求计划，流程如图 8-14 所示。相应的绩效属性及绩效指标见表 8-18。

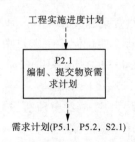

图 8-14　物资需求计划的第三层流程

表 8-18　P2.1 编制、提交物资需求计划的绩效属性和绩效指标

<table>
<tr><td colspan="2" align="center">活动元素的定义</td></tr>
<tr><td colspan="2">　　承包商根据施工进度计划及物资单耗量等计算物资预计消耗量,结合库存等因素按规定格式编制物资需求计划,经监理审核后按规定时间提交给业主</td></tr>
<tr><td align="center">绩效属性</td><td align="center">绩效指标</td></tr>
<tr><td align="center">可靠性</td><td align="center">需求计划准确率</td></tr>
<tr><td align="center">反应度</td><td align="center">提交延误时间、提交延误次数</td></tr>
<tr><td align="center">灵活性</td><td align="center">无相关指标</td></tr>
<tr><td align="center">成本</td><td align="center">无相关指标</td></tr>
<tr><td align="center">资产管理</td><td align="center">无相关指标</td></tr>
</table>

第9章 工程物资需求计划与承包商管理

9.1 概 述

水电工程对物资的需求有很多种,主要包括钢筋、水泥和粉煤灰等。针对工程物资需求计划,需要平衡需求和供应,制作一系列行动方案,更好的为其余五个流程——采购、生产、交付、退货及施工服务。本章提及的工程物资需求计划,主要是由承包商根据施工进度计划及物资单耗量等计算物资预计消耗量,结合库存等因素按规定格式编制物资需求计划,经监理审核后按规定时间提交给业主。物资需求计划包括物资品种、规格型号、需求时段、需求数量、使用部位及对应的合同基本信息等。在承包商管理方面,本章将从调拨与领用、到货验收、仓储管理、物资核销、结算与支付以及综合考评这六个方面进行说明。

9.2 工程物资需求计划管理

对工程物资需求计划的管理旨在确保各单项工程物资需求计划合理并及时、准确提供项目物资需求汇总计划,为物资调拨和采购计划编制提供依据。其工作内容包括收集、审核本项目各单项工程月度、年度及总量物资需求计划(含变更计划);编制本工程月度、年度及总量物资需求计划(含变更计划)并上报;审核应急计划,分析评估是否下达应急采购计划,并采取对应措施满足施工需求以及有关需求计划的统计工作。在对工程物资需求计划的管理中将采用以下几项措施,明确报送计划时间、特殊物资提前报送、层层审批、各类计划分工明确以及将对工程物资需求计划的管理纳入考核之中。

9.2.1 工程物资计划体系

工程需要多少物资是由工程进度计划和工程量决定的,因此物资需求计划首先由项目承包商根据其工程进度计划提出,需求计划的粒度从粗到细,包括工程物资需求总计划、年度、月度需求计划(含后两个月滚动计划)以及应急计划。承包商提出的物资需求计划经对应的监理单位审核后,交由业主现场机构工程部审核,由业主现场机构机电物资部审核汇总,编制本项目物资需求汇总计划,并根据物资种类不同向供应商下达采购计划或将需求汇总计划上报至上级部门,由上级部门汇总各项目需求计划,统筹编制采购计划,经领导审批后向供应商下达采购计划。由业主现场管理机构审核批准的需求计划,即作为向承包商的交付计划,并反馈给业主,而供应商根据业主下达的采购计划编制生产计划及发货计划,这里的发货计划即供应商向业主的交付计划。工程物资计划体系如图9-1所示。

9.2.2 工程物资需求总体计划业务模型

工程物资需求计划需完成承包商物资需求计划的申报,监理对物资需求计划的审核,各

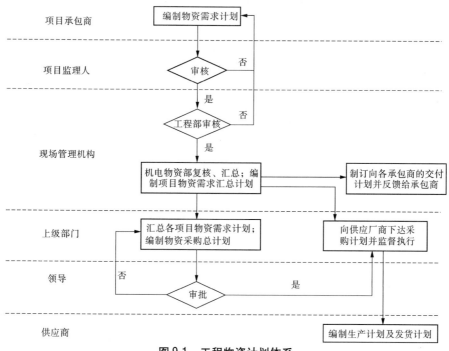

图 9-1 工程物资计划体系

项目现场机构对物资需求计划的审定及汇总,上级部门对各项目物资需求计划的汇总等。具体说明如下。

9.2.2.1 物资需求计划编制与申报

承包商编制物资需求计划(见表 9-1 ~ 表 9-4)并进行申报,申报的计划粒度包括总计划、年度、月度计划,申报时间一般为每月下旬,月度需求计划内容包括下月的详细计划以及其后两个月的滚动计划。

承包商根据施工进度计划及物资单耗量等计算物资预计消耗量,结合库存等因素按规定格式编制物资需求计划,并提交给监理人。

9.2.2.2 物资需求计划审核

监理人对承包商提交的物资需求计划进行审核并给出审核意见,通过审核的计划转入下一环节。

9.2.2.3 物资需求计划审定

业主现场机构工程部各单项工程负责人对物资需求计划进行审核,通过审核的计划提交至业主现场机构机电物资部,由后者进行审定。

9.2.2.4 物资需求计划汇总并上报

该流程为物资交付计划流程,指导物资的交付,共有五个子流程,分别为明确、优化排序和集合本项目各单项工程承包商需求,明确、优化排序和集合交付资源,平衡交付资源和需求,审批交付计划和发布交付计划。

其具体的流程如图 9-2 所示。通过集合各标段承包商需求和统计交付资源,在需求和资源之间达到平衡,得到实际的物资交付计划。

1. 明确、优化排序和集合本项目各单项工程承包商需求

目标:汇总需求计划,并进行优先级排序。

表 9-1 承包商工程物资需求计划表封面

××水电站业主统供物资

××月（年总量）申请报表（盖章）

承包单位名称：××××工程
工程名称：××××工程
合同名称：××××工程
合同编号：××××

承包单位负责人：

编报人：
共 7 页
编制日期：20××年××月××日

计划编号：
申报表一式四份（业主/承包商/监理部/监理分部）

监理单位名称：××××监理中心　　　　　　　（盖章）

监理意见：（内页必须签字）

总监（代表）：
监理工程师：
日期：

业主审核意见（工程管理部，内页必须签字）

签字：
日期：

业主签收部门（机电物资部）

签收人：

表9-2 ××水电站20××年××月业主统供物资需求计划申报表

序号	工程项目	计量单位	本月计划完成工程量	单位耗量(t/m³)		需求计划量(t)		备注
				P. MH42.5	P. 042.5	P. MH42.5	P. 042.5	
一	厂房部分							
1	C25 混凝土浇筑,中热	m³	3 600	0.256		922		
2	C30 混凝土浇筑,中热	m³	1 500	0.286		429		
3	C30 混凝土浇筑	m³	950		0.286		272	
二	引水部分							
1	回填灌浆	m²	800		0.178		142	
2	固结灌浆	m	2 000		0.35		700	
3	C20 混凝土浇筑	m³	2 340		0.208		487	
4	C10 混凝土浇筑	m³	2 000		0.146		292	
5	C25 混凝土浇筑	m³	1 800		0.263		473	
6	C30 混凝土浇筑	m³	5 850		0.269		1 574	
三	尾水部分							
1	C25 混凝土浇筑	m³	5 700		0.263		1 499	
2	固结灌浆	m	1 200		0.35		420	
3	回填灌浆	m²	2 500		0.178		445	

业主工程部核准: 监理审核: 承包商负责人: 制表人:

第 页

工程项目：×××××工程

合同编号：×××××

承包商（盖章）×××项目部制表时间：20××年××月××日

表 9-3　××水电站 20××年××月业主统供物资需求计划申报表续表

序号	工程项目	计量单位	本月计划完成工程量	单位耗量（t/m³）			需求计划量（t）			备注
				P.MH42.5	P.O42.5		P.MH42.5	P.O42.5		
四	泄洪洞部分									
1	C25 混凝土浇筑	m³	300		0.263			79		
2	固结灌浆	m	2 150		0.35			753		
3	C20 混凝土浇筑	m³	6 000		0.22		1 320			
4	C35 混凝土浇筑，中热	m³	700	0.239			167			
五	新增及明挖项目									
1	锚杆注浆	根	1 500		0.015			23		
2	喷 C25 素混凝土	m³	100		0.512			51		加 15% 损耗量 15.490 站用
3	C25 混凝土浇筑	m³	2 550		0.263			671		
六	防汛部分									
1	C20 混凝土浇筑	m³	1 100		0.220			242		
2	C25 混凝土浇筑	m³	3 000		0.263			789		
3	C30 混凝土浇筑	m³	2 300		0.269			619		
	C35 混凝土浇筑，中热	m³	700	0.295			207			
合计	t						10 725			

业主工程部核准：　　　　　　监理审核：　　　　　　承包商负责人：　　　　　　制表人：

工程项目：××××工程
合同编号：××××××
承包商：(盖章)××××项目部制表时间:20××年××月××日
监理单位：××××监理中心

表9.4　××水电站20××年××月业主统供物资表计划汇总统计表

序号	材料名称	规格	型号	单位	当前库存量	本月需求量	次月需求量	第三月需求量	合计	生产厂	备注
1	粉煤灰			t	890	2 100	2 600	2 500	7 200	× ×	
2	水泥(袋装)		P. O42.5	t	200	2 050	2 400	2 300	6 750		
3	水泥(散装)		P. O42.5	t	1 420	5 412	6 700	6 600	18 712	× ×	
4	水泥(散装)		P. MH42.5	t	760	591	1 200	1 000	2 791	× ×	
5	钢筋	II级	Φ 32	t	206.488	0	180	170	350		L=12 m
6	钢筋	II级	Φ 32	t	40	260	330	300	890		
7	钢筋	II级	Φ 28	t	87.998	385	540	520	1 445		L=12 m
8	钢筋	II级	Φ 28	t	61	357	440	420	1 217		
9	钢筋	II级	Φ 25	t	69.3	86.7	170	160	416.7		L=12 m
10	钢筋	II级	Φ 25	t	55.44	162.4	220	200	582.4		
11	钢筋	II级	Φ 22	t	11.372	29	38	35	102		
12	钢筋	II级	Φ 20	t	0	239	280	270	789		
13	钢筋	II级	Φ 18	t	3.744	0	4	4	8		
14	钢筋	II级	Φ 16	t	19.908	18	30	25	73		
15	钢筋	II级	Φ 12	t	19.942	44	60	58	162		
16	钢筋	I级	Φ 12	t	82.5	12.5	95	90	197.5		
17	钢筋	I级	Φ 10	t	7	12	17	15	44		

监理审核意见：

业主工程部审核意见：

业主工程部核准：

监理审核：　　　　　　　　　　　　　承包商负责人：　　　　　　　　　　制表人：

第　　页

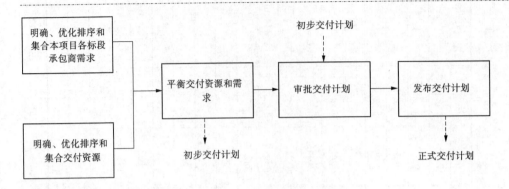

图9-2 物资交付计划流程

考量因素:物资/物资系列生命循环周期、计划数据、交付中心/供应商中转时间、交付中心/供应商延迟时间、积压订单、相似产品销售或需求历史中同先进情况近似年份、物资路径、库存档案、服务水平、商品目录/分类以及交付退货要求。

2.明确、优化排序和集合交付资源

目标:汇总各类物资库存量和预计供货量。

考量因素:配送要求、计划数据、装载信息、采购计划、库存可获性/配送日期、交付退货要求以及成品库存目标水平。

3.平衡交付资源和需求

目标:合理调整承包商需求计划中的物资数量。

考量因素:有关作计划决定的政策、交付资源和能力、交付需求、交付退货要求。

4.审批交付计划

目标:审批承包商需求计划。

5.发布交付计划

目标:将审批的需求计划发布给中转储备系统运行单位和承包商。

9.2.2.5 应急物资需求计划

针对应急物资,也应编制应急需求计划,审核流程与日常物资需求计划相同,业主现场机构机电物资部审定后应进行分析评估,根据是否有库存或是否可进行场内调拨来决定是否需要采购。

工程物资需求计划总体业务模型见图9-3。

9.2.3 工程物资调拨决策

承包商在制订需求计划时,申报的计划数据往往比预计数据大,其量差可作为安全库存保证承包商在进行工程实施时,若出现物资短缺的情况,可以及时地从安全库存中获取物资,让物资供应得以衔接,避免出现工程因物资供应中断而停滞的现象。但对于业主,如果每个承包商的物资申报量都多于其预计需求量,若业主不进行物资调拨便根据其申报量来汇总需求计划并根据各个承包商的申报量来进行物资交付,则会导致物资生产的压力增大、成本增多以及增加物资剩余的风险。在审核承包商的需求计划时,需结合交付中心的中转

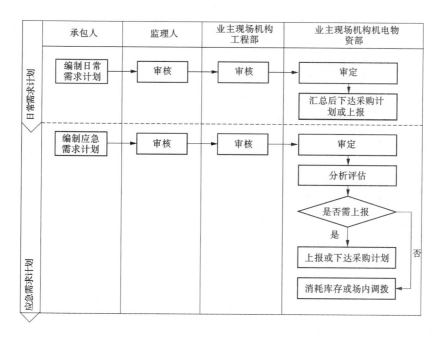

图 9-3　工程物资需求计划总体业务模型

时间以及延迟时间、积压订单、历史需求、库存档案、服务水平等,对提出的需求计划作出修改意见,并返回给编制方。针对修改后的需求计划,仍需进行进一步的复核,按月度、季度或年度施工进度计划及工程施工确定的材料消耗量进行计算,形成复核量和说明信息,并依据各类物资库存量和预计供货量,由业主与各承包商进行协商,合理调整承包商需求计划中的物资数量。

9.3　承包商管理

承包商不仅是物资需求计划的发起方,也是物资的使用方,即供应链上物资流向的终点,涉及现场接货、验收、仓储、使用等具体环节,因此承包商的物资管理水平和实施效果对供应链能否高效运行具有重要意义。

由于大型水电工程主要物资多采用业主统一供应的模式,而承包商从自身利益出发,对物资管理的重视程度和相关决策往往从自身角度出发,不一定符合供应链全局的管理目标,因此业主对于承包商物资管理的监督便尤为重要。

9.3.1　与承包商管理相关的制度建设

业主要对承包商进行管理,首先要建立一套完整的管理制度。由于承包商的活动范围主要在工程现场,因此可根据现场物资供应链管理的相关环节,制定相应的管理制度,并将对承包商的要求包含其中,奠定承包商管理的制度基础。

根据现场物资供应链管理环节,业主制定的相关制度应涵盖物资的需求计划、调拨、领用、中转运输、验收、接卸、仓储、核销、结算和考核等,并明确相关工作的操作流程和各方责任,对相关票据、统计表等确定统一的格式,从而为具体管理工作的开展创造条件。在供应链运作过程中,业主还应根据情况变化对相关制度进行必要的补充和完善,确保制度满足管理需求。

需要注意的是,业主制定的制度中有关承包商的内容必须基于双方签订的施工合同,制度条款不能脱离施工合同条款,更不能与施工合同条款相矛盾,否则制度的执行便缺乏依据,容易导致业主与承包商之间的分歧和争议。

9.3.2 调拨与领用

对于业主统一供应的物资,业主必须对供应过程从全局到细节进行全方位把控,因此每个承包商、每个项目的日常物资供应量均由业主控制,一般通过承包商提出调拨申请、业主审批、承包商领用的流程来实现。除此之外,承包商在领用物资之前,必须在业主处完成开户手续的办理,以便于业主后续供应管理。

9.3.2.1 调拨与领用管理的主要内容

1. 开户

为了确保现场物资供应各环节的规范管理,承包商首先要在业主处办理规范的开户手续,这是后续业主向该承包商供应物资的前提。

2. 调拨

承包商将日常物资需求信息(调拨申请)提交业主,业主对其进行审批,将信息通知相关单位(如供应商、中转储备系统运行单位、承运商等),并反馈给承包商。

除此以外,在某些情况下(详见9.3.4 现场仓储管理)还需把一个项目的物资转移到另外一个项目,即进行物资场内调拨。

3. 领用

这里所说的领用是对承包商而言的,若业主向承包商的交货地点是工地现场,领用这一环节就不存在了。若业主向承包商的交货地点不在工地现场,则承包商需要派人在交货地点办理领用手续。

9.3.2.2 调拨与领用管理的业务模型

调拨与领用管理的业务模型见图9-4。

对业务模型中的部分环节工作说明如下。

1. 提交物资领用开户申请

由于业主与承包商之间的工程款结算是以施工承包合同为单位进行的,考虑到同一承包商可能承担多个工程项目施工,因此物资领用开户一般也以具有独立合同编号的工程项目(施工承包合同)为单位进行办理。

开户申请除应包含合同名称、承包商单位名称、合同内业主统一供应物资的相关信息(品种、规格型号及预估需求总量等)、承包商物资部门管理人员名单及联系电话等基础资料(见表9-5),还应包含承包商负责办理领用手续人员(若交货地点为现场,则此处为办理交接手续人员)的授权委托书(见图9-5),委托书上应包含委托内容、被委托人员的姓名和身份证号等基本信息,作为物资领用或交接手续办理的凭证,该授权委托书可根据后续承包商的人员安排变化进行必要的增加或更新。

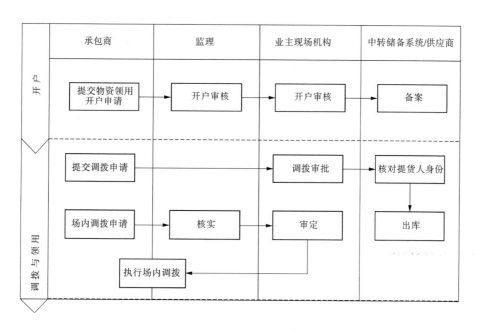

图 9-4　调拨与领用管理业务模型

表 9-5　水电站工程合同物资供应开户登记样表

开户登记时间：　　　年　　月　　日

工程项目名称				
合同编号			合同金额(万元)	
承包商全称				
合同签订日期		开工时间		合同工期
业主项目主管部门			电话	
项目监理单位			电话	
承包商项目负责人			电话	
承包商物资部门负责人			电话	
业主供应物资名称				
业主供应物资预算数量(t)				

承包商授权领料人员名单

姓名：　　　性别：　　　身份证：　　　本人签名：

姓名：　　　性别：　　　身份证：　　　本人签名：

承包商物资部门负责人签名：

承包商单位公章：

业主物资部门审核意见：

经办人：

部门公章：

说明：1. 此表须据实规范填写，经业主物资部门审核同意后方可按计划领取材料。

　　　2. 必须要有授权领料人员的亲笔签名，以做对照件。

　　　3. 本表一式四份，承包商、监理各一份，业主留存二份。

授权委托书

致：_____

　　兹委托_____（被委托人姓名、职务）_____（居民身份证编号：_____）为我单位的委托代理人，代表我单位就中标承建的_____水电站_____工程（合同编号：_____）所需的_____等业主供应物资办理提货开票等相关手续，其签名真迹如本授权委托书末尾所示，特此证明。

　　本授权委托书有效时间：____年__月__日…____年__月__日
　　委托代理人无转委托权。
　　特此委托。

┌─────────────────────────────────────┐
│   │
│   委托代表人居民身份证复印件   │
│   │
│   │
│   │
│   │
└─────────────────────────────────────┘

　　授权委托单位：_____（名称）_____
　　　　　　　　　　（盖单位章）

　　法定代表人：_____（姓名）_____
　　　　　　　　　（签名）

　　委托代理人：　（签名）

年　　　月　　　日

图9-5　物资提货授权委托书样例

2.提交调拨申请

　　大型水电工程的物资需求量大，物资运输几乎每天都要安排，因此承包商的日常物资调拨经常以天为单位进行申请，当日申请当日需求量或当日申请次日需求量，这也有利于业主对于物资供应情况及库存变化的实时把控。

　　承包商在提交日常调拨申请时要包含施工合同信息（如合同编号、承包商名称、合同名称等）、申请调拨物资的相关信息（如品种、规格型号、品牌、数量等）以及日期等。

3. 场内调拨申请

场内调拨申请的原因一般有两种:一种是承包商自身发生库存物资积压需要转移到其他工程项目使用;另一种是承包商自身库存充足,其他承包商急需且通过正常供应渠道无法及时满足,从而业主协调进行项目间的物资转移。不管哪种原因,都需要场内调拨的需求方(物资积压或物资短缺的承包商)提出场内调拨申请,相关费用(运费和装卸费)原则上由提出申请的承包商承担。

9.3.2.3 调拨与领用的具体实施

调拨环节在现场物资供应管理中非常重要,合理的物资调拨能促使供应链高效运转,能让有限的物资最大限度地发挥作用,不合理的物资调拨会让供应链运转异常,导致更多的物资积压和物资短缺情况出现,因此业主必须重点控制调拨审批环节。

1. 日常调拨审批

日常调拨审批通常以满足现场施工需求为首要目标,以保持现场、中转地及供应厂商内库存在合理水平为原则,以现场物资供应规划为依据,综合考虑工程项目优先级、供应商的发货及在途信息、承运商车辆配置等因素,对调拨审批量进行科学决策。

2. 场内物资调拨的核实与审批

对于承包商提出的场内物资调拨申请,业主应结合工程施工情况对可行性和必要性进行核实,以不影响其他项目施工、不影响供应链整体运作、总体有利于工程为原则进行审批决策。

除此以外,业主还应对照月度需求计划跟踪每个工程项目当月物资领用情况,对于与计划偏离较大的,要及时查明原因,以便对计划进行及时修订,并确保调拨审批的合理性。

9.3.3 现场接货与验收

不管是供应商、承包商还是业主,都不会自己配备专业的公路运输队伍,公路运输一般都是通过委托第三方负责实施。因此,无论承包商是否负责全部或部分物资运输工作,物资运抵现场之后的接货和验收工作都是非常重要的。

9.3.3.1 现场接货与验收的主要内容

不管承运单位是谁,物资运输到现场后,承包商都需负责接货和验收。这里说的验收主要指数量验收和匹配性检验,即核对到货数量与领用数量是否一致,到货物资品种、规格型号、品牌等与计划是否匹配。质量验收见第六部分质量管理相关章节。

9.3.3.2 现场接货与验收的具体实施

此前已经分析过,负责公路运输至现场的运输队伍通常都是独立的单位,业主、供应商和承包商都无法对其进行直接管理,因此必须将现场接货验收这一环节作为工作重点,促使承运单位加强自身管理,尽量避免物资流失的现场出现。另外,不同品牌、不同品种和规格型号的散装物料不能在同一储料罐中混装,现场接卸时必须采取措施确保卸货的正确性。相关措施包括以下几种。

1. 监理单位参与验收

除承包商作为现场物资验收的责任主体外,监理单位也应参与到该项工作中,与承包商共同进行物资数量清点核实以及匹配性检验,并在相关票据(如提货单或出库单)上签字确认。监理单位参与现场物资接货时的数量验收,一方面可以辅助进行物资数量清点和匹配性核对工作,另一方面也能对承包商自身的接货验收工作起到监督和督促的作用。

2. 保持清点工作精细度

对于袋装水泥、螺纹钢筋等理论计重的物资,现场接货时的数量清点工作比较烦琐。钢筋的单价较高,必须按根清点;袋装水泥由于堆放,很难在车上按袋清点,只能要求装车时摆放整齐,按照堆放的长、宽、高每个方向的数量计算,但这也给运输人员留下了可钻的空子,如在堆放水泥的内部通过木头等架空一部分空间,空间周围用水泥围满,这样从外面看是看不出来的,实际的水泥量比计算出的要少,而卸货工人通常也不会在意这些。因此,对袋装水泥堆放是否规范的抽查是非常必要的。

3. 散装物料卸货细节的现场确认

散装物料的卸货必须准确无误,否则会造成巨大损失,因此有必要在现场接卸环节采取必要的措施,如可以通过承包商现场接货人员在随车单据上填写并签字确认的方式,对卸货储料罐的位置、罐号等进行明确,并对物资品种和规格型号、品牌等进行核对并确认。雅砻江流域各水电站建设期间采取这一措施后,未发生一起散装物料卸货错误的情况。

4. 注意检查空车

装卸工人在卸货时不一定非常负责地检查是否卸完,而采用空压机和管路卸车的散装物料也可能由于设备动力不足或物资含水量较高导致卸不干净,因此对完成卸货的空车进行检查,核对卸货是否达到要求便十分必要。

5. 与其他环节的配合

通过与供应链其他环节的配合,可以对运输过程进行间接的监督,如运输车辆在装货完成后,开票人员在随车票据上(提货单或出库单)填写时间,运至现场后接货人员可根据路程及时间判断运输用时是否在正常范围内,若超出正常范围,则运输车辆有可能在途中做手脚,需进一步核实其运输用时过长的原因。

9.3.4　现场仓储管理

物资现场仓储管理虽由承包商负责,但现场库存数据对业主物资管理相关决策非常重要,因此业主需对承包商的仓储管理进行必要的监管,督促承包商各管理环节(仓储条件、入库、标示、台账、出库)规范操作,及时、准确提供库存数据,并及时发现积压物资,以便妥善处理。

9.3.4.1　现场仓储管理的主要内容

现场仓储管理的主要内容包括库存信息的统计和发布、仓库内业管理的规范和完善、积压物资的处理等。

9.3.4.2　现场仓储管理的业务模型

现场仓储管理的业务模型见图9-6。

对业务模型中的部分环节工作说明如下。

1. 盘点库存并上报

库存盘点一般分为两类,一类是针对袋装水泥、钢筋等能够统计准确库存量的物资,盘点其实际库存量与理论库存量之间是否存在差异;另一类是针对散装水泥、散装粉煤灰等无法统计准确库存量的物资,盘点其实际库存量的大概数据。

库存盘点除统计数量外,还应对库存物资的出厂日期及保质期进行分析,对于临近过期

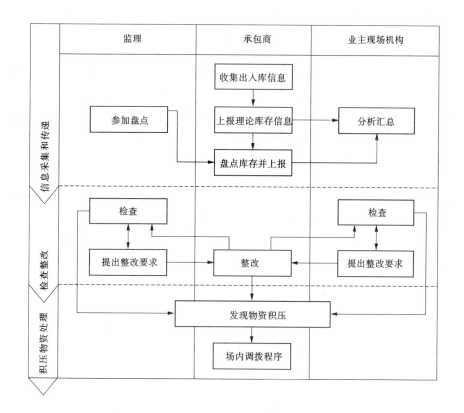

图 9-6　现场仓储管理业务模型

的物资要安排优先出库。

2. 检查

检查即针对承包商现场仓储管理开展的细节检查,具体包括物资入库手续、出库手续、进销存台账、仓储设施状况、物资堆放情况、防护措施、标示标牌等。

3. 发现物资积压

有两种情况的物资积压需要通过场内调拨进行处理,一种是存放的物资在保质期内无法在本项目消耗完,另一种是因计划编制不准确或工程出现变更导致库存的部分物资在本项目后续施工中不再需要。场内调拨程序详见 9.3.2　调拨与领用。

9.3.4.3　现场仓储管理的具体实施

现场仓储管理的实施主体是承包商,为了促进其管理更加规范,业主和监理应对其进行必要的监督检查,重点关注以下几个方面。

1. 散装物料的盘点

由于散装物料存放于储料罐中,其上表面随入罐和出罐反复进行会呈现出不同的形状(锥体或漏斗状),故难以统计准确数量,而随着库存的不断消耗和补充,过程中的损耗量会使理论库存与实际库存偏差越来越大,因此散装物料的定期盘点,对于掌握相对准确的库存量数据是非常必要的。

现场散装物料库存盘点由承包商负责实施,业主应对周期提出一定要求,并要求监理单位参与盘点,以确保盘点工作的落实效果。

2.仓储管理的检查

规范的仓储管理是保证库存物资质量及数量安全的前提,业主和监理单位对承包商现场仓储管理的检查也应把管理制度和执行情况作为重点,不断督促承包商提升仓储管理水平,为供应链运作的相关决策提供准确的数据支撑。

物资堆放的不规范和防护措施不当是造成库存物资损失的重要原因,如袋装水泥未按要求架空堆放或缺少帆布覆盖导致受潮等,在检查时要予以关注。

9.3.5　物资核销

由业主采购的物资,在工程量清单报价中的材料原价通常是固定价,而其在市场的采购价在供应周期内通常是不断波动的,其波动状况通过某一既定模式动态地反映到合同采购单价,由此业主采购物资的合同价与工程材料预算原价即存在不断变动的价差。此价差须摊入工程投资成本,基于工程造价/工程投资控制的要求,需对该价差进行稳妥可靠的管控,因此有必要对业主供应物资合理使用量情况进行必要的评价、确认、反馈、处理等工作,此项工作即物资核销。在具体工作中,根据不同情况物资核销又有一定程度的延伸。

从一定时段的物资供应链管理看,物资核销是物资供应链闭环管理的终端,对物资的计划、交付、仓储、使用等环节都有着重要的反馈作用。因此,在物资供应管理中,从招标文件相关核销流程参数、过程控制、完工核销评价等环节都应予以充分的谋划和持续的落实。

9.3.5.1　物资核销的定义

物资核销是指对业主统供物资运用于工程建设而发生的包括综合损耗在内的合理消耗量进行核定并销账,对超耗量或欠耗量进行经济处理或追溯调整的过程。

9.3.5.2　物资核销的目的

物资核销的目的主要包括以下三项:

(1)发挥物资使用流向的监管作用。通过某一阶段的过程核销超欠耗核销结论,反馈并追溯到使用过程,减少或避免项目间串项使用、私自采购等不正常现象的发生,促使承包商规范使用物资。

(2)防止价差流失,辅助控制工程造价。由于统供物资通常存在市场采购价与工程材料预算原价之间的价差,确定承包商使用的合理量对应的价差由业主承担,非合理量由承包商承担,这种价差分担方式可有效地促进承包商合理使用物资,从而一定程度上节省物资采购量。

(3)辅助监控工程质量。通过对某一时段的物资供应量与工程实体物资消耗计算量进行比对,比如灌浆工程、锚杆工程、喷混凝土工程等,从而辅助验证工程计量的准确性和可控性,避免偷工减料或虚增计量,促使承包商按照技术文件要求足量地使用物资,达到一定程度上辅助控制质量的目的。

9.3.5.3　物资核销的模式

1.按核销时段划分

按核销时段,可分为阶段性核销和完工核销。阶段性核销包括月度核销、季度核销、半年度核销(见表9-6)、年度核销等。结合工程物资管理的具体情况,可选择某种阶段核销与完工核销相结合的模式,通过过程核销控制与完工核销评价共同达到物资管控的目的。

工程名称及合同编号：
承包单位：

表 9-6 ××水电站工程业主统供物资 20××年×半年核销汇总统计表

核销时段：开工～20××年××月
编制单位：×建设管理局机电物资部

c	统供物资名称	规格型号	开工至本期末累计供应量(t)	本期末结存量(t)	开工至本期末累计实耗量(t)	开工至本期末累计已结算项应耗量(t)	本期末累计完工未结算项估算量(t)	截至本期末超欠耗量总量(t)	合同价(元/t)	开工至本期末加权平均供应价(元/t)	开工至本期末累计应补价差(元)	开工至本期末累计应扣取超耗量管理费(元)	备注
甲	乙	丙	A	B	$C=A-B$	D	E	$F=C-D-E$	G	H	$I=D*(H-G)$	$J=H*F*0.025$	
一	水泥												
1	水泥	P.O42.5											
2	…	…											
	合计												
二	…	…											
	合计												
三													
	总计												

说明
1. "结算项应耗量"指依据计量支付工程项目进行计算的物资应耗量，"完工未结算工程项目应耗量"指依据已完工未结算工程项目计算的物资应耗量。
2. 业主加权平均供应价的计算方式，按每种规格在核销时段内的供应量及扣款价进行加权平均计算。
3. 核销报表经业主审定后，仅对结算项应补差，未结算项应在后续核销中经结算后再补差。

部门负责人：　　　　复核：　　　　制表：

2. 按物资扣款模式划分

按对承包商供应物资扣款模式,可分为按工程材料预算原价扣款与按业主当期采购价扣款。前者是通过核销对超耗量扣取价差的模式,后者是通过核销对核销量补价差的模式。

3. 按核销单耗计取方式划分

物资单耗标准的确定有多种方式,包括投标单耗、国家定额单耗、实际施工单耗、理论耗量加计固定比例综合损耗而计算的单耗等。不同的单耗计取方式,对应不同的核销统计模式。雅砻江公司采用的是第四种模式。

4. 按计量支付进度划分

工程计量支付通常按月度方式进行。当月完工工程通过计量从而进行工程价款支付,是一般性方式。同时也有较多的情况是,由于质量评定周期、计量资料申报滞后、工程变更、单价批复延后等因素影响,计量支付出现延后,甚至延后较多的情况。对于当月能及时计量支付的情况,供应量与当月结算量有较好的对应关系,就可采取比较单一的月度或季度核销模式。而对于延后计量支付的情况,就不能采取月度或季度核销模式,原因在于:作为当期结算量,它包含可能不断向后滚动的往期完工结算,却不包含本期已完工未结算量,因此当期结算量与当期供应量就不能有一致的对应关系。于是通常就采用"覆盖式"核销,即每一阶段核销的供应量、应耗量等统计都是从开工统计至核销时段末,而应耗量包含了完工结算量及完工未结算量。

5. 按项目计价方式划分

按项目计价划分,可分为总价项目与单价项目。对应的核销方式即可分为总价项目核销与单价项目核销。总价项目核销,通常是按照合同约定核定一个预控总量,超出预控总量的领用物资要承担一定比例的费用。单价项目核销,是通常的核销方式,是依据约定单耗计算应耗量,与供应量进行比对,合理应耗量由业主承担价差,非合理应耗量由承包商承担价差并可能承担一定比例的处罚费用。

9.3.5.4　关于核销分析及反馈

结合供应、现场库存情况,以及工程施工实际情况,确定超耗或欠耗形成的原因,并进行追溯闭合处理。具体超欠耗原因可能包括,欠耗部分是否有擅自自购、不同规格材料相互替代使用、不同单项工程间串项使用、预结算、工程量统计偏大、降低质量标准、工艺水平提高等,超耗部分是否有损失浪费、挪用串项、物资外流、为下期工程备料、基建统计或结算滞后等。闭合处理方式包括:对于串项情况,要据实进行调账处理并予以督促纠正;对于物资浪费流失情况,要进行数量确认并单独纳入不可调整的超耗范围;对于自购情况,在补充相关资料后据实确定是否核销补差;对于预结算,要后续跟踪进行确认;对于统计偏差,在督促更正后再行确定核销结论;对于工程计量偏差情况,由业主现场机构工程部进行复核处理。

9.3.6　结算与扣款

业主将物资供应给承包商后,需定期与承包商进行物资货款的结算,考虑到业主需定期向承包商支付工程款,因此物资货款的结算一般采取从工程款中扣除的方式进行。

9.3.6.1　结算与扣款的主要内容

业主与承包商之间的物资货款结算主要包括对账和扣款两个内容。此外,对于业主来说,还要进行票据的整理以及相关统计工作,以满足管理需要。

9.3.6.2 结算与扣款的具体实施

为了确保结算和扣款及时准确,应注意以下工作的开展:

(1)由于交货地点可能存在差异,不同物资直接参与交接的双方也可能不同,业主、供应商、承运商都有可能与承包商进行第一层次的对账,这是业主与承包商进行货款结算的基础,相关单位均应注意供应过程中相关票据的整理和数据统计,以提高对账的效率。除平时的定期对账外,在施工合同结束后,业主还应和承包商进行完工对账,共同确认合同期间供应物资的种类、数量及金额,用于工程完工结算。

(2)在业主内部,机电物资部是物资供应的归口管理部门,也是与承包商进行物资货款对账及发布扣款通知的部门,财务部则负责扣款的最终执行,因此两个部门之间也应定期进行物资扣款对账,确保过程中的扣款准确无误。

9.3.7 评价与考核

为了让承包商更好地融入到业主构建的物资供应链管理体系中,业主必须采取定期评价与考核的方式引导承包商在物资管理上做必要的改变、调整以及提升,这不仅有利于业主对供应链运行的总体把控,使供应链更加高效稳定地运行,也有利于承包商自身在物资管理方面的体系完善和水平提升,从而达到双赢的目的。

9.3.7.1 评价与考核的主要内容

评价与考核的主要内容包括整理检查情况、统计数据、对承包商进行评价及发布考核结果等。

9.3.7.2 评价与考核的业务模型

评价与考核的业务模型见图9-7。

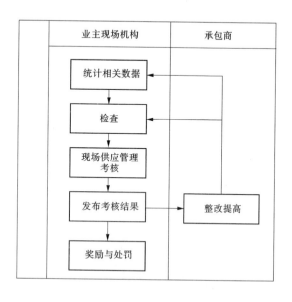

图9-7 承包商评价与考核业务模型

对业务模型中的部分环节工作说明如下。

1. 统计相关数据

对承包商有些工作的评价要以数据为基础,比如计划完成率等,这些方面的评价可直接设定公式,根据统计数据直接打分。

2. 奖励与处罚

对承包商的考核奖励,额度并不重要,但必须有奖状或奖牌等类似的东西,因为单位不同于个人,对荣誉要更加重视,因此排名对承包商来说是很重要的,在考核结果中必须要体现。处罚应以合同条款为基础,特别是对某些严重的行为,如倒卖、浪费等,必须严格执行处罚措施。

9.3.7.3 评价与考核的具体实施

对承包商进行评价与考核的目的不在奖罚,而在于传递管理理念,使承包商融入业主供应链管理体系中,从而促进供应链整体运作。因此,在考核过程中需注意以下问题:

(1)考核要与日常检查和承包商的整改提高有机结合,通过检查发现问题,通过考核向承包商强调问题,通过承包商的整改提高解决问题,从而达到良性循环,使现场物资管理不断完善。

(2)在工程建设的不同阶段,对承包商考核的侧重点也会有所区别,考核制度要分阶段进行调整,比如在工程建设前期,承包商对物资需求计划不够重视,在考核制度中就应适当提高计划完成率的分值比例,在主体承包商进场一段时间之后,可通过考核制度中相关要求的细化引导承包商进一步增强物资管理的精细化程度等。

第 10 章　工程物资采购计划与供应商管理

10.1　概　述

工程项目物资采购计划是根据"第9章　工程物资需求计划与承包商管理"而对具体采购活动实施的安排。它在项目成本和采购风险两个因素的约束下,结合由采购组合所划分的不同工程项目物资类型和不同供应商管理战略,制定相应的采购策略和供应商管理策略,这些过程形成一个整体,组成了工程项目采购计划和供应商管理的主要内容。工程物资采购计划对应工程物资供应链运作业务模型第三、四层中业主流程定义的物资采购计划相应内容。本章首先对工程物资采购计划管理相关概念内容进行说明,讨论工程物资采购计划的业务模型,对工程物资采购量决策相关内容进行分析研究;然后对供应商管理相关内容进行说明。

10.2　工程物资采购计划管理

采购是公司或者业主从供应商处获取原材料、零件、产品、服务或其他资源来进行运作的过程,有效的采购过程能够从不同方面提高公司的利润和供应链盈余,故需要用科学合理的采购管理方法来进行采购。而采购计划管理是物资采购管理的首要内容,采购计划是实施物资采购的依据和基础。计划管理的目的在于确定物资采购的品种、规格、数量、质量、价格、订货时间和供应商,着重解决采购中的 5W2H 问题,即采购根据(Why)、采购什么(What)、采购多少(How Many)、何时采购(When)、谁去采购(Who)、向谁采购(Where)和如何采购(How)。

在水电开发工程建设中,物资成本所占比重较大,且物资品种繁多、性质各异,再加上水电工程项目本身的物资需求量大、建设高峰期重叠和物流环境差的特点,这些都给水电工程项目物资的采购管理工作带来了难度。因此,水电工程开发业主对业主统供物资采购计划管理策略的研究不仅能提高开发工程资源利用效率,保证开发工程建设质量,还能有效地控制项目总成本。

10.2.1　工程物资采购计划

工程物资采购计划是从时间、数量和品质三个维度对物资采买、定制和交付等一系列活动的合理安排过程。按计划时间的长短,计划有不同的作用:计划时间越长,越强调计划的战略意义,相反,计划时间越短,越强调计划的实用性。计划的意义在于,一方面它能够保证项目任务朝着既定的项目目标前进;另一方面,它能够保证每一次采购活动按时按量完成。

作为工程项目建设的基础活动之一,计划工作是和工程项目进度这条主线紧密结合在一起的。多年来,工程界的专家和理论界的学者对工程项目进度问题已经进行了充分的研究,开发出了如甘特图（Gantt Chart）法、网络图法、关键路径法（CPM）、计划评审技术（PERT）等一系列用于项目进度计划的方法和模型,还利用诸如 Microsoft Project、P3 等一些软件工具进行项目计划的辅助制订工作。

在以往的采购实践中,往往由项目采购部(或业主采购部)根据部门历史或预测数据,从部门自身出发为项目编制采购计划。这种计划明显带有局限性:一方面,容易造成采购计划与实际需求计划相脱节,采购过程缺乏主动性,相应的采购计划很难适应施工现场需求的变化;另一方面,由于缺乏与供应商之间的合作,缺乏采购柔性和对需求的快速响应能力。

在雅砻江水电开发公司工程项目实际建设过程中,采购计划是以工程项目需求为中心,对项目所需资源进行配置和协调的过程。采购活动需要面向动态的项目开发过程,通过合理安排现场安全库存和采购提前期,提高计划的柔性,满足项目的生产需求。另外,由于工程项目建设涉及的物资品种多样,物资的成本、形态、用途以及采购的风险等差异很大,因此需要对于不同的物资制订不同的采购计划策略,以减少采购的风险。

另外,采购计划的制订要依据一定的决策信息,即基础数据。站在工程供应链的角度,采购计划的制订是供应链活动中的一部分,需求不仅来自项目采购部门的历史数据和预测数据,还要及时结合工程现场建设生产的物资需求信息;资源信息不仅来自项目承包商内部,还要考虑到来自合作伙伴供应商以及外部市场信息的影响。信息来源的广泛性决定了业主采购计划制订的复杂性,也对实现跨业务、跨组织、跨部门的工程项目信息共享与有效沟通提出了要求。

10.2.2　工程物资采购计划业务模型

采购活动是一项影响整体项目建设的战略性职能,受到项目内部和外部环境的影响。工程物资采购计划业务模型是根据工程物资供应链运作业务模型第三、第四层中业主流程定义对 P2:物资采购计划流程为指导,通过明确需求和统计物资资源,在需求和资源之间达到平衡,得到实际的物资采购计划,如图10-1所示。

10.2.2.1　采购需求汇总

采购需求的确定是制订采购计划的基础和前提,采购部门需及时收集各建设项目月度物资需求计划和滚动计划、月度物资需求调整计划,进行汇总,进入下一流程。

10.2.2.2　建设状况与建设目标相关信息收集与分析

对流域各在建项目统筹考虑;充分考虑各类供应风险,以确保流域各在建项目物资供应为首要目标;在保障供应的前提下,优先考虑价格较低的供应商分配采购计划;参照供应商考核结果,

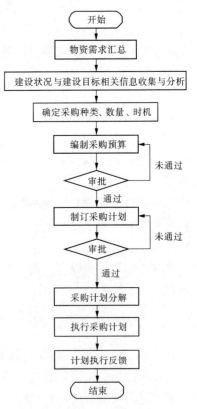

图 10-1　工程物资采购计划业务模型流程图

适当调整采购计划分配,促使供应商激励机制发挥作用;与供应商进行沟通协调,确定其供货能力等相关信息,进行外部风险评估。

10.2.2.3 确定采购种类、数量、时机等

可以分为采购时机的选择及采购方案的确定两部分。采购时机选择包括对市场环境的分析(包括资源需求及供应形势、市场价格走势),工程物资需求,信息价格情况及相关分析,对合同执行期的模拟及分析等;采购方案的选择包括采购时段分析,工程进展分析(主体还是前期等),采购物资品种分析(是关键物资还是一般物资)等。

10.2.2.4 编制采购预算

采购预算是一种以货币和数量表示的采购计划,是采购部门为配合年度、月度及滚动的需求计划,对需求的工程物资的数量及成本做翔实的估计,以利于整个工程建设成本控制目标的达成。预算编制的方法有概率预算、零基预算、弹性预算和滚动预算等。通过对编制出的采购预算进行审批,进入制订采购计划流程。

10.2.2.5 制订采购计划

采购部门根据汇总按照上述流程并根据需求计划汇总结果编制采购计划,其中应包括采购物资种类、采购数量、采购金额、采购方式、采购时间等内容,再由采购部门与财务部共同对采购预算与采购计划进行试算平衡。通过对制订出的采购计划进行审批,进入采购计划分解流程。

10.2.2.6 采购计划分解

结合供应商选择与评价的相关原则和结果,以最小化采购成本与最大化采购价值为目标,建立采购量分配模型,考虑诸如供应保障、供应能力等约束,设计合适的求解方法,进行采购计划分解,从而将采购计划分配到具体供应商的供应合同(见表10-1)。

表10-1　××水电站2012年4~6月滚动采购计划样表

供应商:××

(单位:t)

物资种类	品种规格	采购计划量			交货地点	合同编号
		2012-04	2012-05	2012-06		
普通硅酸盐水泥	P.O42.5(袋装)	2 000	2 500	1 500	漫水湾	××
普通硅酸盐水泥	P.O42.5(散装)	4 000	3 500	3 500	漫水湾	××
合计		6 000	6 000	5 000		

注:后两个月的滚动采购计划数量仅供参考。

10.2.2.7 执行采购计划

对采购计划及采购计划分解的结果应严格执行,相关部门应对执行计划的过程进行监督。

10.2.2.8 计划执行反馈

对采购计划执行的结果,包括采购计划完成情况、供应商供货情况、采购预算控制情况及施工现场需求满足情况,进行记录存档,为下一次采购计划的制订提供依据。

10.2.3　工程物资采购量分配决策

10.2.3.1　工程物资采购量分配问题

在水电开发工程建设中,对任何一种业主统供物资,由于物资的需求量大、技术条件要求高、物流条件差等特点,单一供应商并不能满足工程建设对物资的所有需求,而是同时有多个供应商进行供应,这时就需要考虑确定主供应商与辅供应商,并且对多个供应商之间采购量分配做出决策。

传统的分销模式,物资采购以优化成本为目标,事实上,实际采购工程物资时,也面临着其他限制。因此,我们就需要在决策过程中,对采购量分配的目标与限制条件进行分析研究。

10.2.3.2　工程物资采购量分配决策方法

实际工程开发建设中,对采购量分配决策来说,采购成本的多少是评判决策策略是否优良的重要条件之一,采购过程的性价比是在进行采购量分配的过程中必须要考虑的问题,所以必须首先要明确采购过程中的结构成本如何。在工程供应链中,采购过程中所涉及的成本与供应模式、地理条件位置、计价方式等有关。这里我们进行决策时,只对两种在工程中占用比例最大的采购成本——物资成本与仓储成本来源进行分析。物资成本指的是物资的采购费用,与采购报价及采购量有关,而仓储成本指的是存储备用物资所产生的费用,与库存量、库存成本系数及物资平均采购单价均有关。

在明确了采购成本结构之后,从雅砻江流域水电开发公司工程物资供应链运行实践出发,以最小化采购成本与最大化采购价值为目标,建立采购量分配决策结构化模型,考虑诸如供应保障、供应能力等约束,结合雅砻江水电开发公司实例数据验证方法的有效性。

10.2.3.3　工程物资采购量分配决策模型

以上述分析为基础,建立结构化模型如图 10-2 所示。

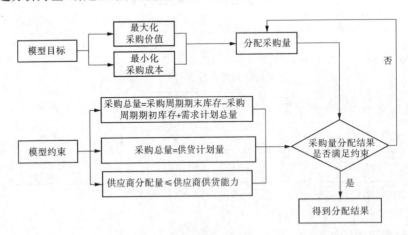

图 10-2　工程物资采购量分配决策模型

模型中最大化采购价值的目标,其中采购价值定义为供应商评分与所分配采购量的乘积,定义该目标可以将供应商评价与采购量分配模型相结合,避免出现将大部分采购量分配给报价最低但评分较低供应商。

10.3　供应商管理

做好供应商管理在大型水电工程物资供应链中具有十分重要的意义,是有效控制物资供应风险的重要环节。供应商管理主要包括供应商关系管理、生产管理、运输管理、结算与支付管理等。

10.3.1　供应商关系管理

供应商关系管理是供应商管理中一个很重要的内容,在实现准时化采购方面起着重要作用。它是建立在对供应商以及与供应相关信息完整有效的管理与运用的基础上,对供应商的现状、历史,提供的产品或服务,沟通、信息交流、合同、资金、合作关系、合作项目以及相关的业务决策等进行全面的管理与支持。

10.3.1.1　**供应商关系管理目标**

供应商关系管理旨在通过与供应商建立某种合适的管理关系,为工程建设寻求与培育一批质量可靠、保障能力强、成本相对低廉的优质供应资源,确保工程建设顺利进行。

10.3.1.2　**供应商关系管理模式**

从供应商与买方关系的特征来看,供应商与买方存在着两种典型的关系管理模式:传统的竞争关系和合作性关系(也称双赢关系)。两种关系模式的管理策略有所不同。

(1)传统的竞争关系以价格为驱动,其管理策略表现为:①买方同时向若干供应商购货,通过供应商之间的竞争获得价格好处,同时保证供应的连续性;②买方通过在供应商之间分配采购数量对供应加以控制;③买方与供应商保持的是一种短期合同关系。

(2)合作性关系强调在供应商和买方之间建立良好的沟通、协调机制以长期信任关系取代短期合同关系,共同应对供应风险同时降低供应链总体运行成本,其管理策略表现为:①买方对供应商给予协助,帮助供应商改进质量、降低成本、应对风险;②通过建立相互信任的关系提高效率,降低供应链运行成本;③长期信任合作取代短期的合同;④充分的信息交流与共享。

供应链管理环境下的客户关系是一种战略性合作关系,提倡双赢机制。雅砻江公司一直以供应链管理理念指导物资供应管理工作,因此在其供应商关系管理过程中,一直以寻求战略合作伙伴为目标,通过建立健全供应商沟通、协调、信任、评价、激励机制,对供应商实行动态分级管理,发展优质供应资源、淘汰劣质供应资源,为雅砻江水电开发培育出质量可靠、供应安全、成本节约的战略合作伙伴。

10.3.1.3　**双赢关系管理**

双赢关系已经成为雅砻江公司供应商关系管理的主要模式,因此下一步工作的重点就是如何与供应商建立双赢关系以及维护和保持双赢关系。

1.信息交流与共享机制

信息交流与共享是双方合作的基础,有效的沟通有助于双方正确理解彼此的实际需求,减少双方投机行为,有利于双方开展长期合作。为加强与供应商的信息沟通,可以从以下几方面着手:

（1）高层经常性互访：良好的合作关系必须得到公司高层的支持，具有公司高层赞同的合作关系，企业之间才能保持良好的沟通，建立起相互信任的关系。雅砻江公司通过开展与供应商高层间经常性互访，有效解决了双方合作过程中重大问题和困难，促使双方建立良好的合作关系。

（2）加强日常沟通：业务层面的沟通是双方合作的基础，只有业务层面沟通顺畅，企业间信息传递才能高效准确，双方才能逐渐产生信任关系。日常供应过程中，雅砻江公司与供应商经常就现场物资需求、生产计划、发货安排等信息进行交流与沟通，保持双方信息的一致性和准确性。

（3）派驻现场代表：供应链运行所有相关信息中，现场需求情况、产品生产与发运是供应商与业主彼此最关心的关键信息，因此双方均有必要及时准确地掌握其真实情况。雅砻江公司与供应商通过互派现场代表的方式，保证了关键信息的准确传递。

（4）建立信息系统：供应链中的合作伙伴是平等、合作的群体，信息技术可以架起各个节点企业相互沟通的桥梁，是能够实现协同运作的关键手段之一，信息共享可以有效地提高群体的运转效能，而且也有助于增进双方的信任和理解。为实现供应链信息化管理，雅砻江公司专门开发了物资管理信息系统。在供应链实际运行过程中，通过物资管理信息系统所构建的信息化管理平台，业主和供应商的物流信息能够快速准确地传递，有效地提高物资供应链的运行效率。

2.联合应对机制

在供应链运行过程中，许多问题业主或供应商往往难以单独应对，而需要双方共同协调解决，因此双方有必要建立相应的联合应对机制。在面对重大问题或风险时，雅砻江公司通常与供应商建立联合协调小组，双方有关人员共同协商解决物资供应过程中面临的各种困难，同时通过联合协调进一步促进了双方信任关系的发展。

3.供应商评价激励

要保持长期的双赢关系，对供应商的激励是非常重要的，没有有效的激励机制，就不可能维持良好的供应关系。在激励机制的设计上，要体现公平、一致的原则。给予供应商合理有效的正负激励，使供应商分享成功，同时也使供应商从合作中体会到双赢机制的好处。而要实施供应商的激励机制，就必须对供应商的业绩进行准确评价，使供应商不断改进。没有合理的评价方式，就不可能对供应商的合作效果进行准确评价，将挫伤供应商的合作积极性和稳定性。对供应商的评价要抓住主要指标和问题并及时把结果反馈给供应商，和供应商一起共同探讨问题产生的根源，并采取相应的措施予以改进。

为确保供应商评价激励机制发挥作用，雅砻江公司制定了《业主统一供应的工程物资供应商考核管理办法》（简称"考核办法"）和《工程物资供应商资信管理办法》（简称"资信办法"）。考核办法主要侧重于对供应商日常供应情况考核，根据考核结果采取相应管理措施，为供应链日常管理提供依据，对供应商起短期激励作用；而资信办法主要侧重于对供应商合同执行情况进行阶段性总结，建设供应商资信档案，为后续采购招标和供应商管理策略提供依据，对供应商起长期激励作用。根据考核办法和资信办法，雅砻江公司供应商评价激励机制运行流程见图10-3，考核评分见表10-2。

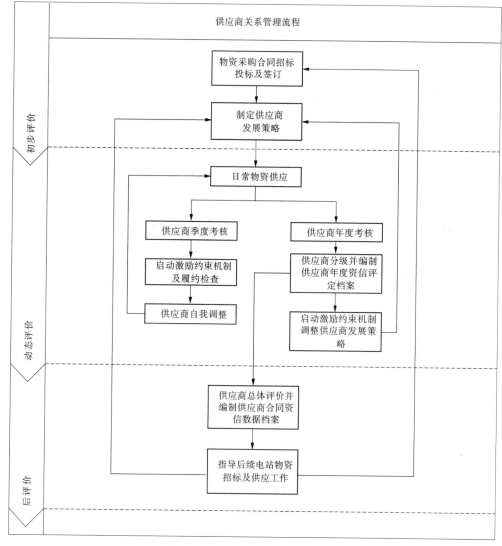

图 10-3　供应商评价激励机制运行流程

表 10-2　供应商考核评分样表

供应商名称：×××

供应合同编号：××××

考核周期：20××年×季度

一、质量管理	25 分各子项扣完为止		
主要考核内容	标准分	实得分	备注
质量管理体系及技术能力	3 分		
供货产品的质量合格情况	8 分		
供货产品的质量均匀性和稳定性	8 分		
供货产品质量证明材料的提供	3 分		
对质量问题或质量争议的处理	3 分		
考核得分			

二、供应管理	55 分各子项分扣完为止		
主要考核内容	标准分	实得分	备注
供货计划完成率	20 分		
交货及时情况	15 分		
仓储能力及仓储保证率	15 分		
应急供应的响应情况	5 分		
考核得分			

三、组织管理	20 分各子项分扣完为止		
主要考核内容	标准分	实得分	备注
相关人员的经验、素质及配合情况	5 分		
售后服务和技术服务情况	5 分		
日常信息传递、沟通和协调情况	5 分		
现有合作状况	3 分		
供应商的后续发展能力	2 分		
考核得分			
考核总得分			

考核单位/部门：×××

（盖章）

20××年××月××日

10.3.2 生产管理

作为物流源头,生产环节管理是供应链管理的重要内容,是物资供应的基础和前提。通过生产环节管理,有效协调和监督落实生产计划,才能确保物资供应满足需求。

10.3.2.1 管理目标

数量:按照业主下达的采购计划,组织生产满足工程需求的货物。

时间:对采购计划快速响应,及时组织生产,具备及时发货的条件。

10.3.2.2 管理手段

为了确保供应商生产计划的合理性和执行力,业主必须参与计划的制订并对执行过程进行监督,除自身参与外,还可委托驻厂监造负责相关工作。

10.3.2.3 管理任务

1. 业主主要管理任务

(1)评估供应商生产计划的合理性,将意见反馈给供应商,并对计划执行情况进行监督。

(2)组织进行到厂巡视检查,全面了解各供应商生产情况,对供应商的生产能力和保障供应能力进行阶段性评估。

（3）通过驻厂监造及时掌握生产相关信息，并对供应商提出必要的要求。

（4）面对重大风险，必要时帮助供应商协调内外部资源，确保物资及时生产。

2. 驻厂监造主要管理任务

驻厂监造主要管理任务包括相关信息的收集与及时传递，加强与供应商之间的信息沟通；检查生产计划安排和实际生产情况，监督供应商执行合同、履行义务的过程；协调处理生产环节出现的问题；参与对供应商的考核和评估。

驻厂监造关于质量方面的管理任务将在第六部分质量管理中详细阐述。

10.3.2.4　重点关注问题

1. 水泥

由于水泥生产需要一定时间周期，业主应重点评估供应商生产计划的合理性，特别是厂内库存容量不大、生产线单一的供应商。对于技术指标有特殊要求需专门生产的物资，业主更要密切关注生产计划的确定和执行过程。

2. 粉煤灰

粉煤灰是发电厂发电所排放的废渣，因此其供应量受制于多种因素，如发电负荷、煤源、锅炉的运行状况、机组检修、分选系统是否正常以及运行条件等。由于粉煤灰业务一般属于电厂的三产范围，管理力度偏弱，在供应过程中可能出现合同执行困难造成供应紧张的严重局面，给工程建设带来非常不利的影响。因而在粉煤灰的生产环节管理中，需要加强与供应商之间的信息沟通，及时了解生产运行情况，并做好应急供应预案。

3. 钢筋

由于钢筋规格众多，钢厂会制订排产计划，且经常调整，业主应掌握供应商拟安排发货的钢厂生产所需规格钢筋的计划生产时间，并密切关注计划执行情况。

10.3.3　运输管理

从生产厂家至供应商交货地点的运输是工程物资供应保障的重要环节，一般包括公路运输和铁路运输（少数水电工程还采用水路运输）。业主须及时了解物资运输实际情况，协调和监督发货计划的实施，对运输过程进行动态监控，确保物资及时运抵交货地点。

10.3.3.1　管理目标

数量：按发货计划，运输满足工程需求的物资至交货地点。

时间：对发货计划快速响应，及时组织发运，保障供应。

10.3.3.2　管理模式

根据运输主体不同，运输管理模式主要有三种：供应商承担运输任务、供应商与专业运输单位进行协作和业主直接委托专业运输单位承担运输任务。

（1）供应商承担运输任务：由供应商承担运输任务，业主加强监控和协调。这种管理模式由供应商全面负责工程物资的发货和运输，合同关系简单，责权明晰，但对于供应商的运输能力和应急保障能力有很高的要求。而在铁路运输方面，供应商无论是运输能力还是协调能力均不存在优势，特别是散装物料供应商一般没有自有罐车或者数量极为有限，当供应商的协调运输能力难以满足工程需求，或运输环节出现异常时，物资供应保障便面临很大的风险，需要业主参与进行大量的协调工作。

（2）供应商与专业运输单位进行协作：由供应商与专业运输单位进行协作，供应商作为责任方,运输单位作为协助方承担运输任务。这种管理模式责权相对明晰,业主管理方式较简单,同时有利于供应商和运输单位的优势互补,特别是在铁路运输方面。但是,采用这种管理模式需要供应商和运输单位之间相互协作、密切配合,同时业主需要加强对运输过程的监控及与相关单位的沟通,并掌握供应商和运输单位的合作情况。

(3)业主直接委托专业运输单位承担运输任务:由业主直接委托专业运输单位承担运输任务。业主按照"投入设备技术先进、运行可靠;有良好的商业信誉;运力充足、应急能力强;有先进、灵活、可靠的调度指挥系统;运输成本低"五个条件来选择承运单位。为保证物资运输计划的落实,业主可选择铁路部门的运输服务单位(专门针对铁路运输),或者有丰富运输经验和良好业绩的专业运输单位。这种管理模式使物资的采购运输处在业主物资部门的统一组织调度之下,物资运输具有较高的保证度。但这种管理模式合同关系较复杂,业主需要制定相应的管理办法明确各相关方的责任和义务,建立健全顺畅的信息传递渠道和工作流程,同时需要承担大量的协调和沟通任务,对业主的管理能力具有较高的要求。

10.3.3.3 管理任务

雅砻江公司根据自身供应链管理特点,其运输管理主要采用供应商与专业运输单位进行协作的管理模式,业主主要管理任务如下:

(1)以工程建设需求为导向,协助供应商制订合理的发货计划,必要时需要与运输单位进行协调。

(2)掌握和跟踪供应商实际发货及运输情况,评估供应商实际发货是否满足工程建设物资需求,协调供应商采取措施保证供应,同时做好相关供应保障预案制定和启动工作。

(3)掌握物资在途状况,加强与工程承包商的信息沟通,及时有效地通报到货情况,既保证到货物资的迅速发出,又要保证适当的库存以应对突发事件。

(4)与铁路系统建立日常性的沟通和联系,协助供应商及时协调铁路系统解决车皮计划、装车发运、运输调度、到货接卸、车皮反恐等方面的问题,协调配合铁路系统相关部门制定和落实月度铁路运输组织方案,确保运输各环节的顺畅。

10.3.3.4 重点关注问题

1. 异常情况下的发货计划管理

一般来说,业主将月度采购计划下达给供应商后,供应商只需要按采购计划数量均摊到每一天作为发货计划,均衡发运物资即可。但遇到突发事件或计划变更时,业主便需要同供应商保持紧密联系,对发货计划进行及时调整,保证发运的物资既能满足施工需求,又不会造成物资积压。

2. 运输环节异常情况下的应急管理

基于节约工程成本的考虑,工程需用的物资有相当一部分通过铁路进行运输。目前,我国铁路运输体制决定了运输过程也容易出现异常,其突出表现为部分线路运输季节性紧张、管内限制运输、部分站点卸货能力有限及铁路运输异常事故中断等情况,须针对性地制定应急预案。

3. 水泥、粉煤灰的运输管理

由于水泥、粉煤灰两项材料的需求量巨大,使用时间长、强度高,供应的厂家多,物流形式多样,并且中转站和施工现场的储备能力相对有限,因此组织供应难度大,运输管理的困难尤其突出。一般来说,业主最关心的是供应商(承运商)能够履行其交货承诺(按计划交货),并且能够提供保证货物安全的运输服务。另外,如果业主在运输领域缺乏相应的专业人员,而供应商具备有经验的运输部门或丰富的运输经验,那么对于业主来说,由供应商来对承运商和运输路线作出选择将是十分明智的。同样,在缺乏运输设备(铁路车皮)时,供应商可能对于本地的情况以及如何安排能得到最好的结果具备更多的信息。并且如果所装运的货物(如粉煤灰)具有特殊的运输要求,需要特殊的货车车厢,供应商可能更清楚采用什么工具以及保证适当运输所必需的手续。业主需在此项工作中与供应商紧密协作和配合。

10.3.4　结算与支付

结算与支付是业主根据合同约定在供应商完成相应供应任务后支付给供应商的货物及劳务报酬,是供应商完成供应任务的动力,也是业主应履行的合同义务。

一般来说,采购合同对于结算与支付流程均有详细规定,但由于完成结算与支付流程需要一定时间,因此在合同中一般只规定结算与支付的截止时间。由于资金具有时间价值,对于供应商来说越早收到结算款,资金的时间价值越大,反之则越小。综上所述,业主可以充分利用结算与支付流程中所存在的弹性时间,订制相应的激励机制,促使其向业主所希望的方向发展。

雅砻江公司根据上述原理,在供应商评价体系中设立了结算与支付激励机制,具体如下:

(1)对于优秀供应商,加快其结算与支付进度,提前支付结算款。

(2)对于一般供应商,按合同规定开展结算与支付工作,只需在规定支付的截止时间前完成结算款支付。

(3)对于违约的供应商,根据合同相关违约条款的规定,业主有权暂扣其结算款。

第11章 工程物资中转运输与中转储备系统运行管理

11.1 概 述

当前国内大中型水电工程项目多建于山川河流峡谷地段,位置偏僻、交通不便、周边物资资源相对贫瘠,而水电开发通常具有梯级滚动开发,多电站建设高峰期重叠;主要工程物资需求量大,技术指标要求高;工程地理位置偏僻,施工场地狭窄,物流环境差;建设期间资源短缺,缺乏成熟供应商等特点。为了保证工程建设正常进行,保证质量并且按期发电,国内外水电工程物资多采用业主统供物资管理模式。

业主统供物资管理,由业主根据收集的各承包商提出的物资需求计划,选定各工程物资的供应商并制订采购计划;采购的物资经由供应商运输至中转储备系统进行统一管理,并经由业主自主制订的中转运输计划向各承包商进行物资的供应。业主统供物资管理的科学与否直接关系到水电工程开发能否高效运行。然而,中转运输以及中转储备系统的高效运行也直接导致业主统供物资的正常供应。

11.1.1 中转运输与中转储备系统

中转运输,在广义上是指商品销售部门把商品送到某一适销地点,再进行转运、换装或分运的工作,如发货地用地方管辖的船舶发运,路途中换装交通部所管辖的船舶运输;或火车整车到达后再用火车零担转运到目的地,都称为中转运输。在水电开发工程中,中转运输是指业主根据各承包商的物资需求,制订交付计划,利用公路运输的交通方式将物资运送到各承包商的施工现场。其间主要包括中转运输管理以及中转运输调度,目的是保证承包商工程所需物资的供应。

中转储备系统,又称中转仓库,以中转储备物资为主要目的。中转储备系统处于工程物资供应的中间环节,存放那些等待转运的物资,一般物资在此仅作临时停放。中转储备系统大都设置在地理位置便利,距离施工现场近,铁路、公路交通运输方便的地区,其主要职能是严格按照工程物资供应的合理流向,收储、转运工程所需所有物资。这种大中型中转储备系统,工作量繁重,一般都设有铁路专用线,将工程物资的运输和储存紧密结合起来。

11.1.2 中转运输与中转储备系统业务模型与管理体系

中转运输与中转储备系统的运行管理业务流程主要由中转储备系统项目部与业主单位协商共同负责,其组织结构如图11-1所示。

中转储备系统项目部主要负责中转运输与中转储备系统运行管理的工作,一般由业主单位通过招标采购确定的运行单位成立。除此之外,项目部需负责主要大宗物资的催交催运工作及物资、设备到货后的交接验收、仓储管理、信息的收集与发布,以及与其余业务单位

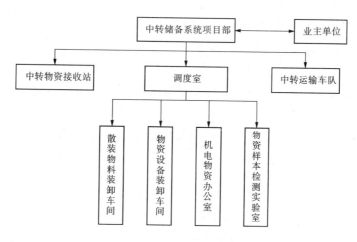

图 11-1　中转储备系统项目结构示意图

的协调工作。

中转物资接收站主要负责到达物资的接收,物资进站组合与顺序的编排。如何能够使中转物资在进入转运站后高效地卸载,是中转物资接收站工作的重点。

调度室主要负责转运计划的制订和安排,日常转运的组织、协调及统一调度。根据物资到货计划,下达车间工作任务,协调各车间之间的工作,合理组织和调配生产人员。负责与中转物资接收站联系与沟通,以及协助中转运输车队的车辆调度工作。

中转运输车队主要负责物资中转运输的资源配置以及调度,保证各物资向承包商的正常供应。中转运输车队可由业主单位自行组建,也可与承运单位签署运输合同,由承运单位负责中转运输的工作。

散装物料装卸车间主要负责到达转运站的散装物料的装卸,散装物料装卸设备的日常检查、维护和保养工作,并且严格按照散装物料装卸流程和操作规程进行装卸作业。

物资设备装卸车间主要负责到达转运站的机电设备、物资材料(除散装物料)的装卸作业,物资设备装卸设备以及起重接卸设备的日常检查、维护和保养工作,严格按照物资设备装卸流程和起重机械设备操作规程,组织和协调各班组顺利完成转运站物资设备装卸任务。

机电物资办公室主要负责做好到货物资和设备实时存量信息的采集工作,并按要求按时向业主传送实时存量信息和提供相关的日、月、年度统计报表,并且按业主关于机电物资信息管理的要求,及时准确做好设备和物资的到货、验收、库存、发货等信息的登录和发布工作。

物资样本检测实验室主要负责到货物资的取样检测,并向机电物资办公室提交到货物资样本的检测结果。

11.2　中转储备系统运行管理

中转储备系统运行管理主要是为了保障中转储备系统的生产安全、管理规范、服务质量以及正常、高效地运行。其主要的工作内容为:负责自收到铁路运输部门(或供货单位)的接货通知起至转运物资从中转储备系统发出为止,此期间所有的交接手续办理和物资验收、接卸、储存和出库等以及与之相关的工作。

中转储备系统运行总体流程见图11-2。

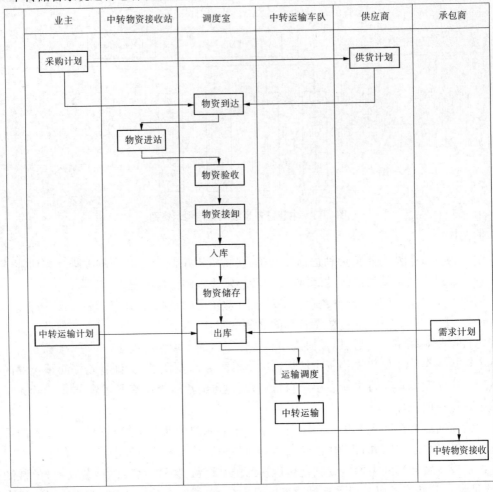

图11-2　中转储备系统运行总体流程

　　业主通过供应商采购决策与多级库存决策制订出采购计划并告知各物资供应商。供应商根据业主制订的采购计划进行物资的生产、供货，并将物资运送至中转储备系统(此处指交货地点为中转储备系统的物资)，运输方式为铁路运输、公路运输和铁路－公路联合运输。物资在到达中转储备系统后首先进入中转物资接收站，接收站工作人员将物资进行不同的组合以及排序，使物资在进入转运站内进行高效的卸载。

　　在中转运输阶段，业主根据承包商的物资需求计划，制订物资交付计划，并通过物资出库决策在相应的储存设备装载物资。中转运输车队根据出库物资的数量配置运输资源，装载中转物资后将其运送至各承包商处。

11.2.1　中转物资进站管理

　　中转物资进站管理的目的是提高中转物资在进入转运站后的卸载效率。中转物资来自不同的供应商，其对应的储存设备在转运站中按一定规律排列。水电开发工程中转物资多通过货车由铁路运送至中转物资接收站，经由铁路专线进入转运站进行卸载。由于铁路专线空间约束的局限性,货车进站的组合以及排列顺序直接影响货车在转运站中的卸载效率。

11.2.1.1 管理内容及要求

(1)收集并整理各物资从供应商处的出库时间,根据供应商与中转储备系统的地理位置估计物资到达时间。

(2)收集并整理各物资储存设备在转运站的分布信息,对到达货车进行编组、对位排序。

(3)制订货车进站计划、通过铁路专线将货车牵引至转运站。

11.2.1.2 中转物资进站流程

中转物资进站流程见图11-3。

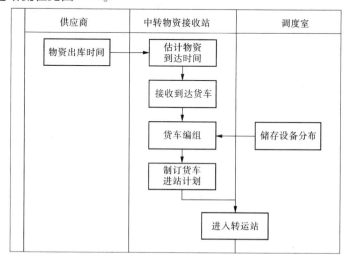

图11-3　中转物资进站流程

11.2.1.3 中转物资进站案例

中转物资接收站收集各物资在供应商的出库时间,预估各物资到达接收站的时间后,将中转物资进站信息填入中转物资进站信息表(见表11-1),并做好接收准备工作。

表11-1　××月××日中转物资进站信息表(样表)

物资种类	供应商	出库时间	预计到达时间	实际到达时间	计划进站时间	货车数量	物资总量
X	A	××/×/×××:××	××/×/×××:××	××/×/×××:××	××/×/×××:××	a	x
Y	B	××/×/×××:××	××/×/×××:××	××/×/×××:××	××/×/×××:××	b	y
Z	C	××/×/×××:××	××/×/×××:××	××/×/×××:××	××/×/×××:××	c	z
⋮	⋮	⋮	⋮	⋮	⋮	⋮	⋮

表 11-1 中,物资 X、Y 为散装物料,储存设备为散装物料储存罐,物资 Z 为钢材,储存设备为堆场。散装物料储存罐与堆场在转运站中处于不同的地理区域,故物资 X 与物资 Y 的货车列为同一编组,物资 Z 列为另一编组。已知物资 X 与物资 Y 储存罐在转运站的分布如图 11-4 所示。

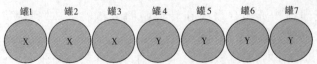

图 11-4 物资 X 与物资 Y 储运罐在转运站的分布

该列编组先进入 3 辆物资 X 的货车、4 辆物资 Y 的货车进行对位卸货,之后再进行相同的对位方案卸货。实际作业过程中,可以考虑空压机能力约束、根据经验选择不同的对位卸货方案。

受铁路空间限制,每个储存罐仅能与一辆货车进行对位卸货。假设物资 X 与物资 Y 的货车分别到达 6 辆与 8 辆,为了提高卸载效率,减少货车等待时间,得出该趟编组的对位方案,如图 11-5 所示。

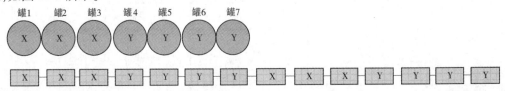

图 11-5 物资 X 与物资 Y 的编组对立方案

中转物资接收站制订出的对位方案,将编组内的货车顺序进行相应调整,并根据转运站内其余编组的卸载情况制定该趟编组的进站时间,等待进站。

11.2.2 中转物资验收管理

中转物资验收管理的目的是规范物资验收程序、杜绝不合格的物资入库,确保中转储备系统入库物资质量保障。

11.2.2.1 管理内容及要求

(1)散装物料验收入库:散装物料取样后,根据到货清单,与供货商办理验收入库手续,填写物资验收单。同一个厂家、同一种规格、同一个批次、同一到货时间为一个验收单。

(2)其他物资验收入库:根据到货清单,与供货商办理验收入库手续,填写物资验收单。

(3)中转物资验收内容:检验物资种类、物资批次、物资规格、物资供应商、物资数量是否与发货清单一致,物资是否有破损等内容。

11.2.2.2 中转物资验收流程

中转物资验收流程见图 11-6。

物资到达中转储备系统后,根据供应商的发货清单填写取样通知单,并通知实验室取样。根据发货清单对到货物资进行清点、验收,以及验收入库手续办理、建账、信息录入、发布等工作。在清点过程中,发现货物出现货损、货差,应及时通知供应商并上报,按流程处理。

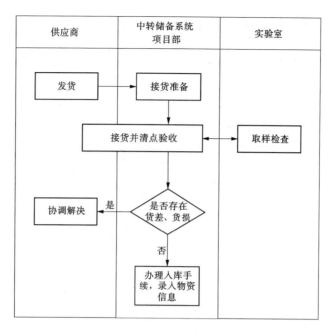

图 11-6　中转物资验收管理

11.2.3　中转物资接卸管理

中转物资接卸管理的目的是将检验合格的物资按照存放标准,安全、高效、保质保量地存放至中转储备系统。

11.2.3.1　管理内容及要求

(1)散装物料根据厂家、品种、规格,按分配好的罐号分别对应卸车。卸车时严格遵循卸车系统操作规程,严禁混卸混装。

(2)机电物资办公室随时掌握不同厂家、不同品种、不同规格的散装物料入罐时间、罐内储存量,防止在卸载过程中出现储存罐容量不足的现象。

(3)其他物资按品种、规格型号分别堆放,不同品种、不同规格的物资按分配好的库、区进行卸车。

11.2.3.2　中转物资接卸管理流程

散装物料接卸管理流程如图 11-7 所示。

其他物资设备接卸管理流程如图 11-8 所示。

11.2.4　中转物资储存管理

中转物资储存管理的目的是合理规划有限的储存设备和区域,充分利用有限的空间储存物资,使各类物资摆放规范,便于装卸及盘点,防止不同品种、不同厂家、不同规格型号物资的混淆与误用,并规范各种物资的储存条件,保证储存物资的质量。

中转物资储存管理是指对仓库(散装物料储存罐、钢材堆场、设备仓库等储存资源)及其库存物品的管理。主要包括以下内容:

(1)制定完善的管理制度,规范和约束相关工作人员的行为,为相关操作确立流程和标准。

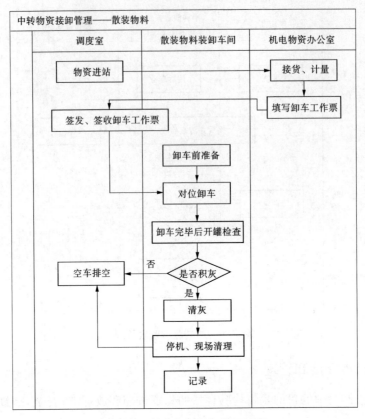

图 11-7　散装物料接卸管理流程

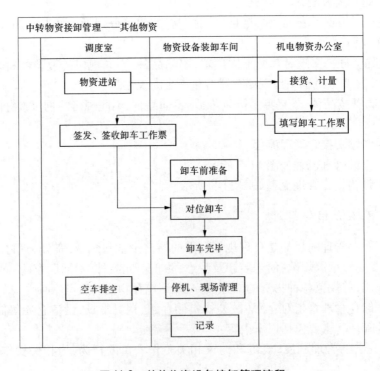

图 11-8　其他物资设备接卸管理流程

（2）对理论库存数据进行计算和统计，将库存信息及时提供给有关单位和部门。

（3）定期进行库存盘点，核实实际库存量与理论库存量是否存在差异及产生的原因。对于散装物料，每次库存盘点都会反映新的损耗量，因此应在每次盘点后对库存量进行数据更新。

（4）定期对储存设备和仓库进行检查，及时发现并修复存在的缺陷，避免其对物资储存质量造成不利影响。

（5）对储存物资的生产日期和保质期进行统计，将不同存储区域的物资按照保质期到期日期进行排序，为物资出库顺序提供参考依据。

11.2.5 中转物资出库管理

中转物资出库管理的目的是使物资出库程序化、标准化，做到账物合一、清晰准确。

11.2.5.1 管理内容及要求

中转物资出库，要保障各物资根据审定后的需求计划，准确、及时地做好中转物资出库工作。

（1）物资出库必须准确。按照需求计划所列的物资编号、品种、规格、型号、等级、数量等，准确无误地进行点交，做到单货相符，避免差错。

（2）物资出库必须及时。发货及时是保证工程建设物资需求的重要条件。因此，发货应在保证手续齐全的前提下，力求简便，尽快完成物资出库作业。

（3）物资出库必须安全。在出库作业时注意安全操作，防止物资泄漏、破损，保证物资出库时的质量完好。

11.2.5.2 中转物资出库管理流程

中转物资出库管理流程见图 11-9。

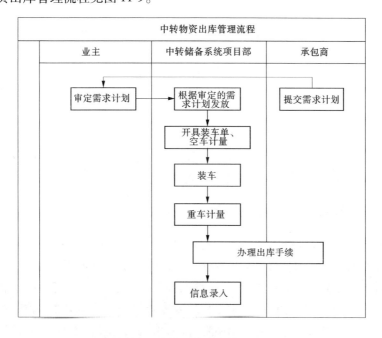

图 11-9 中转物资出库管理流程

1. 散装物料出库

（1）空车过磅：汽车衡计量人员核对承运人和运输车辆，空车过磅后向承运人（驾驶员）开具装车单。

承运人凭装车单到散装物料装卸系统装车，现场人员根据装车单核对车辆及物资信息并组织装车。

（2）重车过磅：汽车衡计量人员核对承运人和运输车辆，重车过磅后打印称重计量单，填写过磅登记本。

填写物资出库单（见图11-10），办理出库手续。开具出门证，门卫检查无误后准予放行。

出库领料单

发货单位：　　　　　　　承运单位：＿＿＿＿＿　　　　物资接收单位：＿＿＿＿＿

编号：　字　号　　　　　　　　　　　　　　　　　　合同编号：＿＿＿＿＿

No：

出库日期：　年 月 日　　承运日期：　年 月 日　　　接收日期：　年 月 日

序号	材料名称	规格型号	品种	生产厂家	批号	出厂日期	单位	实发数量	单价	金额	单位	发货数量	运输车辆号	单位	实收数量
	中转储备系统出库										中转运输			现场收货	
1															
2															
备注											承运			备注	
											备注				

第一联：存根

一式六联（第一联存根联、第二联××财务联、第三联××机电物资部联、第四联承运单位、第五联物资接收单位、第六联中转储备系统）

仓库管理员：　　　　　承运单位经办人：　　　　物资接受单位经办人：
仓库主管：　　　　　　承运单位审核人：　　　　物资接受单位审核人：
　　　　　　　　　　　承运单位交货人：

图 11-10　物资出库单

2. 其他物资出库

根据月度需求计划向承包商提货人开具装车单；施工单位承包商到装车单指定的地点装车，负责现场发货的物资管理人员根据装车单组织装车及清点，并填写提货单或出库单，办理相关手续，开具出门证，门卫检查无误后准予放行。

11.2.6　中转储备系统运行管理绩效评价

11.2.6.1　中转储备系统运行管理绩效评价方法

中转储备系统运行管理绩效评价主要由业主中转储备系统管理机构承担，周期为半年。评价人员依据上一评价周期的结果、本评价周期的工作目标和任务、评价标准和办法等制订评价工作计划、工作重点和难点，在日常工作以及专项检查中重点关注本评价周期的工作目标和任务的完成情况和质量、工作重点和难点上采取的措施和办法等以及需要改进和可以改进的地方，可能存在的工作量富余度，从而为物资的采购中转量提供决策依据。

运行管理工作主要包括技术管理和服务管理,其工作既有项目管理特点又有企业生产性质,运行管理服务的改进是一个持续过程,需要一定的时间,调拨合理的人力资源,改进服务理念,提高服务水平。

绩效评价流程为:服务提供单位依据合同和上述考核标准进行自评→上报自评材料→业主管理机构依据评定标准和评定文件进行综合评定→出具评定结果文件(或通知)→服务提供单位依据评价结果开展持续改进。

11.2.6.2 中转储备系统运行管理绩效评价内容

中转储备系统运行管理绩效评价内容包括安全管理、质量管理、文明生产、设备生产管理、物资运营管理共五个方面,具体见表11-2。

表11-2 中转储备系统运行管理绩效评价内容

安全管理主要绩效评价内容	安全管理机构健全、安全责任制健全、落实,安全管理人员配置符合规定
	站长、专职安全副站长和安全员常驻工地;每月召开一次安全分析会,生产班组每周过一次安全活动日
	交通安全责任制落实、交通安全工作做到有计划、有检查,交通安全措施齐全落实
	消防责任制落实,消防设施齐全、有效,重点部位防火措施齐全
	发生事故后,按"四不放过"原则,认真调查分析处理,事故报告及时、准确、完整
	现场规程齐全并及时修订,按要求定期进行安规考试,记录齐全完整,新工人进行入场教育,特种作业人员及值班人员上岗前应考试合格,并定期培训
	不发生运行责任一般运行设备事故和人员轻伤事故
	无火灾事故
	无责任交通事故
	实现安全生产天数
质量管理主要绩效评价内容	质量管理机构健全、责任制健全、落实,管理人员配置符合规定
	未发生运行责任一般性转运设备损坏或物资质量事故
文明生产主要绩效评价内容	生产指挥系统健全畅通,工作有计划、季度有小节,检修有组织、技术、安全三大措施
	设备设施台账、技术规范、修试记录要清楚齐全,各种记录符合实际
	接待来访或检查工作要热情有礼貌,交接班要对应交接
	生产区无集水、积垢,无杂乱物品,标志齐全,安全防护设施符合规程,工作场所照明正常
	仓库、空压机房、房建设施门窗无损坏
	对施工单位作业收费合理,无卡、压现象
	空压机房主控室只摆与工作有关的物品,资料有专柜
	重视环境保护,废水、废油、废渣等有害物质的排放处理符合环保要求

设备生产管理主要绩效评价内容	运行设备、设施维护检修计划完成率不低于95%
	转运设备装卸及时,未发生车皮积压责任事件
	转运设备开箱验收情况(开箱人员、时间安排合理及时、清点过程准确细致、问题反映迅速、与海关商检配合良好)
	转运设备仓储情况(账目清晰、账物相符、防护措施齐全及时、堆码有序整齐、标志清晰准确)
	转运设备移交情况(发货及时准确、手续规范齐全)
	站内运行设备完好率不低于95%
	有完整的设备管理制度(包括运行、检修、备品备件)
	生产管理的各项资料、图纸、记录、报表完整准确
	调度管理体系健全、通信手段畅通
	运行月报及运行各项基础专业统计报表上报工作准确及时
	外部关系协调情况
	无用户投诉事件发生
物资运营管理主要绩效评价内容	人员配置(岗位设置合理、专业素质达到要求)
	制度建设与执行(物资管理制度完善,落实到位)
	计划管理(车皮运输计划,承包商物资分配计划,安全储备计划落实)
	信息管理(厂家发货、运输、到货、仓储及调拨信息及时更新、反馈,供应保障安全预警分析准确及时,提出具体措施)
	统计分析(收发存统计、结算统计、阶段性供应分析)
	质量管理(相关质量证明材料的收集及整理,参加并配合质量问题的处理)
	接收与发放(装卸及时、质量数量验收及取样的配合、票据规范、计划核对,站内物资发放合理调配)
	仓储管理(标识清晰、分区堆放、防护措施得当、盘点准确及时、盘点损耗率不高于合同规定值)
	计量管理(入库、出库计量及计量校核准确及时)
	账目管理(规范、完整(包括电子文档)、有效、准确、归档及时,保持可追溯性)
	协作单位的评价(与协作单位工作的主动性)
	整体绩效评价(工作流程做到事前预测、事中控制、事后反馈,物资工作链接货、存货、仓储、摆放、运输、搬运、发料正确定位,整体有效协调,能提出具体优化措施)

11.3 中转运输管理

11.3.1 中转运输管理的目的和内容

在水电开发工程中,中转运输管理是指对中转物资进行运输计划的制订、运输资源的调度配置以及运输至承包商各施工现场等活动。

11.3.1.1 中转运输管理的目的

中转运输管理的目的是将中转物资及时、准确、经济、安全地运送至承包商各施工现场。"及时"就是按照承包商物资需求计划情况,在要求的时间内把物资从中转储备系统运至承包商各施工现场,保障工程进度,尽量避免工程因物资短缺而等待的情况;"准确"就是在物资中转过程中,切实防止各种差错事故,将正确的物资运至正确的地点;"经济"就是采用最经济、最合理的中转运输调度方案,有效地利用各种运输资源,节约人力、物力和运力,降低物资中转运输费用;"安全"就是在物资运输过程中,不发生残损、渗漏、燃烧、爆炸等事故,保证人身、物资、设备的安全。

11.3.1.2 中转运输管理内容及要求

中转运输管理主要包含中转运输计划管理、中转运输过程管理以及中转运输安全管理三个方面。

中转运输计划是业主在根据承包商的物资需求计划而制订物资交付计划后开始制定的。加强中转运输计划管理,对完成各项中转运输任务有着十分重要的作用。由于水电开发工程物资需求量大、供应周期短,所以中转运输计划的制订周期通常为一至两天。

在编制中转运输计划时应遵循以下原则。

➤ 要保证重点,统筹安排。编制中转运输计划,必须有全局观念,正确处理全局与局部、重点与一般的关系。按轻重缓急,对不同单项工程物资中转运输计划进行优先级排序。对正在工程高峰期的重点工程以及物资已经或者将要出现短缺的工程,中转运输计划优先级最高。

➤ 做好物资交付计划,是准确编制中转运输计划的前提。要了解各承包商所需物资的品种、规格、数量及其规律性,了解各物资供应商的供应规律。还要掌握各类重要物资中转运输的历史资料,作为编制运输计划的依据。

中转运输过程分为中转物资发运、中转物资接运两个环节。中转物资发运应遵循中转储备系统物资出库管理的流程,对中转物资进行装载、称量并且核查。在完成上述流程后,方可离开中转储备系统发往承包商处。中转物资接运主要由承包商负责,在中转物资到达施工现场时,进行物资信息的检查,随后对物资进行处理。

中转运输安全管理主要贯彻"以防为主"的方针,因为货物运输事故是多方面因素造成的,所以为了尽量减少事故和损失的发生,应切实采取预防措施,加强中转运输安全管理,以确保货物运输安全。为此应做好以下几方面工作:要努力防止运输事故的发生,建立健全各项运输安全制度,特别是运输安全岗位责任制并严格执行;要加强对驾驶人员的安全培训和安全教育,提高其安全意识;要及时处理运输事故,一旦发生运输事故,有关各方要立即分析核查事故原因,进行协商,按照规章制度或合同规定妥善处理,分清责任。

11.3.2 中转运输调度

中转运输调度即车辆调度,是指制定行车路线,使车辆在满足一定的约束条件下,有序地将中转物资运送至承包商各施工现场,达到诸如路程最短、费用最小、耗时最少等目标。

11.3.2.1 中转运输调度的目的

中转运输调度是为了保证中转物资供应能按时按量地完成,能及时了解中转运输任务的执行情况,促进运输及相关工作的有序进行,实现最小的运力投入。

11.3.2.2 中转运输调度的内容

中转运输调度工作内容由计划、监督(控制)与统计分析三大部分构成。

科学地组织运输活动。合理安排运输车辆,保证运输工作的有序进行;优化运输方案,保证运输任务按期完成的前提下实现最小的运力投入。

监督、领导运输工具的安全运行。不断了解和分析计划执行过程中相关信息和影响因素的变动情况,及时协调各环节的工作,并提出作业调整措施。

及时了解中转运输任务的执行情况,进行配送活动的统计与分析工作。据此提出改进工作的意见和措施,从而提高运输工具的工作效率和营运效果,保证完成和超额完成运输计划。

11.3.2.3 中转运输调度方法

中转运输调度的方法有多种,可根据承包商所需物资、中转储备系统站点及承包商施工现场的布局不同而选用不同的方法。简单的运输可采用定向专车运行调度法、循环调度法、交叉调度法等。如果运输任务量大,交通网络复杂,为合理调度车辆的运行,可运用运筹学中线性规划的方法,如最短路法、表上作业法、图上作业法等。

11.3.3 中转运输管理绩效评价

中转运输管理绩效评价是指对中转运输活动或运输过程的绩效评价,它按照统一的评价标准,采用一定的指标体系,按照一定的程序,运用定性和定量的方法,对一定时期内运输活动或运输过程的效益和效率做出综合判断。

11.3.3.1 中转运输管理绩效评价方法

中转运输管理绩效评价方法可以分为以下三大类别:行为导向型主观评价方法,行为导向型客观评价方法,结果导向型评价方法。

行为导向型主观评价方法就是对中转运输行为是否符合要求进行主观评价的方法,主要包括排列法、选择排列法、成对比较法。行为导向型客观评价方法是根据一定的客观评价标准对中转运输进行评价的方法,主要包括关键事件法、行为锚定等级评价法、行为观察法、加权选择量法。结果导向型评价方法就是根据中转运输结果对中转运输绩效考评的方法,其中包括目标管理法、绩效标准法、直接指标法、成绩记录法。

11.3.3.2 中转运输管理绩效评价内容

结合水电开发工程物资中转运输特点,可以从运输任务完成率、完成任务及时率、运货损率、单位运输成本降低率、装卸标准合格率、运输资源完好率等方面来设置中转运输管理绩效评价内容。

第12章　工程物资供应链多级库存控制

12.1　供应链多级库存问题分析

12.1.1　供应链多级库存

供应链管理把供应链中所有节点看作一个整体,涵盖从供应商到最终客户的采购、制造、分销、零售等职能业务过程,在各个物理节点上都可能存在物资库存的配置。在供应链管理模式下,不仅要关注各成员企业的库存,而且要关注供应链中成员企业之间库存的相互影响关系,不能将其分割开,需放在一起进行系统的分析,也就是说,在供应链环境下,需要考虑供应链的多级库存控制。

供应链多级库存是在单级库存控制的基础上形成的,各个库存点通过不同的供需关系连接起来,可形成不同的、相互联系的库存配置方式。

12.1.2　供应链多级库存决策的关键要素

供应链多级库存决策的需重点考虑以下几个关键要素。

12.1.2.1　供应链多级库存决策目标

传统的库存优化问题不无例外地考虑库存成本优化,成本也将是多级库存决策中必须考虑的因素。不过,在工程物资供应链中,仅考虑成本这样一个参数是不够的,有必要把库存周转时间和服务水平(保障工程施工的水平)也作为库存优化的主要目标来考虑。

12.1.2.2　提前期

供应链管理中,提前期是一个十分重要的基础数据,甚至可以说它是供应链管理的一块基石。在基于时间竞争的环境下,提前期的压缩更是企业获取订单的主要成功因素之一,是获取竞争优势的主要源泉。多级供应链上各级库存水平相互影响,尤其提前期的影响会导致供应链多级库存决策面临的需求信息逐级放大。建立基于多级提前期的多级库存模型进行库存水平的优化有利于增强企业之间的信息透明度,避免信息放大现象导致的不利后果,可以实现供应链库存的全局优化。

12.1.2.3　安全库存

供应链的不确定性要求在相应的供应链节点建立安全库存。安全库存(Safety Stock or Buffer Stock)是指为了防止临时需求量增加或交货误期等特殊原因而预计的保险储备量。供应链中各企业对各自供应商及时、准确交货的承诺并不完全信任,需要设立安全库存以防止供应商延迟交货或不能交货的情况;供应链上的各企业对各自客户的需求,特别是最终消费者的实际需求也难以准确把握,通常只能依靠预测来安排生产和销售,而预测与实际需求很难完全一致,以至于出现库存不足或过剩的现象;同时,企业为了满足客户大量的突发性订货需求,也设立了大量的安全库存。

一方面,企业提高安全库存水平能满足客户对产品的满意度,增加来自客户的边际效益,缩短客户的响应时间;另一方面,企业提高安全库存水平的同时,也会导致供应链中库存持有成本的增加。因此,供应链成功运作的关键是要采取必要的措施来降低安全库存水平而又不妨碍客户对产品的需求。

12.1.3　工程供应链多级库存问题描述

对应工程物资供应链运作业务模型的第二层构建内容,业主集中对物资进行采购,供应商将物资运输到中转储备系统,完成入库。承包商统计出需要的物资,由业主负责从中转储备系统调拨运送到承包商;对于承包商需要直接从供应商提货的物资,供应商会直接将物资运输到现场。这两种方式分别对应两种多级库存结构,如图12-1(a)、(b)所示,其中,(a)为三级库存系统,包括供应商库存、中转储备系统库存和承包商现场库存等,而(b)不考虑中转储备系统库存。

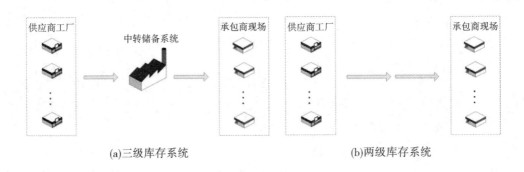

(a)三级库存系统　　　　　　　　　　　　　　(b)两级库存系统

图 12-1　供应链多级库存系统的两种模式

工程物资的流动由需求拉动。承包商根据施工现场制订的预制品生产计划或施工用料计划提出其对各物资的需求计划,中转储备系统根据需求计划对其进行工程物资的调拨补给。各承包商施工现场有一定的库存容量来存放各类物资,而且施工现场的库存往往会维持在某个安全库存水平以应对一些现场或供应过程中的风险。

中转储备系统根据工程业主所辖各梯级开发现场管理机构上报的总需求计划向物资供应商进行组织订货,而供应商的工程物资供应存在一定的提前期,订货批量和订货点是重点决策内容。在执行货物调拨和货物接收的同时,中转储备系统也需要使库存量保证在一定的安全库存水平(必要的时候需要联合下游施工现场处库存,使其之和保持在一定的库存水平),以应对上游或者下游乃至整个供应链可能发生的风险。

其中,多级库存决策问题解决的是确定中转储备系统向承包商施工现场调拨各种物资的调拨时间点及物资调拨数量,以及中转储备系统向各供应商的订货量及订货时间点,在决策的同时综合考虑成本以及服务水平,使整个供应链能流畅、高效地运行。

工程供应链多级库存决策对应于工程物资供应链运作业务模型第三、四层中承包商流程定义中的物资需求计划、业主流程定义中的物资交付计划以及供应商流程定义中的物资供货计划。

12.2 安全库存及配置方法

12.2.1 安全库存的定义

安全库存(Safety Stock,简写为SS)也称为安全库存量,又称保险库存,是指为了防止不确定性因素(如大量突发性订货、交货期突然延期、临时用量增加、交货误期待等)而预计的保险储备量(缓冲库存)。安全库存是企业额外持有的库存,它作为一种缓冲器用来补偿在订货提前期内实际需求量超过期望需求量,或实际提前期超过期望提前期所产生的需求。

供应链具有不确定性,影响安全库存水平的因素有以下几个:

(1)供应不确定性,即供应商的生产和销售物流系统可能发生故障或货物运输延迟,导致提前期的不确定和供货批量的不确定;

(2)需求不确定性,即客户需求预测存在误差、购买力的波动等都导致客户需求的不确定;

(3)客户服务水平,如果企业的目标是保证新产品对市场的满足率,就应该保持较高的库存水平,反之可适当降低。

对于上文提到的工程物资供应链多级库存系统,系统中每个库存节点处的每种物资都需设置相应的安全库存量。

12.2.2 安全库存与服务水平

虽然安全库存的设置能够避免企业缺货的可能,然而基于成本的考虑,企业不可能持过多的安全库存。很多情况下会出现这样的情形:当补充订单到来时,剩余的库存不是过多积压就是短缺。因此,企业就必须根据相应的指标来确定安全库存量的设置,这个指标即为服务水平。

服务水平是指企业从订货到收到货物的提前期内能用库存来满足客户需求所占的比率。服务水平反映一个公司的产品和服务供给能力。常用的度量方法有订单满足率、补给周期供给水平、累计服务水平等。

显然,服务水平越高,安全库存越大,所花费的库存成本也越大,但服务水平过低又将失去客户,减少利润。因而,确定适当的服务水平是十分重要的。在服务水平较低时,稍稍增加一点安全库存,服务水平提高的效果会十分明显。但是,当服务水平提高到比较高的水平时,再提高服务水平就需大幅度地增加安全库存。这一现象使得选择适当的客户服务水平十分重要。

12.2.3 安全库存确定方法

12.2.3.1 安全库存与再订货点

确定再订货点实际上就是确定订货提前期内的需求。如果需求是确定的,即需求率不发生变化,订货提前期也是确定的,订货点就等于订货提前期与需求率之积。计算公式为

$$R = L \times D \tag{12-1}$$

式中:L 为订货安全提前期长短;D 为提前期内每周期的需求即需求率。

如果需求率和订货提前期中有一个或均为随机变量,并且具有分布规律,则订货点等于订货提前期期望值与需求率的期望值之积。显然,因为供应链实际运行中不确定性的存在,这样得到的订货计划不可避免地存在缺货风险。为了降低缺货风险,企业必须持有额外的一部分库存,这个库存即为安全库存。这时,订货点为

$$R = SS + E(D_L) \tag{12-2}$$

式中:R 为订货点;SS 为安全库存;$E(D_L)$ 为提前期内客户需求的期望值。

现实中,企业经常需要在需求和提前期都不确定的条件下做出决策。为了占有一定的市场份额,企业需要满足一定的客户服务水平,通过安全库存来作为缓冲,以吸收需求或者提前期的不确定因素。而安全库存的存在使得企业的再订购水平在原来的基础上提高了安全库存的数值。

安全库存的确定是建立在数理统计理论基础上的。在下面各种情况的配置方法中,将提前期内的客户需求 D 不超过订货点 R 的概率定义为客户服务水平,即

$$SL = P(D \leq R) \tag{12-3}$$

式中,SL 为服务水平。

每一个服务水平对应一个安全系数 z,即服务水平的标准正态分布系数,具体转换关系见表12-1。

表12-1 服务水平与安全系数对应

客户服务水平（%）	100.00	99.99	99.87	99.20	99.00	98.00	97.70	97.00	96.00	95.00	90.00
安全系数 z	3.09	3.08	3.00	2.40	2.33	2.05	2.00	1.88	1.75	1.65	1.28

12.2.3.2 客户需求确定、提前期随机

假设提前期服从均值为 L,标准差为 δ_L 的正态分布,而市场的需求是稳定的,单位时间内的需求为 d,则安全库存的设置是为了应对由于一些突发状况引起的提前期延迟所需的市场需求。对于这种情形,在某一特定的服务水平下的安全库存的计算公式为

$$SS = z\sigma_D = zd\delta_L \tag{12-4}$$

式中:σ_D 为订货提前期内客户需求的标准差;d 为单位时间内需求量;δ_L 为订货提前期标准差。

12.2.3.3 提前期确定、客户需求随机

假设单位时间内的产品市场需求服从均值为 d、标准差为 σ 的正态分布,订货至交货的提前期为 L,各个时期的市场需求相互独立。当 D 表示提前期内需求均值、标准差为 σ_D 时,则根据正态分布的性质,有 $D = Ld$,$\sigma_D = \sqrt{L\sigma^2}$。利用正态分布的特点计算安全库存 SS 为

$$SS = z\sigma_D = z\sqrt{L\sigma^2} \tag{12-5}$$

式中:σ 为单位时间内需求标准差。

12.2.3.4 需求和提前期均随机

前面讨论了提前期确定下需求为随机和需求确定下提前期为随机的情况,但现实生活中,企业面对的是提前期和需求均不确定的环境。接下来研究提前期和需求均不确定的情

况下,如何确定安全库存水平。

假设需求和提前期均服从正态分布,其中需求均值为 d、标准差为 σ;订货至交货的提前期为 L、标准差为 δ_L;当提前期内需求均值为 D、标准差为 σ_D 时,安全库存可以表示为

$$SS = z\sigma_D = z\sqrt{L\sigma^2 + d^2\delta_L^2} \qquad (12\text{-}6)$$

12.2.4 安全库存配置案例

以中转储备系统处物资的安全库存为例。物资到达提前期波动较大,可处理为随机。对两种供应商的散装物资未来一个月的需求作预测,见表 12-2,可看出需求量是随机的,以此为依据该种情况下计算中转储备系统处该种物资当前的安全库存量。其提前期相关数据见表 12-3。

表 12-2 工程物资需求预测

日期（月-日）	07-26	07-27	07-28	07-29	07-30	07-31	08-01	08-02	08-03
供应商甲	272.74	0	461.5	259.84	0	0	470.96	0	516.5
供应商乙	88.26	93.66	133.96	94.32	194.56	140.88	228.14	188	185.86
日期	08-04	08-05	08-06	08-07	08-08	08-09	08-10	08-11	08-12
供应商甲	0.00	0	0.0	713.48	506.30	432.76	479.34	0	351.66
供应商乙	0	143.74	48.7	53.28	139.02	96.72	147.84	94.18	101.68
日期	08-13	08-14	08-15	08-16	08-17	08-18	08-19	08-20	08-21
供应商甲	0	0	0	0	0	0	0	0	0
供应商乙	0	0	187.54	179.68	178.44	190.34	96.8	142.92	101.78
日期	08-22	08-23	08-24	08-25	平均需求量		需求标准差		
供应商甲	0	0	0	0	144.034 839		220.442 435		
供应商乙	141.6	94.28	92.52	99.5	118.651 613		58.286 114		

表 12-3 物资供应提前期

供应商	提前期均值	提前期标准差
甲	3	1.523 796 429
乙	6	2.435 205 182

需求与提前期都是随机的,于是使用式(12-6)计算两种品牌的物资在中转储备系统处的安全库存量,得到不同服务水平情况下的安全库存量见表 12-4。

表 12-4　安全库存设置

服务水平	不同服务水平下对应的安全库存	
	供应商甲	供应商乙
100.00	1 181.168 594	448.712 871
99.99	1 177.346 042	447.260 726
99.87	1 146.765 625	435.643 564
99.20	917.412 500 3	348.514 851
99.00	890.654 635 7	338.349 835
98.00	783.623 177 4	297.689 769
97.70	764.510 416 9	290.429 043
97.00	718.639 791 9	273.003 3
96.00	668.946 614 8	254.125 412
95.00	630.721 094	239.603 96
90.00	489.286 666 8	185.874 587

12.3　工程物资供应链多级库存决策方法

12.3.1　物料需求计划——MRP

MRP(Material Requirement Planning)即物料需求计划,是一种较精确的生产计划与库存控制方法,常用于具有企业生产或服务过程中所涉及的物料结构为多个层次下的运行组织。其基本目标是在保证及时满足物料需求的前提下,使物料的库存水平保持在最小值内,即协调生产或服务的物料需求和库存之间的差距。

12.3.1.1　MRP 的基本原理

MRP 的基本原理是将最终产品的需求量和交货期,转换成相关半成品、零配件的生产日程安排与原材料、外购件的需求数量和需求日期,也就是将产品出产计划转换成物料需求表,并为编制能力需求计划(见 12.3.3 节)提供输入信息,如图 12-2 所示。

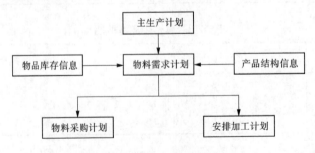

图 12-2　MRP 的输入和输出

MRP 是一套编排物料计划的过程,计划编排的基础条件包括主生产计划、物料清单和物品库存信息等。

1. 主生产计划(Master Production Schedule,MPS)

主生产计划是确定最终产品在每个周期内生产数量的计划,最终产品是指最终完成并出厂的产成品,具体到产品的品种和型号。主生产计划会详细规划生产什么产品、生产多少、什么时候产出,属于独立需求计划。主生产计划根据客户合同和市场预测把经营计划或生产大纲中的产品系列具体化,使之成为开展物料需求计划的主要依据,起到从综合计划向具体计划过渡的作用。

2. 物料清单(Bill Of Material,BOM)

物料清单是定义产品结构的技术文件,也称产品结构表、产品明细表、产品结构树,如图 12-3 所示。在企业的生产组织中,为了正确计算出所有物料需求的时间和数量,首先要知道企业所制造的产品结构和所有要使用到的物料。产品结构列出构成成品或装配件的所有部件、组件、零件等的组成、装配关系和数量要求。

3. 物品库存信息

物品库存信息是保存企业所有产品、零部件、在制品、原材料等存在状态的信息。主要物品库存信息如下:

(1)现有库存量:指企业的各个仓储系统中实际存放的物料的可用库存量,即在库库存量和在途库存量。其中,根据确切的到货时间,在途库存量可以计入未来周期内的可用库存量。

(2)安全库存量:为应对各种不确定因素,仓库中需要经常保持的最低库存数量。

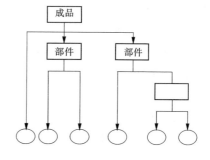

原材料、原件零件、外购件等

图 12-3 企业 BOM 结构

MRP 主要应用在生产计划中,生产线可以看成一个多级库存系统。原材料进入生产线可以看作是原材料库存的采购入库行为;某中间在制品 A 通过一定生产过程加工为在制品 B 也可看作 A 采购入库经过生产转化后形成 B 的出库过程。

MRP 是基于企业物料清单,从最终产品开始,来编制所有较低层次物料(零部件和原材料)的采购或生产进度计划,直至所有物料清单中的物料都有明确的采购或生产备货的发起时间和数量。因此,MRP 对应的也适用于如图 12-4 所示的供应链结构。根据总生产进度计划中规定的产品最终的交货日期和数量、现有库存量、预计到货量以及产品结构,MRP 便可把供应链所面对的客户群体需求的最终产品的生产进度计划逐级具体化为整个供应链生产顺序中详细的订货进度计划。

图 12-4 适用的供应链结构

12.3.1.2 MRP 的计算方法

首先引入与 MRP 计算有关的几个基本数量概念。

1.总需求量

总需求量又称毛需求量,是物料在某个时间周期内的需求量。如果是成品级物料,则总需求量由主生产计划决定;如果是零配件级物料,则来自于上层物料计划对应的计划订货量。

2.预计可用库存量

预计可用库存量即对应的物料当前周期期末在库的可用库存量,可以针对期初和期末分别定义,期初预计可用库存量一般等于上期末预计可用库存量。

当期末预计可用库存量 = 上期末预计可用库存量 – 当期的总需求量 + 当期计划接收量 + 当期计划产出量

3.计划接收量

根据采购单或加工单已经发放、预计在本周期内收到的物料数量。

4.净需求量

考虑了总需求量、安全库存量、计划接收量和现有可用库存量得到的需求数量,这个数量将是生产中必须满足的需求。具体计算公式如下:

净需求量 = 毛需求量 + 安全库存量 – 计划接收量 – 上期末可用库存量

如果现有库存量和计划接收量能满足毛需求量和安全库存的要求时,即以上公式计算得到的净需求量小于0,则实际要满足的净需求量为0。

5.计划产出量

根据净需求量,考虑物料采购或生产的批量策略、废品率和均衡生产等因素得到的在当前周期要产出或供货的物料数量,对外部采购的物料而言,这里的计划产出量就是指计划到货量。

如果采取固定批量策略,则计划产出量和净需求量的关系如下:

计划产出量 = $N \times$ 批量,整数 N 满足:$N \times$ 批量 $\geqslant$ 净需求 $> (N - 1) \times$ 批量

6.计划投入量

计划投入量是考虑到物料供应或加工的提前期而制订当前周期物料开始投入生产或启动采购的数量,与计划接收量数量相等,但时间上相差一个订货或加工提前期,对外部采购的物料而言,这里的计划投入量就是指计划订货量。

基于以上基本数量概念,MRP 的计算步骤如下:

(1)根据市场预测和客户订单,正确编制可靠的主生产计划,即每个周期的产成品的生产数量,在计划中明确规定所生产的品种、规格、数量和交货时间。

(2)正确编制产品结构图和各种物料、零件的用料明细表。

(3)正确掌握各种物料和零件的实际库存量以及相关的一些库存数据如安全库存量。

(4)正确规定各种物料和零件的采购交货日期,生产/订货的提前期、生产/订货周期和生产/订购批量,其中不同的订购策略决定了不同的订购批量。

(5)根据物料清单,逐级由上向下通过 MRP 逻辑运算(具体见下文示例)确定各级物料的总需求量、净需求量、计划产出量、计划投入量、可用库存量等。

下面用一个简单的例子来说明 MRP 运算逻辑,相关数据见表 12-5。

(1)确定提前期、安全库存、订货批量等数据后,将每个周期的总需求量填入表格中,此时的需求是毛需求。

表 12-5　MRP 计算示例

时段	初始	1	2	3	4	5	6	7	8
总需求量		10		25	10	20	5		10
计划接收量									
预计可用库存量	47	37	37	12	27	7	27	27	17
净需求量					3		3		
计划产出量					25		25		
计划投入量			25		25				

注:提前期:2;安全库存:5;采用固定批量策略,批量为 25。

（2）将进行计划前的现有库存量和在途货物数量填入预计可用库存量和计划接收量栏目中。

（3）从周期 1 开始计算预计可用库存量和净需求量。根据净需求量的计算公式,当净需求量小于等于 0 的时候,则继续进行下一周期的计算;当净需求量大于 0 的时候,表示该周期需要一定数量的计划产出,根据净需求量的大小和物料的批量策略来确定订货数量并填入计划产出量一栏,确定后再计算当期的预计可用库存量,然后进行下一周期的计算。

（4）计划产出量和预计可用库存量确定后,根据提前期的长短将计划产出量向前移动一个提前期得到计划投入量。

（5）该级物料的计划投入量总和将作为下一级物料的总需求量进行对应的 MRP 逻辑运算。

12.3.2　分销资源计划——DRP

DRP(Distribution Resource Planning)——分销资源计划,是 MRP 原理和技术在库存分销网络的延伸应用,是一种适用于多级库存系统进行库存控制的方法。基本目标就是合理进行分销物资和资源配置,达到既保证有效满足市场需要,又使得库存配置费用最省的目的。

这里以配送中心为核心库存系统来阐述 DRP 的基本原理,如图 12-5 所示,分销资源计划以市场需求文件、供应商资源文件和配送中心库存文件等为基础编排出向上游供应商的采购订货计划和向下游零售商的送货计划。

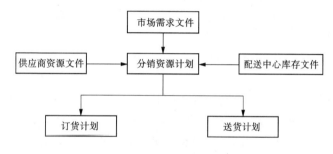

图 12-5　DRP 的输入和输出

DRP 是从配送网络的最基层网点到配送中心逐渐"浓缩"的处理次序,如图 12-6 所示,可以对应的多级库存结构如图 12-7 所示。

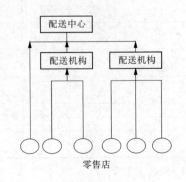

图 12-6　DRP 的计划编排处理顺序

图 12-7　DRP 适用的多级库存结构

DRP 的计算步骤如下:

(1)根据市场预测和客户订单,确定每个下游零售商的需求计划,即每个周期的需求量,在计划中规定产品品种、规格、数量和交货日期。

(2)正确掌握各种产品的实际库存量以及相关的一些库存数据,如安全库存量。

(3)正确规定各种产品的采购交货日期,生产或者订货的提前期、订货周期和订购批量,其中不同的订购策略决定了不同的订购批量。

(4)通过逻辑运算确定下游各零售商对于各种产品的总需求量或者订货量。

(5)将计算好的下游需求量进行整理汇总后,再对配送中心进行逻辑运算,确定其总需求量或者订货量。

(6)将多个零售商的每种产品的订货计划汇总作为配送中心的需求,用同样的逻辑方法得到配送中心向上一级经销商的订货计划。

由于 DRP 在进行每一级的计划制订时使用的计算逻辑与 MRP 相同,具体计算过程可参照上文中 MRP 的运算逻辑。

这里也以一个示例来说明 DRP 的编排过程。表 12-6 为零售商 A 向配送中心对于某商品的订货计划。

一个配送中心通常给多个零售商供货,每个零售商对于该品种的商品作出一个满足自身需求和订货批量策略的订货计划,并提交给配送中心。将所有零售商对于该种商品的计划订货量汇总,就得到了配送中心针对该种商品的多个零售商的总订货计划表(见表 12-7)。

表 12-6　DRP 计算示例——零售商 A 向配送中心的订货计划

周期	初始	1	2	3	4	5	6	7	8
总需求量		200	240	180	220	240	200	160	240
计划接收量		600							
预计可用库存量	1 200	1 600	1 360	1 180	960	720	520	960	920
净需求量								40	
计划到货量								600	
计划订货量						600			

注:提前期:2;安全库存:400;采用固定批量策略,订货批量为600。

表 12-7　DRP 计算示例——配送中心总供货计划

零售商	周期							
	1	2	3	4	5	6	7	8
A					600			
B			1 000			1 000		
C					600			
D		400					400	
E					600			
合计		400	1 000		1 800	1 000	400	

结合配送中心自己的当前可用个库存、批量策略等,可按照相同的运算逻辑计算得到配送中心向上游经销商的计划订货量分布。

12.3.3　能力需求计划——CRP

通过前文对 MRP 原理的阐述,可以发现 MRP 的计算过程是基于无限能力假设的基础上进行倒排的方法来确定物料需求计划,没有考虑物料生产加工或供应能力的约束问题。因此,以 MRP 为基础的计划,可能会导致产生一定的库存积压,且应对变化较为迟缓,而且有时还会出现当期的计划产出所需要的能力不能得到满足的情况。为此,在物料需求计划之后通常还需要制订一个能力需求计划(Capacity Requirement Planing,CRP),来查看各个周期内物料需求计划对物料生产能力或供应能力的负荷要求,进行能力与负荷的平衡,然后调整物料需求计划或能力配置,从而使物料需求计划建立在生产能力的基础上,做到计划切实可行。

12.3.4　基于 DRP 的多级工程物资库存决策

对于常见的工程物资供应链三级库存结构,中转储备系统到各承包商这一级的结构与"分销"的思想相契合,即是要面向不同的工程承包商制订出多个物资调拨计划。同时,中转储备系统向不同供应商订货的计划也类似于分销资源计划中的输出——订货计划。

基于 DRP 的多级工程物资库存决策方法的原理如图 12-8 所示。

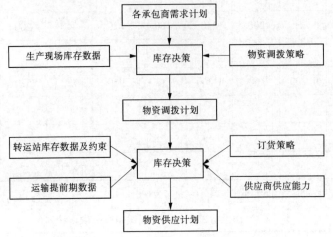

图 12-8　基于 DRP 的多级工程物资库存决策

该计划方法可以在不同的情况下做出不同细化程度的库存决策,如总体计划、各物资品种计划以及各规格物资计划。

多级工程物资库存决策方法的具体流程如图 12-9 所示。

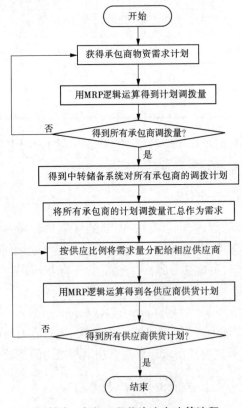

图 12-9　多级工程物资库存决策流程

12.3.5 多级工程物资库存决策案例

中转储备系统 A 负责向甲、乙承包商的施工现场供应物资。表12-8 是各承包商根据自己的生产计划作出的对于某种物资的需求计划,选取 5 d 为例。

表 12-8 承包商需求计划

承包商	7 月 15 日	7 月 16 日	7 月 17 日	7 月 18 日	7 月 19 日	7 月 20 日
甲	74.240	670.640	655.520	1 003.560	174.220	87.560
乙	54.780	46.200	48.800	96.140	0	82.980

在开始进行 MRP 逻辑计算之前,需要对数据及其相关处理作以下相关说明:

(1)在此案例中设置承包商甲、乙对于该种物资在施工现场处的安全库存量分别为 3 700 和 1 500,库存容量为 6 300。

(2)在库存上限及安全库存数据要求的基础上,设置一个合理库存标准,即希望可用库存一直维持在某一个水平,有些情况下可以理解为安全库存量。承包商甲、乙的施工现场的合理库存水平分别为 5 000 和 1 500。

(3)施工现场的库存容量较小,中转储备系统到达施工现场的距离较近,物资调拨会相对频繁。因此在这一级,对于订货批量策略采用固定周期法,即订货的周期一定,订货量为这一周期内的总净需求量。另外,设置一个最小订货批量,即当净需求小于最小订货量的时候,用现有库存来满足需求而不组织调拨以避免频繁且不必要的调拨。在此,对两个承包商所需物资的最小订货量设置分别为 200 和 50,根据运输情况,也可能出现最大订货量的约束,在此暂时先不考虑。

(4)假设在此阶段计划前,甲的施工现场已有可用库存 4 000,没有提前准备的计划接收量;乙有施工现场可用库存 1 500,7 月 15 日的计划接收量为 100。因为原材料从中转储备系统到施工现场的提前期较短,大多数情况下,申请调拨的货物当天就可以到达,因此提前期定为 1 d。

基于 DRP 的运算逻辑,首先计算得到承包商甲、乙的计划订货量(见表12-9、表12-10),其中两个重要的公式为

$$净需求量 = 总需求量 + 库存上限 - 计划接收量 - 上期末可用库存量$$

$$预计可用库存 = 上期末可用库存 + 订货接收量 + 计划接收量 - 总需求量$$

表 12-9 案例计算结果——承包商甲

日期(月-日)	初始	07-15	07-16	07-17	07-18	07-19	07-20
总需求量		74.240	670.640	655.520	1 003.560	174.220	87.560
合理库存水平		5 000	5 000	5 000	5 000	5 000	5 000
计划接收量							
预计可用库存量	4 000	4 999.76	5 000.12	4 999.6	5 000.04	4 825.82	5 000.26
净需求量		1 074.24	670.88	655.4	1 003.96	174.18	261.74
计划到货量		1 074	671	655	1 004		262
计划订货量	1 074	671	655	1 004		262	—

库存上限:5 040;安全库存量:3 700;提前期:1

表 12-10　案例计算结果 2——承包商乙

日期(月-日)	初始	07-15	07-16	07-17	07-18	07-19	07-20
总需求量		54.780	46.200	48.800	96.140	0	82.980
合理库存水平		1 500	1 500	1 500	1 500	1 500	1 500
计划接收量		100					
预计可用库存量	1 500	1 545.22	1 499.02	1 450.22	1 500.08	1 500.08	1 500.1
净需求量		−45.22	0.98	49.78	145.92	−0.08	82.9
计划到货量					146		83
计划订货量				146		83	

库存上限:1 740;安全库存量:1 500;提前期:1

获得了各个承包商的施工现场所需原材料计划订货后,将其汇总,即为中转储备系统处的需求计划,见表 12-11。

表 12-11　中转储备系统需求计划

日期(月-日)	07-14	07-15	07-16	07-17	07-18	07-19
甲	1 074	671	655	1 004		262
乙				146		83
汇总	1 074	671	655	1 150	0	345

对于这些需求按比例分配给各供应商,比例和供应商数据如表 12-12。

表 12-12　案例供应商数据

供应商	Ⅰ	Ⅱ	Ⅲ
货物供应比例	0	1	0
提前期	3	2	3
常用送货批量	500	300	500

在开始进行 MRP 逻辑计算之前,需要对数据及其相关处理作以下相关说明:

(1)对于中转储备系统的库存限制,假设其库存上限为 6 200,安全库存水平为 5 000,合理库存水平 5 500。

(2)对于本实例对应的供应商,采用的订货批量策略为固定批量法,订货批量定为 300,常用订货批量由供应商提供,可以修改。

采用批量订货法得到 MRP 逻辑运算表格见表 12-13,其中订货接收量及计划订货量即决策方案。

表 12-13　案例计算结果 3

日期(月-日)	初始	07-14	07-15	07-16	07-17	07-18	07-19
总需求量		1 074	671	655	1 150	0	345
合理库存水平		5 500	5 500	5 500	5 500	5 500	5 500
计划接收量		400					
预计可用库存量	5 500	5 726	5 655	5 600	5 650	5 650	5 605
净需求量		674	445	500	1 050	0	195
计划到货量		900	600	600	1 200	0	300
计划订货量	1 500	600	1 200	0	300		

库存上限:6 200;安全库存:5 000;提前期:2

从所得结果可以发现,订货的频率较高,对于实际操作来说也许可行性不高,因为供应商不会那么频繁的发货。改善这种情况有两种方式,一是将订货批量调整大一些,另外一种是使用固定周期法或者将固定批量法与固定周期法这两种订货批量策略结合起来使用。

12.4　工程供应链多级库存实施控制

前文介绍了关于多级库存控制的计划编排部分,计划制订完成后便遵照执行。然而,成功的多级库存控制仅依靠合理的计划决策是不够的,计划执行过程中总是会存在各种各样的变化或者突发情况,尤其是对于大型水电开发工程物资供应链这样节点众多、结构复杂、运行环境复杂的多级库存结构。虽然在制订计划时已考虑到部分风险因素,但是计划执行过程中,为了使库存决策更合理,实施库存计划监控与调整非常重要。

12.4.1　参数设置与策略选择

使用多级库存决策方法制订计划时,其中所使用到的参数与策略都相当关键,直接影响到计划的结果。在制订决策计划时,同一个参数或策略是事先确定好的,但在实施运行中与参数有关的要求会随库存情况发生变化,最优或是最合理的策略也会不同,对于短期计划,这些因素的影响不会太大,但是对于中长期或是长期计划,参数和策略的设置会直接影响得出的决策计划的合理性。这里以安全库存及订货策略为例进行说明。

12.4.1.1　安全库存

对于大型水电建设工程这种存在阶段性的项目,工程物资需求会随阶段变化而表现出不同的需求特征,因此安全库存的设置也需要变化才是合理的。例如对于夏季施工平缓期,需求量较小,根据12.2 中安全库存的配置方法,计算对应于当期的合理的安全库存量,再进行多级库存决策计划的制订。

在计划执行时,要实施关注施工现场对工程物资需求的变化,当发现需求的变化导致安全库存值发生较大波动时,需要对计划做出调整,或是以当前为起始点更新各级物资库存计划。

12.4.1.2 订货策略

订货策略影响计划订货量的时间及数量,在供应商到中转储备系统和中转储备系统到承包商施工现场这两级都要制定订货策略。对于订货策略,要针对具体情况设置。

订货批量策略最常用的有以下几种:

(1)直接批量法(Lot for Lot):物料需求的批量等于净需求,也称为按需订货法(As Required)。往往适用于生产或订货数量和时间基本上能给予保证的物料,或者所需要的物料价值较高,不允许过多地生产或保存的物料。

(2)固定批量法(Fixed Quantity):每次的加工或订货数量相同,但加工或订货周期不一定相同。一般用于订货费用较大的物料。固定批量的大小是根据直观分析和经验判断而决定的,也可以以净需求量的一定倍数作为批量。

(3)固定周期法(Fixed Time):每次加工或订货间隔周期相同,但加工或订货的数量不一定相同。一般用于内部加工自制品生产计划,为的是便于控制。订货周期是根据经验选定的。

一般情况下,承包商物资调拨较频繁、距离中转储备系统较近,所以主要采用直接批量法;而供应商向中转储备系统距离远、供货提前期长,因此后两种订货策略使用得多,或者多种策略组合使用。

在计划执行中进行库存控制时,根据在库库存量和需求的变化趋势,在必要时需要做出订货批量策略调整,或者策略中参数(如固定批量大小、固定周期长短)调整。

12.4.2 更新修正库存记录

多级库存决策计划中涉及多个实时库存数据,计划的合理性部分依赖于数据的准确性,这类数据主要包括各级的在库库存量、在途库存量以及提前期等。工程物资供应链中物资流动涉及多个环节与事务,在操作时会产生物料损耗的情况,库存记录就会与实际情况有出入。

如果库存记录数据存在错误,则会使制订计划时计算的订货量不准确,从而影响决策结果。对于供应链多级库存结构,一个节点的不准确会影响多个节点的计划,错误的累加也会影响到长远计划,因此要尽量保证库存记录的准确性。

首先,库存记录要规范,对于每个与库存有关的操作都应该认真记录,确保所有的库存变化都有理可循、有据可依。

其次,为了库存记录与实际库存相匹配,需在必要的时候对各处物资库存量进行盘点,依据实际库存量修正并更新库存数据,考虑到散装物料盘点的难度,盘点周期可稍作延长。

12.4.3 计划执行评估

库存控制的主要目的是在保证服务水平的情况下降低库存成本,为此,有必要对多级库存系统运行的情况进行评估,评估有利于对现有计划执行产生鼓励、推进,也为及时的计划调整提供了依据。

对于供应链多级库存计划执行情况的总和评估,需考虑在库库存量、到货提前期、到货完成量等指标,据此来调整计划。

第 13 章　工程物资供应链风险管理

13.1　概　述

供应链的成员企业业务环环相扣、彼此关联,一旦某一业务环节出现问题,或多或少会影响到整个供应链的正常运转。在工程物资供应链中,上游物资供应上出现异常不能正常生产、运输中断、信息响应不及时等会导致承包商施工现场物资短缺形成物资供应风险。物资供应是保证水电开发工程建设的重要基础,而物资供应链上任一环节都存在多种风险因素,风险因素会导致风险事件的发生,从而影响供应链的正常运行,对供应链绩效产生负面效应。因此,在工程物资供应链管理中,对物资供应链的风险管理应给予足够的重视,将风险管理融入到日常的供应链运作管理中。

目前,对于供应链风险的定义有多种。强调供应链存在的脆弱性,倪燕翎等指出,物资经由供应链诸多环节如生产、运输、仓储、装卸、搬运、包装、流通加工、配送、信息处理等,产生商流、物流以及信息流,任何环节出现问题都会造成供应链的风险,影响其正常运作。而从供应链风险的不确定性影响整条供应链运行出发,胡金环、周启蕾提出,由于各种不确定因素带来的影响事先无法预测,供应链成员企业在运营过程中,实际收益与预期收益会发生偏差,导致风险事件的发生。所以,供应链的风险具有以下两个特征:①供应链的脆弱性影响整个供应链的正常运作;②供应链风险的来源是不确定因素的存在。

在已有的研究中,Hallikasa(2004)认为供应链风险管理须从供应链网络整体入手,成员企业不仅要管理自己的风险,而且要去识别、评估、监控合作伙伴的风险,共同寻求并实施风险的应对措施,合作伙伴间互相分析风险能够从时间上和有效性上提高对风险来源以及产生后果的认识,从而对整个供应链上的风险有共同的认知,并且在协调得到的共同目标下共担风险、共同防范,由此降低供应链网络上各成员企业应对风险的成本。

在以往的水电开发工程物资供应风险管理虽引起了一定的关注,但仍缺乏规范、全面地以整个物资供应链视角的风险管理机制,管理人员往往是凭主观经验分析评估风险进行事后应对,这样通常只能做到头痛医头、脚痛医脚,会导致风险应对的全面性和有效性的缺失,难以科学应对风险事件的发生。本章将站在工程物资供应链整体风险控制的视角,阐述风险管理总体业务流程、风险管理各环节的原理和方法,并以雅砻江流域梯级水电开发工程建设为背景阐述相关风险管理原理和方法的应用。

13.2　工程物资供应链风险管理流程

类似于其他行业背景下的供应链风险管理,结合到水电开发工程物资供应链的特点,构建了水电开发工程物资供应链风险管理总流程,如图 13-1 所示。风险管理的起点是针对工程物资供应链进行风险的识别,此后基于相应的历史数据和实时风险因素数据的收集来评估各类风险事件发生的概率及影响,开展对风险事件应对措施的规划与决策,对风险因素进行实时监控,如果发生风险事件,则尽快采取相应的风险事件应对措施进行处理,并对风险事件的进一步发展进行监控、记录风险事件的发生和处置过程,对风险事件进行后评估。如此循环,整个风险管理过程将持续不断地对工程物资供应链运作过程中各类风险因素进行实时监控,强调全方位、全过程的信息采集与反馈,是一个面向工程物资供应链的闭环控制系统。

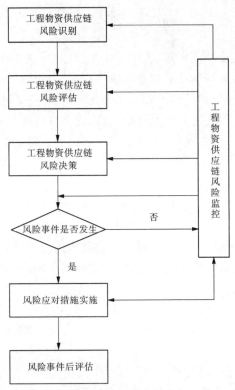

图 13-1　工程物资供应链风险管理总体流程

13.3　工程物资供应链风险管理基础环节

根据管理流程,供应链风险管理主要包括风险识别、风险评估、风险决策、风险监控等 4 个基础管理环节。这 4 个环节在实践中可能会根据具体情况不同而相互叠加和作用。

13.3.1　风险识别

风险识别指分析判断哪些风险因素会影响工程物资供应管理目标的实现并记录其特征,具体包括以下内容。

13.3.1.1　风险分类

为了尽可能完整、全面地识别风险,首先要对风险进行分类。由于任何一个风险最终影响的都是供应链管理的目标,因此可以首先按照对供应链各项管理目标对风险进行分类。另外,分析工程物资在供应链上的流转过程,可将其分为不同的环节,再将影响不同管理目标的风险按照管理环节进行划分,从而得到更加细致的风险分类。具体见图13-2。

水电开发工程物资供应链风险分类				
	供应商	物资从供应商运输到中转储备系统	中转储备系统	物资从中转储备系统配送到承包商	承包商
供应	1.1	1.2	1.3	1.4	1.5
质量	2.1	2.2	2.3	2.4	2.5
成本	3.1	3.2	3.3	3.4	3.5
其他	4.1	4.2	4.3	4.4	4.5

图 13-2 水电开发工程物资供应链风险分类

13.3.1.2 分析和记录特征

在风险分类的基础上,应对每一类风险的特征进行分析和记录。风险特征主要包括形成风险的因素和风险造成的影响。

1. 风险因素

每一类风险的形成因素都有很多种,有自然因素(如自然灾害),也有人为因素(如人员操作失误),还有社会因素(如国家政策调整)等。风险因素分析和记录要尽可能考虑全面,为风险评估奠定基础。风险因素分析的主要方法有以下几种。

1)头脑风暴法

由业主牵头,组织供应链内部相关人员和外部专家等参加会议,通过各自提出对风险因素的看法、建议,给每个人充分发表意见的机会,共同来完成风险因素分析。

头脑风暴法的特点是直接、有效,可以在很短时间内得到分析结果。

2)德尔菲技术

组织者向供应链内部和外部的专家发放调查问卷,专家采用匿名发表意见的方式填写调查问卷。组织者对专家答卷进行归纳,将结果反馈给专家做进一步评论。此过程反复几次后,就可能取得一致意见。

德尔菲法具有匿名性、统计性和收敛性的特点,有助于减轻数据的偏倚,防止个人对结果产生不恰当的影响。

3）鱼骨图法

鱼骨图也叫因果图、石川图,可以直观地显示各种因素如何与潜在问题或结果相联系。

由于有的风险因素之间存在因果关系,因此用鱼骨图法有助于对多层次风险因素的分析得到比较完整的结果。图13-3是针对供应链上某一环节的供应风险形成因素进行的鱼骨图分析。

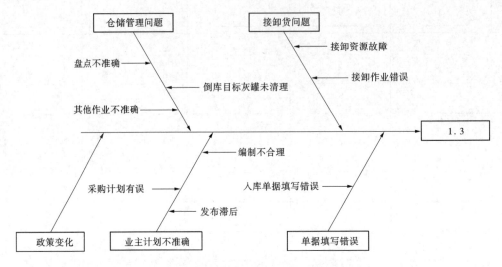

图13-3　物资供应链风险识别鱼骨图

2. 风险影响

在完成风险因素分析的基础上,进而分析风险影响。不同的风险因素造成的影响可能相同,也可能不同。有的影响直接关系管理目标的实现,有的影响间接关系管理目标,还有的影响导致新的风险产生,所有影响都应一一分析并记录,以便下一环节工作的开展。

除风险因素与风险影响外,其他一些风险特征也可以在这一环节进行分析记录,如概率水平、影响大小、风险潜在应对措施等。

13.3.1.3　形成风险登记册

经分析确定的风险特征都应记录在风险登记册中,风险登记册应将风险按照分类进行罗列,并逐条记录。具体内容包括风险的描述、风险形成因素、风险事件发生概率水平、风险造成的影响及影响大小、潜在应对措施等。

风险登记册贯穿于风险管理各个环节,随着风险管理工作的不断开展,风险登记册的内容也在不断更新,有些内容属于永久性更新(如识别出新的风险因素),有些内容属于临时更新(如风险概率水平的变化)。因此,风险登记册作为风险管理信息的重要载体,使各风险管理环节有效衔接,形成了一个完整的系统。

13.3.2　风险评估

风险评估是指评估风险事件发生的概率和风险事件一旦发生可能造成的损失,并在此基础上得出风险优先级清单。为便于评估,必须先对风险概率和影响进行定义,例如表13-1的相关定义。

表 13-1　风险概率和影响定义示例

风险概率		
低 小于 30%	中等 30% ~ 70%	高 大于 70%

风险影响		
项目	0.20	0.40	0.70
进度	拖延小于 10%	拖延 10% ~ 20%	拖延大于 20%
成本	增加小于 10%	增加 10% ~ 40%	增加大于 40%
质量	影响较小	影响较大,须采取补救措施	完全无法接受

在评估过程中,有无历史数据参考会直接影响到风险评估方法。

13.3.2.1　有历史数据参考的风险评估

风险评估结果主要包括风险事件发生概率和风险事件发生造成的损失,因此可参考的历史数据也是与二者相关的,如以往同类风险事件发生的次数、引发风险事件发生的因素及造成影响的大小等。评估人员可以根据这些数据,结合当前情况评估风险概率和影响。

需要说明的是,对风险进行评估前,必须对评估的时间范围进行界定,而且不同风险在比较评估结果时,也应采用相同的时间范围对应的评估结果,因为时间范围不同,风险事件发生的概率也不一样。比如在整个供应链运行生命周期中,供应商向中转储备系统发运的物资一定会出现到货滞后的情况,但如果把时间范围缩短到 3 d 之内,则这种情况不一定会出现。

13.3.2.2　无历史数据参考的风险评估

有些风险在评估时可能没有历史数据参考(如地震造成的各类风险),风险事件发生概率一般较小,但一旦发生,会对物资供应造成严重影响。因此,对此类风险的评估主要在于影响范围和影响程度,发生概率难以量化,不作为重点。

在完成对风险进行的概率和影响评估之后,可以通过概率影响矩阵确定风险优先级清单,示例见表 13-2。

表 13-2　概率影响矩阵示例

概率	影响				
	0.05	0.1	0.2	0.4	0.8
大于 70%	0.035	0.07	0.14	0.28	0.56
30% ~ 70%	0.027 5	0.055	0.11	0.22	0.44
小于 30%	0.015	0.03	0.06	0.12	0.24

13.3.3　风险决策

根据风险是否发生,可分为风险事件发生前的决策和风险事件发生后的决策。

13.3.3.1　风险事件发生前

1. 确定风险应对范围

根据风险优先级清单,确定风险应对范围,即哪些风险需要应对、哪些风险需要关注,哪些风险暂时无需应对。

2.选择风险应对策略

风险应对策略一般包括接受、减轻、转移、回避等,风险管理者应根据组织的风险承受能力,针对不同风险选择应对策略。

3.制定风险应对措施

确定风险应对策略后,再制定风险应对措施。风险管理者可以从风险登记册中的潜在应对措施中选择,也可以另行制定应对措施。

具体的风险应对措施一般均属于供应链运作管理的其他领域,此处不再赘述。

13.3.3.2 风险事件发生后

风险事件一旦发生,必然对供应链的一个或多个管理目标造成不利影响,风险管理者只能采取应急措施或补救措施,尽量减轻风险造成的损失,并避免导致新的风险事件发生。

13.3.4 风险监控

由于风险因素随时都可能发生变化,采取应对风险的措施后,风险事件发生的概率等也会随之变化,因此有必要对风险管理全过程进行系统性监控。风险监控主要包括以下几方面:

(1)风险因素变化。部分风险因素会随着时间推移发生变化(如天气),由此导致风险事件发生概率的变化,故对风险因素变化必须长期关注,并适时对风险开展再评估,根据风险因素变化情况调整风险评估结果。

(2)风险应对效果。实施风险应对措施后,风险管理者应对措施的有效性进行监控,评估应对措施的实施是否达到了预期的效果,从而为下一轮风险管理工作提供依据。

对于风险管理者来说,采用历史数据作为风险评估和风险决策的依据是最有效和最具有说服力的,而历史数据则需通过长期的积累。因此,在风险管理活动中不断更新记录是非常有必要的,这主要包括以下两方面内容:

(1)管理过程记录的更新。详细记录每一次风险管理过程,包括时间范围等边界条件、风险识别过程、风险评估过程、风险决策过程、风险监控过程等。

(2)数据信息的更新。对以时间、次数、数量、金额等为单位的相关数据进行记录,并补充到相关数据统计中。

13.4 工程物资供应链风险管理案例

13.4.1 风险事件发生前的风险管理案例

锦屏一级水电站是雅砻江下游的龙头电站,挡水建筑物为混凝土双曲拱坝,2005年正式开工,2010~2012年为施工高峰期。锦屏一级水电站大坝位于施工进度关键线路,施工进度直接关系电站能否按期发电,其浇筑用混凝土由高线混凝土系统供应,且混凝土拌和须使用Ⅰ级粉煤灰。除高线混凝土系统外,低线混凝土系统也须使用Ⅰ级粉煤灰。根据合同规定,两个系统所需Ⅰ级粉煤灰均由业主负责供应,交货地点为混凝土系统拌和楼。业主分别与云南宣威、云南曲靖、河南荣欣、四川地博、四川涛峰五个供应商签有Ⅰ级粉煤灰供应合同,交货地点为漫水湾铁路转运站,运输方式为铁路运输。从漫水湾铁路转运站至混凝土系统拌和楼采用公路运输,由业主通过公开招标引进的专业运输单位负责。根据供应规划方案,各混凝土拌和系统对应的Ⅰ级粉煤灰品牌见表13-3。

表13-3　Ⅰ级粉煤灰品牌分配表

混凝土拌和系统	主供品牌	辅供品牌	备供品牌
高线混凝土系统	宣威	曲靖	荣欣、地博、涛峰
低线混凝土系统	曲靖	宣威	

风险管理范围:Ⅰ级粉煤灰供应风险,即图13-2中1.1～1.5。

覆盖时间范围:2010年12月～2011年2月。

13.4.1.1　风险识别

根据图13-2对风险的分类,对各类风险进行描述,列举其可能产生的影响,并采用鱼骨图对造成风险的各种因素进行分析,得出造成风险的因素表,具体如下。

1. 风险1.1

(1)描述:在供应商生产、储存及发运过程中存在的影响物资供应保障的风险。

(2)造成风险的因素见表13-4。

表13-4　风险1.1的风险因素

序号	因素
1	原材料供应异常
2	发电负荷异常
3	设备故障及设备检修
4	运力不足
5	军事演习等特殊情况
6	需求计划不准确
7	供应计划不合理
8	生产计划不合理
9	发运计划不合理

(3)风险事件发生后造成的影响:供应量过大或不足。

2. 风险1.2

(1)描述:在物资从供应商运输到中转地的过程中存在的影响物资供应保障的风险。

(2)造成风险的因素见表13-5。

表13-5　风险1.2的风险因素

序号	因素
1	因重新编组等导致铁路运输周期延长
2	因地质灾害、恶劣天气等导致铁路运输中断

(3)风险事件发生后造成的影响:到货滞后或发货中断。

3. 风险 1.3

(1)描述:转运站在接卸、仓储及出库等过程中存在的影响物资供应保障的风险。

(2)造成风险的因素见表 13-6。

表 13-6　风险 1.3 的风险因素

序号	因素
1	发运物资的品种、规格型号、交货地点错误
2	发货清单填写错误
3	到货物资与发货清单信息核对工作落实不到位
4	盘点不准确
5	入库、出库单据填写错误
6	需求计划不准确
7	供应计划不合理

(3)风险事件发生后造成的影响:出现装卸错误导致可供调拨物资量减少,库存量统计不准确影响供应决策,计划不准确导致实际库存量偏多或偏少。

4. 风险 1.4

(1)描述:在物资从中转地运输至现场过程中存在的影响物资供应保障的风险。

(2)造成风险的因素见表 13-7。

表 13-7　风险 1.4 的风险因素

序号	因素
1	因地质灾害、恶劣天气、人为原因等导致交通中断
2	运力不足

(3)风险事件发生后造成的影响:供应量不足。

5. 风险 1.5

(1)描述:在物资运至现场之后的管理过程中存在的影响物资供应保障的风险。

(2)造成风险的因素见表 13-8。

表 13-8　风险 1.5 的风险因素

序号	因素
1	现场库存统计不准确
2	出库单据填写错误

(3)风险事件发生后造成的影响:现场库存量骤减或接卸错误导致现场库存量损失。

13.4.1.2　风险评估

首先对风险的发生概率和影响划分层次,具体见表 13-9 和表 13-10。

表 13-9　风险概率划分

风险概率				
很低 小于 10%	低 10%~30%	中等 30%~60%	高 60%~80%	很高 大于 80%

表 13-10　风险影响划分

风险影响					
项目	0.05	0.10	0.20	0.40	0.80
进度	拖延不显著	拖延小于 5%	拖延 5%~10%	拖延 10%~20%	拖延大于 20%
成本	增加不显著	增加 <10%	增加 10%~20%	增加 20%~40%	增加大于 40%
质量	几乎无影响	影响较小	有一定影响， 但勉强合格	影响较大， 须采取补救措施	完全无法接受

注:对物资供应来说,风险的直接影响是物资供应保障、物资成本和物资质量等,而物资供应保障、物资成本和物资质量又直接影响工程进度、工程成本和工程质量,为从工程角度考虑风险影响,表中进度指土建工程施工进度,成本包括物资供应本身的采购成本和管理成本以及土建工程施工成本,质量指土建工程质量。

本例只针对供应风险,供应风险直接影响的是工程进度,因此在评估时仅针对表中进度一栏。

其次根据风险事件发生概率和影响的不同组合,编制概率影响矩阵,该矩阵可以将风险划分为低、中、高 3 个区域。利用风险概率和影响评估的结果,确定已识别的每一个风险在概率影响矩阵中的位置,从而得出其评级。具体见表 13-11。

表 13-11　概率影响矩阵

概率	影响				
	0.05	0.10	0.20	0.40	0.80
大于 80%	0.04	0.08	0.16	0.32	0.64
60%~80%	0.035	0.07	0.14	0.28	0.56
30%~60%	0.022 5	0.045	0.09	0.18	0.36
10%~30%	0.01	0.02	0.04	0.08	0.16
小于 10%	0.005	0.01	0.02	0.04	0.08

表中右上角区域(底纹为散点区域)为高级别风险,须优先应对或重点应对,中间区域(无底纹区域)为一般风险,可一般应对,左下角区域(底纹为灰色区域)为低级别风险,可次要应对或不急于应对。

在此基础上,结合实际情况,根据识别出的供应风险及因素对各供应风险事件发生的概率和影响进行评估,相关数据时间为 2010 年 12 月 26 日,具体如下。

1. 风险 1.1

当前供应 Ⅰ 级粉煤灰的供应商包括云南宣威和云南曲靖,对造成风险的各种因素具体分析见表 13-12 和表 13-13。

表 13-12 风险因素分析（宣威）

序号	因素	分析结果
1	原材料供应异常	原材料供应正常
2	发电负荷异常	发电负荷正常
3	设备故障及设备检修	设备故障可能性较小，近期无检修计划
4	运力不足	目前有 69 节 U 型罐车，新增车皮尚未到位，可能出现运力不足
5	军事演习等特殊情况	火车站点改造、六沾复线施工，对车皮发运影响较大
6	需求计划不准确	可能性较小
7	供应计划不合理	可能性较小
8	生产计划不合理	可能性较小
9	发运计划不合理	可能性较小

表 13-13 风险因素分析（曲靖）

序号	因素	分析结果
1	原材料供应异常	原材料供应正常
2	发电负荷异常	发电负荷正常
3	设备故障及设备检修	设备故障可能性较小，近期无检修计划
4	运力不足	39 节 U 型罐车，准备更换为集装箱车皮，运力充足
5	军事演习等特殊情况	可能性较小
6	需求计划不准确	可能性较小
7	供应计划不合理	可能性较小
8	生产计划不合理	可能性较小
9	发运计划不合理	可能性较小

本月 I 级粉煤灰需求计划为高线混凝土系统 11 000 t，低线混凝土系统 3 200 t，当前库存（转运站加现场）为宣威 3 600 t，曲靖 1 800 t。结合近期实际发运情况综合分析，评估结果如下：

风险事件发生概率（15 d 内）——宣威为 85%，曲靖为 5%。

风险影响——宣威为 0.4（一旦供应不足，可能影响工期 3~7 天），曲靖为 0.2（一旦供应不足，可能影响工期 1~3 天）。

2. 风险 1.2

对造成风险的各种因素具体分析见表 13-14 和表 13-15。

表 13-14　风险因素分析（宣威）

序号	因素	分析结果
1	因重新编组等因素导致铁路运输周期延长	可能性一般
2	因地质灾害、恶劣天气等导致铁路运输中断	可能性极小

表 13-15　风险因素分析（曲靖）

序号	因素	分析结果
1	因重新编组等因素导致铁路运输周期延长	可能性较小
2	因地质灾害、恶劣天气等导致铁路运输中断	可能性极小

近期Ⅰ级粉煤灰运输周期一般在 3～4 天，超过 5 天的情况较少，由于转运站和现场均有一定库存，因此少数车皮到货滞后对整体供应影响不大，经过综合分析，评估结果如下：

风险事件发生概率（15 天内）——宣威为 30%，曲靖为 20%。

风险影响——宣威为 0.1，曲靖为 0.05。

3. 风险 1.3

对造成风险的各种因素具体分析见表 13-16。

表 13-16　风险因素分析

序号	因素	分析结果
1	发运物资的品种、规格型号、交货地点错误	可能性极小
2	发货清单填写错误	可能性极小
3	到货物资与发货清单信息核对工作落实不到位	可能性极小
4	盘点不准确	可能性一般
5	入库、出库单据填写错误	可能性极小
6	需求计划不准确	可能性较小
7	供应计划不合理	可能性较小

漫水湾铁路转运站运行管理体系已经成熟，各岗位人员也比较稳定，供应商驻站代表经过长期协作，工作配合也比较默契，因此各个环节的人为失误发生概率很低。库存盘点由于客观原因，准确率难以保证，因此盘点结果与实际库存会存在一定误差。在此环节风险因素的作用无品牌差别，综合分析，评估结果如下：

风险事件发生概率（15 天内）为 20%。

风险影响为 0.1。

4. 风险 1.4

对造成风险的各种因素具体分析见表 13-17。

表 13-17　风险因素分析

序号	因素	分析结果
1	地质灾害、恶劣天气、人为原因等导致交通中断	可能性较小
2	运力不足	可能性较小

当前季节锦屏水电站对外交通公路发生地质灾害的可能性很小,但有可能因大雪导致交通中断,而专业运输单位车辆配备充足,发生运力不足的可能性也较低。在此环节风险因素的作用无品牌差别,综合分析,评估结果如下:

风险事件发生概率(15 天内)为 20%。

风险影响为 0.1。

5. 风险 1.5

对造成风险的各种因素具体分析见表 13-18、表 13-19。

表 13-18　风险因素分析(宣威)

序号	因素	分析结果
1	现场库存统计不准确	可能性一般
2	出库单据填写错误	可能性极小

表 13-19　风险因素分析(曲靖)

序号	因素	分析结果
1	现场库存统计不准确	可能性一般
2	出库单据填写错误	可能性极小

高线混凝土系统和低线混凝土系统分别使用宣威和曲靖 I 级粉煤灰,除客观原因导致库存盘点与实际会有一定差异外,低线混凝土系统承包商以往出现过几次库存统计的人为失误,因此库存统计的准确性可能更低,对供应造成的影响更大。综合分析,评估结果如下:

风险事件发生概率(15 天内)——宣威为 20%,曲靖为 20%。

风险影响——宣威为 0.1,曲靖为 0.2。

将风险 1.1 ~ 1.5 的评估结果对应到表 13-11 的概率影响矩阵中,得到风险分级清单,见表 13-20。

表 13-20　风险分级清单

级别	内容
高级别风险	风险 1.1(宣威)
一般风险	无
低级别风险	风险 1.1(曲靖)、风险 1.2(宣威)、风险 1.2(曲靖)、风险 1.3、风险 1.4、风险 1.5(宣威)、风险 1.5(曲靖)

从表 13-20 中可以看出需要重点采取措施应对的风险只有风险 1.1(宣威)。

13.4.1.3 风险应对

1. 应对必要性分析

根据风险评估结果可知,风险1.1(宣威)发生的概率非常高,即宣威Ⅰ级粉煤灰很有可能出现到货量不足的情况,而其月度需求计划量在Ⅰ级粉煤灰总需求计划量中占有很高的比例(约77%),一旦到货量不足,供应缺口的绝对数值较大,考虑到其使用的部位为锦屏一级大坝浇筑,若因供应中断导致工程进度滞后,除造成现场窝工导致承包商索赔外,还将影响到锦屏一级水电站首台机组发电目标的实现。因此,必须采取有效措施,填补宣威Ⅰ级粉煤灰可能的到货量不足产生的供应缺口。

2. 应对可行性分析

造成风险1.1(宣威)的因素主要在铁路方面,协调难度大,且效果难以保证,针对因素本身难以采取有效的措施,因此只能考虑高线混凝土系统更换Ⅰ级粉煤灰品牌。业主目前有三个备用供应商可供选择,因此该方案具有可行性。

3. 应对紧迫性分析

当前漫水湾铁路转运站和现场的宣威Ⅰ级粉煤灰库存量共3 600 t,在途450 t,高线混凝土系统日均消耗370 t,当前库存量加在途量可维持现场11天施工,考虑到1月初高线系统将检修2天,最多可维持13天施工,而启动备用供应商所需周期约5~7天(准备车皮、转产、运输耗时等),因此时间非常紧迫,必须尽快做出决策并实施相应措施。

4. 应对措施制定和实施

Ⅰ级粉煤灰备用供应商包括河南荣欣、四川地博和四川涛峰,高线系统有荣欣和涛峰的配合比试验结果,质量风险可控,因此在这两个中选择,具体对比见表13-21。

表13-21　荣欣和地博对比

对比项目	荣欣	地博
电力负荷和生产情况	负荷稳定,日风选Ⅰ级灰约500 t	目前1台机组发电,1月增至2台机组,粉煤灰产能充足
车皮配置	60节U型罐车	40节集装箱车皮
运输周期(单程)	7~12天	4~6天
近期发运情况	2010年已无车皮计划,2011年1月何时能恢复供应尚不确定	发运情况良好,最近一个月运至漫水湾铁路转运站Ⅱ级粉煤灰共8 500 t
价格(元/t)	386	373

从表13-21可见地博在运输周期、近期发运情况及价格都具有优势,因此宜选择地博Ⅰ级粉煤灰作为近期高线混凝土系统Ⅰ级粉煤灰替代品牌。

由于时间紧迫,须立即通知地博尽快发货,考虑到转运站库存容量限制,因宣威并未停止供应,因此不宜向地博下达过多计划,综合考虑后,地博的1月供货计划量定为5 000 t。

13.4.1.4 系统监控

在前述应对措施实施后,仍须对以下内容保持密切关注:

(1)造成风险的各种因素变化情况,特别是宣威的车皮配置情况以及火车站点改造、六沽复线施工对车皮发运的影响。

（2）由于各种因素自身变化或相关条件（如库存量）发生变化，导致部分风险事件发生概率或影响的变化。

（3）地博实际发货及到货的情况，转运站罐位占用情况，高线混凝土系统品牌切换过程中从转运站开票、装车、运输、现场卸灰等各环节不同单位之间对接的正确性等。

选取2011年2月11日为时间点，上述密切关注的内容具体情况如下：

（1）宣威的U形罐车和集装箱车皮数量共计超过100节，火车站点改造和六沾复线施工均已完成，不再对车皮发运造成影响，且春节期间铁路货运畅通，运输周期较快。

（2）转运站和现场Ⅰ级粉煤灰库存量持续增加，锦屏对外交通中断的可能性也因1月下旬出现的大雪天气导致的交通中断而有所增大。

（3）地博发货情况优于预期，当月到货量已超过供货计划。

各因素及相关条件持续变化，有必要再次进行相关风险管理工作。但在此之前，需完成更新记录的工作。

13.4.1.5　更新记录

对上一次风险管理过程进行记录整理，包括识别风险、评估风险和应对风险决策的过程，并对相关数据进行更新。

13.4.1.6　再次识别风险

由于部分风险因素随时间推移并无实质变化，为避免重复，此处对于和前述识别风险结果重复的不再列举。

经过识别，风险1.3增加一项，即转运站库存量过大，该因素可能导致转运站车皮积压，难以正常运转。

13.4.1.7　再次评估风险

1. 风险1.1

当前供应Ⅰ级粉煤灰的供应商包括云南宣威、云南曲靖和四川地博，对造成风险的各种因素具体分析见表13-22、表13-23和表13-24。

表13-22　风险因素分析（宣威）

序号	因素	分析结果
1	原材料供应异常	原材料供应正常
2	发电负荷异常	5台机组发电，日风选Ⅰ级灰约1 000 t
3	设备故障及设备检修	设备故障可能性较小，近期无检修计划
4	运力不足	U形罐车和集装箱车皮共计超过100个，运力充足
5	军事演习等特殊情况	可能性较小
6	需求计划不准确	可能性较大，需求计划容易偏大
7	供应计划不合理	可能性较小
8	生产计划不合理	可能性较小
9	发运计划不合理	可能性较大，受春运期间铁路倾向货运影响，发货量可能较大

表 13-23　风险因素分析(曲靖)

序号	因素	分析结果
1	原材料供应异常	原材料供应正常
2	发电负荷异常	5 台机组发电,日风选 I 级灰约 500 t
3	设备故障及设备检修	设备故障可能性较小,近期无检修计划
4	运力不足	39 节 U 形罐车,准备更换为集装箱车皮,运力充足
5	军事演习等特殊情况	可能性较小
6	需求计划不准确	可能性较大,需求计划容易偏大
7	供应计划不合理	可能性较小
8	生产计划不合理	可能性较小
9	发运计划不合理	可能性较大,受春运期间铁路倾向货运影响,发货量可能较大

表 13-24　风险因素分析(地博)

序号	因素	分析结果
1	原材料供应异常	原材料供应正常
2	发电负荷异常	2 台机组发电,粉煤灰产能充足
3	设备故障及设备检修	设备故障可能性较小,近期无检修计划
4	运力不足	70 余节集装箱车皮,运力充足
5	军事演习等特殊情况	可能性较小
6	需求计划不准确	可能性较大,需求计划容易偏大
7	供应计划不合理	可能性较小
8	生产计划不合理	可能性较小
9	发运计划不合理	可能性较大,受春运期间铁路倾向货运影响,发货量可能较大

本月 I 级粉煤灰需求计划为高线混凝土系统 10 200 t、低线混凝土系统 4 000 t,供货计划方面,宣威为 10 000 t、曲靖为 4 000 t、地博为 4 000 t。至 2 月 11 日,本月度(从 1 月 26 日算起)宣威、曲靖和地博的 I 级粉煤灰到货量分别为 4 950 t、2 352 t 和 5 243 t,宣威和曲靖发货基本正常,地博的发货量已经超出月计划。从上述情况看,I 级粉煤灰供应量很可能过大,经综合分析,评估结果如下:

风险事件发生概率(15 天内)——宣威为 10%,曲靖为 20%,地博为 100%。

风险影响—— 宣威为 0.05,曲靖为 0.05,地博为 0.1。

2. 风险 1.2

宣威、曲靖和地博风险因素分析结果相同,见表 13-25。

表 13-25 风险因素分析

序号	因素	分析结果
1	重新编组等导致铁路运输周期延长	可能性极小
2	因地质灾害、恶劣天气等导致铁路运输中断	可能性极小

近期铁路货运比较顺畅,宣威和曲靖运输周期一般不超过 3 天,地博约 5 天,且转运站和现场库存较多,少数车皮到货滞后对整体供应几乎没有影响。在此环节风险因素的作用无品牌差别,经过综合分析,评估结果如下:

风险事件发生概率(15 天内)为 5%。

风险影响为 0.05。

3. 风险 1.3

对造成风险的各种因素具体分析见表 13-26。

表 13-26 风险因素分析

序号	因素	分析结果
1	发运物资的品种、规格型号、交货地点错误	可能性极小
2	发货清单填写错误	可能性极小
3	到货物资与发货清单信息核对工作落实不到位	可能性极小
4	盘点不准确	可能性一般
5	入库、出库单据填写错误	可能性极小
6	需求计划不准确	可能性较小
7	供应计划不合理	可能性较小
8	转运站库存量过大	可能性较大

根据前述分析,与计划相比,Ⅰ级粉煤灰供应量很可能过大。另外,受春节影响,现场施工进度与计划相比明显滞后,与计划相比,Ⅰ级粉煤灰消耗量很可能偏小,目前高线混凝土系统Ⅰ级粉煤灰库存已达 3 000 t 以上,低线混凝土系统也接近满库存。转运站库存量过大虽然对物资供应保障和工程进度没有直接影响,但若一旦导致车皮积压,铁路部门可能要求转运站停运整改,整个物资供应链的运行将受到重大影响。在此环节风险因素的作用无品牌差别,综合分析,评估结果如下:

风险事件发生概率(15 天内)为 70%。

风险影响为 0.8。

4. 风险 1.4

对造成风险的各种因素具体分析见表 13-27。

表 13-27　风险因素分析

序号	因素	分析结果
1	地质灾害、恶劣天气、人为原因等导致交通中断	可能性一般
2	运力不足	可能性较小

1 月下旬锦屏对外交通因大雪天气中断数天,近期仍有可能出现类似情况,专业运输单位车辆配备充足,发生运力不足的可能性也较低。在此环节风险因素的作用无品牌差别,综合分析,评估结果如下:

风险事件发生概率(15 天内)为 30%。

风险影响为 0.1。

5. 风险 1.5

风险因素分析结果与前面的风险评估部分相同,只是将宣威替换为地博,见表 13-18、表 13-19。

评估结果与前次风险评估相同,如下:

风险事件发生概率(15 天内)——地博为 20%,曲靖为 20%。

风险影响——地博为 0.1,曲靖为 0.2。

将风险 1.1~1.5 的评估结果对应到表 13-11 的概率影响矩阵中,得到风险分级清单,见表 13-28。

表 13-28　风险分级清单

级别	内容
高级别风险	风险 1.3
一般风险	风险 1.1(地博)
低级别风险	风险 1.1(宣威)、风险 1.1(曲靖)、风险 1.2、风险 1.3、风险 1.4、风险 1.5(地博)、风险 1.5(曲靖)

13.4.1.8　再次应对风险

1. 应对必要性分析

根据评估结果,风险 1.3 发生的概率很高,且影响很大,即按照目前趋势,转运站 I 级粉煤灰库存量很可能出现过大的情况,转运站散装储料罐数量和容量均有限,且物资品种和品牌众多,不同品种和品牌的物资必须分罐存放,一旦无罐可卸导致车皮积压,将可能面临停运整改,从而对供应链的正常运转产生巨大影响,不光 I 级粉煤灰,其他经过转运站中转的物资也将受到牵连。因此,必须采取措施避免该情况发生。风险 1.1(地博)是风险 1.3 发生的原因之一,可一并采取措施应对。

2. 应对可行性分析

若想避免转运站 I 级粉煤灰库存量过大导致车皮积压的情况,可以从两方面考虑。一方面是增加 I 级粉煤灰在转运站存放的罐位,但其他在转运站中转的散装物资品种也因相同因素面对和Ⅰ级粉煤灰同样的问题,因此该思路不可行。另一方面是从Ⅰ级粉煤灰自身供应链着手,通过减少到货量或增加转运站出库量,以达到控制库存的目的。高线混凝土系统和低线混凝土系统由于春节因素很多民工尚未返回,人力不足,施工进度滞后局面很难在短时间扭转,因此Ⅰ级粉煤灰消耗量难以明显增加,增加转运站出库量不可行,但通过协调宣威、曲靖、地博三个供应商,使其减缓发货节奏(特别是地博,可以继续超计划发货将拒绝接收为由要求其暂停发货),从而减少Ⅰ级粉煤灰到货量是切实可行的。且按照目前宣威发货的情况,并无明显制约因素,待高线混凝土系统将现有地博Ⅰ级粉煤灰用完后将品牌更换为宣威,仍然可以满足施工需求。

3. 应对紧迫性分析

目前,转运站存放宣威Ⅰ级粉煤灰的灰罐共3个,容量4 500 t,当前库存3 800 t,在途800 t;存放曲靖的灰罐共2个,容量3 000 t,当前库存2 200 t,在途0 t;存放地博的灰罐共2个,容量3 000 t,当前库存2 900 t,在途735 t。转运站当前空置的灰罐共4个。从以上数据可见,必须立即采取措施控制Ⅰ级粉煤灰到货量。

4. 应对措施的制定和实施

当前Ⅰ级粉煤灰供应商包括宣威、曲靖和地博,立即协调地博暂停发货,协调宣威立即降低发货强度,控制在日均300 t以下,协调曲靖控制日均发货量在100 t以下。

13.4.1.9 系统监控

在前述应对措施实施后,仍须对以下内容保持密切关注:

(1)造成风险的各种因素变化情况,包括铁路运输状况、转运站库存、现场施工进度等。

(2)各供应商是否按要求暂停或减缓发货。

13.4.1.10 更新记录

对上一次风险管理过程进行记录整理,包括风险识别、风险评估、风险应对及风险监控的过程,并对相关数据进行更新。

13.4.1.11 关于本例的说明

(1)在实际过程中,风险识别、风险评估、风险应对、风险监控、更新记录等工作都是反复进行的,频率一般不低于每天一次。为了具有代表性和典型性,本例只选取了两个时间点对各管理环节的实际操作进行具体说明,在这两个时间点以外的时间里,风险管理人员同样开展了大量的类似工作。

(2)在完成风险评估后,要应对哪些风险由风险管理人员视具体情况确定。由于物资供应管理各环节相互关联,任一环节的风险都影响到整个供应链风险管理目标的实现(每个环节供应保障出现问题都会导致整个供应链供应保障风险管理的失败),因此对于级别较低的风险,也需采取一定措施应对,比如造成风险的人为因素,具有发生概率低、影响大的特点,且其概率和影响的变化缺乏规律,对于这类因素,可以通过一些日常管理手段进一步降低其发生的概率,本例为突出典型性,并未详细展开叙述。

(3)在第二个时间点的风险管理中,重点关注的风险1.3实际上也存在于其他经过转运站中转的散装物资的部分品种之中,应综合各相关物资品种,综合考虑应对措施,本例侧重说明通过系统的风险管理,能够及时发现各种风险在不同时间的区别,从而有效应对,因此做了简化处理。

13.4.2 风险事件发生后的风险管理案例

锦屏一级水电站于 2007 年进入开挖高峰期,由于左岸岩体破碎,整体性差,在坝肩开挖过程中需进行多处锚索施工。因此,袋装普硅水泥需求量大。锦屏二级水电站是位于锦屏一级水电站下游的一座引水式电站,其闸坝和引水隧洞进水口等部位与锦屏一级水电站同处于锦屏山西侧。2007 年 7 月 2 ~ 3 日,锦屏一级对外公路 S215 省道九江路段发生局部强降雨,多处发生泥石流,导致 1 处过水路基冲毁、1 处公路挡墙跨塌、1 处路面被山体塌方及泥石流掩埋、1 座桥梁冲毁、2 座桥梁基础跨塌,从西昌到锦屏山西侧工地的交通中断,预计恢复交通需 20 天以上。

风险管理范围:袋装普硅水泥供应风险,即图 13-2 中 1.1 ~ 1.5。

13.4.2.1 应急措施决策

1. 收集信息

在风险事件发生后,首先收集物资供应链各环节信息,包括各项目现场库存和日需求量等。具体见表 13-29。

表 13-29 锦屏山西侧主要项目袋装普硅水泥现场库存及需求计划

序号	项目	库存(t)	当月需求计划(t)
1	左坝肩开挖	2 000	8 500
2	右坝肩开挖	600	1 554
3	上游围堰	200	1 596
4	地下厂房	1 500	1 260
5	左岸基础处理	300	2 800
6	印把子砂石系统	550	500
7	三滩砂石系统	250	300
8	专用炸药库	60	80
9	胶带机隧洞	280	300
10	猫猫滩交通桥	200	1 020
11	西端辅助洞	400	1 000

2. 评估影响

对锦屏山西侧主要项目袋装普硅水泥现场库存及需求计划进行分析,印把子砂石系统、三滩砂石系统、专用炸药库、胶带机隧洞四个项目需求计划较少,且库存充足,其余项目现场库存均无法满足 20 天施工需求。从总量上看,在充分考虑项目之间库存调配的基础上,现场库存能够维持施工 7 ~ 10 天,若不采取应急措施,各项目将停工 10 天以上,由此带来的进度和经济损失巨大。

3. 制定应急措施

1）运输路线选择

除目前中断的道路外,锦屏山西侧工地还有另一条线路可通往外界,即经九龙河口至甘孜州九龙县,袋装普硅水泥可通过绕道九龙县运至工地。

2）交货地点选择

按照上述绕道路线,水泥运输可由承包商负责运输,也可由供应商负责运输。由于承包商数量较多,且对外交通中断,联系车辆存在较大困难,而供应商在运输方面有长期的合作伙伴,组织车辆能力较强,因此交货地点选在工地现场。

3）供应商选择

目前袋装普硅水泥供应商包括峨胜、双马、金顶和乃托,锦屏山西侧工地各项目主要使用峨胜、双马和金顶水泥,缺少乃托水泥配合比,在峨胜、双马和金顶中,峨胜的供应能力最强,双马和金顶次之。经过与各供应商商谈,双马和金顶难以在短时间内组织足够的运力,因此最终确定由峨胜负责应急绕道供应。

4）应急措施具体要求

由于现场库存最多只能维持施工7~10天,因此首批绕道运输的水泥须在7月11日左右到达工地,日到货数量按照600~800 t安排。为确保现场库存有效利用,由业主工程部门按照施工优先顺序对现场库存水泥统筹协调分配,确保重点工程顺利施工。

4. 实施应急措施

1）供应商发运

与峨胜商谈并完善手续的同时,要求峨胜按照7月11日前到货的要求组织安排车辆,并由业主总部派人到峨胜厂内督办。

2）现场接收

首先确定各项目施工优先顺序,具体见表13-30。

表13-30 各项目优先顺序一览

排序	项目名称	承建单位	关键工序
1	上游围堰	葛洲坝	堰肩帷幕灌浆
2	西端辅助洞	中铁二局	开挖、支护
3	左岸基础处理	七十四联营体	1670、1730层开挖支护、1834抗剪洞支护和衬砌、灌浆试验、衬砌
4	左坝肩开挖	中水七局	开挖、支护
5	胶带机隧洞	中铁十九局	开挖、支护
6	地下厂房、专用炸药库	中水十四局	开挖、支护
7	右坝肩开挖	葛洲坝	开挖、支护

然后根据优先顺序对到货水泥进行分配,7月11日第一批水泥到货分配情况见表13-31。

表 13-31　第一批到货水泥分配

排序	项目名称	承建单位	分配数量(t)
1	上游围堰	葛洲坝	15
2	西端辅助洞	中铁二局	17
3	左岸基础处理	七十四联营体	17
4	左坝肩开挖	中水七局	25
5	胶带机隧洞	中铁十九局	0
6	地下厂房、专用炸药库	中水十四局	0
7	右坝肩开挖	葛洲坝	0
合计			74

之后到货的水泥仍按照上述优先顺序进行分配,此处不再详述。

3)其他工作

为保证水泥运至现场后移交承包商使用过程的规范性,还须对水泥领用流程、票据流转、现场库存信息传递等进行合理安排,此处不再详述。

13.4.2.2　系统监控

在实施应急措施后,须对以下内容保持密切关注:

(1)峨胜每天的水泥发货情况和到货情况。

(2)各项目施工进度、水泥消耗情况和水泥库存。

(3)受灾路段修复进度。

由于峨胜通过绕道运输供应至现场的水泥价格较高,为有效控制成本,应在断路期间合理控制现场库存量,特别是临近对外交通恢复时,更要将现场库存进一步压缩,严格控制各个项目的水泥分配数量。为此,业主于7月25日(交通恢复前10天)对关键项目排序及日供应水泥强度进行了再次明确,并将消耗水泥的关键工序进行了细化,用以指导水泥统筹分配,具体见表13-32。

表 13-32　关键项目水泥计划日供应量

排序	项目名称	消耗水泥关键工序	每日水泥计划供应量(t)	备注
1	上游围堰	堰肩帷幕灌浆	50	防汛项目
2	西端辅助洞	开挖后初期支护、水沟路面	30~50	锦屏一、二级重点保通项目(业主协供部分水泥确保初期支护和部分水沟路面正常施工)
3	左岸基础处理	五层洞室喷混凝土支护、混凝土浇筑	90	锦屏一级关键线路项目

排序	项目名称	消耗水泥 关键工序	每日水泥计划 供应量(t)	备注
4	左坝肩开挖	边坡支护(喷混凝土、锚索灌浆);抗剪洞灌浆	250	安全工序使用水泥较多
5	印把子砂石系统	洞室喷混凝土支护;成品廊道施工	30	关键项目(结合库存消耗情况供应)
	三滩砂石系统	场平挡墙	10	关键项目(结合库存消耗情况供应)
6	地下厂房、专用炸药库	洞室喷混凝土支护;炸药库混凝土浇筑	60	安全工序使用水泥
7	右坝肩开挖	出线场施工;边坡支护(喷混凝土、锚索灌浆)	80	安全工序使用水泥

13.4.2.3 更新记录

对本次风险应急处理过程进行记录整理,主要是应急措施决策过程,并对相关数据进行更新。

第六部分　工程物资供应链技术与质量管理

　　技术与质量是水电开发工程建设管理中两块非常重要的基石,技术和质量管理体系的建立将直接关系到工程建设目标的实现,而且技术与质量在工程建设管理中往往密不可分。本部分从水电开发工程建设的特点出发,提出并建立工程物资供应链技术与质量管理体系,包括工程物资技术及质量体系规划、针对供应商的技术提升及培育、工程物资供应链质量保证及监控措施、工程物资驻厂监造服务与管理等,给出雅砻江流域水电开发有限公司在工程物资供应链技术与质量管理中的最佳管理实践。

第14章 工程物资供应链技术与质量管理

14.1 概 述

"技术"一次来源于希腊文"techne"(工艺、技能)与"logos"(词、讲话)的组合,最初是指技能、技巧。古希腊著名哲学家亚里士多德认为:科学是知识,而技术则是和人们的实践活动相联系并在活动中体现出来的技能。《辞海》中则把技术定义为"泛指根据生产实践经验和自然科学原理而发展成的各种工艺、操作方法和技能,相应的生产工具和其他物资设备,以及生产的工艺过程或作业程序、方法。"

如同其他常用名词一样,人们对技术的定义并没有相应的标准,从各类定义中可以发现技术的一些基本内涵,技术是人类的一种特殊的实践活动方式,是人类为了提高社会实践活动的效率和效果而积累、创造并在实践中运用的各种物质手段、工艺程序、操作方法、技能技巧和相应知识的综合。基于以上分析,简单来说,技术管理就是对技术以及与技术有关的活动进行管理,技术管理的目的是开发和运用技术这种稀缺资源,为企业乃至国家创造竞争优势和财富。

水电开发工程建设是人类社会经济发展中的一项重要工程实践活动,势必需要各种各样的技术活动贯穿其中。在水电开发工程建设施工组织过程中以及从工程建设目标出发,工程建设所需要的工程物资的生产与供应过程同样也离不开相应的技术管理活动的支撑,包括工程物资的技术性能指标的确立和优化、物资包装的选择、工程物资新技术新材料的研究、具备如此技术性能指标的工程物资的生产和物流技术体系(包括仓储、运输、装卸等)的建立和持续保障,这些技术管理活动需要在工程业主的组织协调下,由工程设计单位、物资供应商、中转储备系统、工程承包商、工程物资新技术新材料研发单位等共同参与其中,以达到为工程建设物资生产和供应提供技术能力保障的目的。

在技术管理服务的众多工程建设目标中,成本目标和质量目标是最主要的,特别是后者。因此,准确把握技术管理与质量管理之间的界面和联系变得十分重要,这也是本章阐述的主要内容。

质量是指"一系列内在特性满足要求的程度",内在特性是否满足要求决定质量是否合格。因此,工程物资供应链质量管理有两个目标,一是使供应链上物资的质量合格且稳定,二是及时准确发现供应链上质量不合格的物资以及质量不稳定的趋势。这两个目标的实现,是有效的技术管理与质量管理共同作用的结果,技术管理确定手段和措施,质量管理则监控手段和措施的落实情况及实际效果,而内在特性的要求则通过对物资技术指标的要求予以量化。从这一点上来说,技术管理与质量管理具有紧密的联系。一方面,技术管理为质量管理提供指标依据,并为质量管理目标的实现提供支持;另一方面,质量管理过程中发现的问题也能反映技术管理存在的不足,从而促进技术管理的持续改进和完善。

为了实现上述目标,供应链质量管理一般可分为质量规划、质量保证和质量监控。现代质量管理的基本信条之一是,质量是规划、设计和建造出来的,而不是检查出来的。预防错误的成本通常比在检查中发现并纠正错误的成本少得多。因此,对于质量规划和质量保证,业主应给予充分的重视,充分利用技术管理提供的手段和措施,并将自身的质量管理理念通过具体的管理措施传递到供应链上其他相关单位,从而使供应链质量管理的总体水平不断提高。

正如第7章所阐述的,在工程物资供应链运行过程中,为了保障工程物资生产和供应过程中技术能力和物资质量得到充分保障,引入了工程物资驻厂监造服务。这是工程物资供应链日常运行中技术与质量管理得以实现的重要手段。

14.2 工程物资技术及质量体系规划

14.2.1 技术指标体系建立的一般原则

大型水电工程往往受制于当地骨料、地质条件等不利因素影响,对材料技术指标要求较高,特别是汶川地震后,相对而言,设计单位在提物资技术指标时更为保守。而水电工程建设过程中,物资采购成本是影响工程投资控制的一项重要因素,而物资技术指标的高低直接影响到物资采购成本的多寡。因此,如何确定合适的物资技术指标体系,达到工程建设质量保障与工程投资控制的综合平衡,是物资技术指标体系确定的基本原则。

在大型水电站开发过程中,物资技术指标体系的确立应充分考虑以下主要内容。

14.2.1.1 满足工程建设对物资的要求

物资质量是工程建设质量的基础,因此物资的技术指标要求应以能满足工程建设为首要目标,要以保障工程建设顺利进行为核心。比如,高拱坝对混凝土温度控制要求较高,以尽可能减少温度裂缝对工程质量的影响,而混凝土中,水泥水化过程中释放的热量是混凝土施工过程中温度变化极为重要的影响因素,因此除采取相关工程措施外,势必会要求采用尽可能低水化热,水化过程尽可能平稳的水泥,而市场通用的硅酸盐水泥虽然价格较低,保障能力较强,但显然不能满足工程建设的要求,故而选用物资品种及类型时首先考虑工程的实际需求。

14.2.1.2 节约采购成本,控制工程投资

从前面的分析中可知,无论是普硅水泥还是中热水泥,都提出了比较高的技术要求,基本都需要单独生产和专库存放。事实上,每增加一项单独的技术指标要求,就意味着增加一部分生产和采购成本,对公司投资控制不利,而且需要订单生产的水泥,通常供应保障能力低,风险大。

物资的采购成本与采购物资品种的通用性,物资的技术指标要求等有直接的关系,而物资采购成本在工程总投资中占有重要的比例。如果技术指标要求过高,可能会增大采购的半径,增加物资采购的成本(当前水电工程建设中,部分物资在部分地区的采购成本中,运杂费已经远远超过物资出厂价)。因此,应尽可能兼顾水电站周边地区潜在供应商的生产技术水平,制定其能够稳定生产或通过适当培育能稳定生产的较为合理的技术指标。

14.2.1.3 降低工程建设及物资供应中的风险

对于水电工程建设,质量与进度是建设管理中的核心内容,直接关系到工程建设的进展、效益甚至成败,因此任何对工程建设质量及进度有重大影响的因素均是建设过程中重点监控的内容。正如"兵马未动,粮草先行"所描述的道理,物资保障作为工程建设的基础,如

果技术指标要求过低,则可能对工程建设的质量控制不利,而技术指标制定得过高,不仅增加了生产过程控制的难度,降低市场竞争力和供应保障能力,而且往往会在供应链各环节检测中,增大出现物资质量争议的可能性,对工程物资供应保障,供应链高效运行及工程建设的顺利进行带来不利影响。

事实上,对于水电站工程任何部位的物资技术指标的确定,都是上述几种因素的综合平衡考虑,达到既满足工程建设要求,又最大可能节省工程投资,减小建设过程中的质量及供应保障风险的目标,实现整体效益的最大化。

传统的水电工程建设过程中,主要物资技术指标的确定往往由设计院独家完成,业主根据设计院提供的物资技术指标在外部市场进行招标采购。该模式下体现保障工程建设对物资技术的要求方面比较突出,但对于外部物资市场情况及未来资源组织难度往往考虑并不充分,而且对于投资控制的研究不够,不能实现整体效益最佳。

雅砻江公司在雅砻江流域水电开发过程中,在充分尊重设计的同时也积极发挥对设计的主导作用,充分发挥业主在信息资源方面的优势,统筹对保障工程质量,降低建设风险,减小工程投资等多方面的综合考虑,引导设计确定最为合理的物资技术指标体系。

14.2.2 技术指标体系建立的过程

水电站工程物资技术指标体系的确立根据工程建设的不同时期主要分为以下几个阶段。

14.2.2.1 提出物资技术指标体系的初步方案

在水电站工程预可研阶段或可研阶段的早期,设计院根据工程特性及周边地区地质、砂石骨料特点,开展初步的材料试验,工程业主开展相应的水电站物资战略策划,完成包含水电站周边一定半径内的主要外部物资品种,主要潜在供应商基本情况等在内的物资战略策划报告。根据外部市场的初步情况及工程的基本要求,提出物资主要品种及技术指标体系的初步方案。

14.2.2.2 确定物资技术指标体系

在水电站工程建设可研阶段,工程业主组织开展对物资供应商的调研,全面梳理和了解外部市场物资情况及潜在供应商的生产技术水平等,完成相应的调研报告和物资市场分析报告,并提供给设计院作为参考(设计单位一般不配置专业的人员进行相关的大规模物资调研及相关分析工作,需要发挥业主在该方面的优势)。设计院根据工程要求及外部市场资源情况及潜在供应商技术水平情况,开展相应的技术指标论证工作及相应的混凝土配合比试验工作,对于新材料等还需进行专项的科研或试验工作,必要时还需开展相应的专家咨询工作。论证过程中,要特别注重开展相关的经济技术分析工作,如混凝土是一个综合体系,当混凝土的相关技术要求确定时,对提高物资技术指标及从整个材料体系和现场质量控制措施两种方式进行经济技术分析,并考虑外部材料供应的风险,便于选择成本最为经济、工程风险最小的方案。

经过相关的分析论证确定物资技术指标体系后,如果有部分物资的技术指标要求适当高于潜在供应商的生产技术水平,则需要开展相应的供应商培育工作。

14.2.2.3 物资技术指标体系的优化

在水电站可研阶段后期或工程施工图设计阶段,各潜在供应商的技术培育工作已经基本完成,根据培育达到的技术水平及工程要求,可能需要对个别指标进行相应的优化,以便于更好地保障工程需求。本阶段需要进行相应的技术咨询及相关试验工作。

大型水电站建设周期(含施工准备期)均较长,在电站建设过程中,可能面临多种不可控因素的影响而导致物资市场形势的巨大变化(如由于火电站进行脱硝改造后,粉煤灰烧失量普遍较之前增大,部分厂家生产Ⅰ级粉煤灰极其困难),或者随着科技的进步使物资品质得到提升,为保障水电站工程建设的顺利进行,同时取得更为显著的经济效益,需要开展相应的技术指标体系优化工作,相关流程同前一节所述。

14.2.3 工程物资新技术新材料研究

技术方面的创新能够为实现供应链管理目标发挥巨大的作用,如生产技术、混凝土配合比、物资品种的选择都可以进行创新性探索。对于业主来说,着重研究新材料的使用是比较现实可行且能取得显著效果的方向。而新材料的研究直接影响到物资技术指标体系,因此必须提前开展。

不同水电站的特性,可能对材料提出特殊的要求,或是新材料新技术的发展以及水电站周边常用物资市场供应能力不足及经济性能较差等因素的影响,使得在水电站建设预可研或可研阶段的相关综合论证中,提出对新材料的运用需求。雅砻江公司在雅砻江中上游各梯级水电站建设过程中,由于中上游电站地理位置相对偏僻,周边地区工业化水平较低,物资特别是粉煤灰等活性材料资源极为匮乏,外运粉煤灰等活性材料的成本极高(远高于水泥),在混凝土中使用粉煤灰的经济性较差,根据当前的研究成果显示,采用磨细石粉可能具有一定的替代粉煤灰的功效,而雅砻江中上游地区相关类型岩石储量丰富,如果能大规模替代粉煤灰,将会有效节省工程建设成本,降低工程投资,为此,雅砻江公司开展了相关石粉代替粉煤灰的专项研究工作(见图14-1)。

由于石粉在水电站工程大规模运用的经验极少,同时雅砻江中上游普遍存在骨料具有碱活性问题且处于高海拔地区,抗冻要求高等特性,对石粉的运用提出了更高的要求。鉴于该项研究经济预期好、研究涉及面较广、要求较高的特点,雅砻江公司成立了相应的研究推进工作组织机构,统一领导协调相关研究的推进工作,为工作的顺利推进提供了组织保证。同时,雅砻江公司组织了对当地及周边地区石粉资源储备,生产加工系统等的调研工作,对重点关注的岩石种类邀请专业地质勘测机构进行了相应的地勘工作,以较为全面地理清水电站周边地区潜在资源的分布情况,并初步筛选具有一定储备能力及地理位置优势的材料品种,为下一步相关决策、相关技术路线的制定及研究工作的顺利开展奠定基础。随后,雅砻江公司组织开展了相应的原材料品质检验等基础性试验工作,同时组织行业内的权威专家进行技术咨询工作,筛选出具有进入下一步深入研究价值的原材料品种,并开展相关技术路线的制定、试验招标方案的制订等工作。经过招标,雅砻江公司确定了几家技术实力强、技术方案较优的科研单位及设计单位开展相关的深入研究工作,几家单位既有符合其特长的专题研究项目,同时也开展对相关单位研究成果的复核工作,以确保其研究成果的可靠性、实用性。在完成深入研究工作的相关技术评审后,在工程现场开展相关的混凝土现场施工试验工作,以进一步积累工程实际运用的经验,并对实验室成果进行验证和修正,综合以上成果,开展国内权威单位组织的技术咨询及审查工作,为石粉技术的全面运用奠定基础。

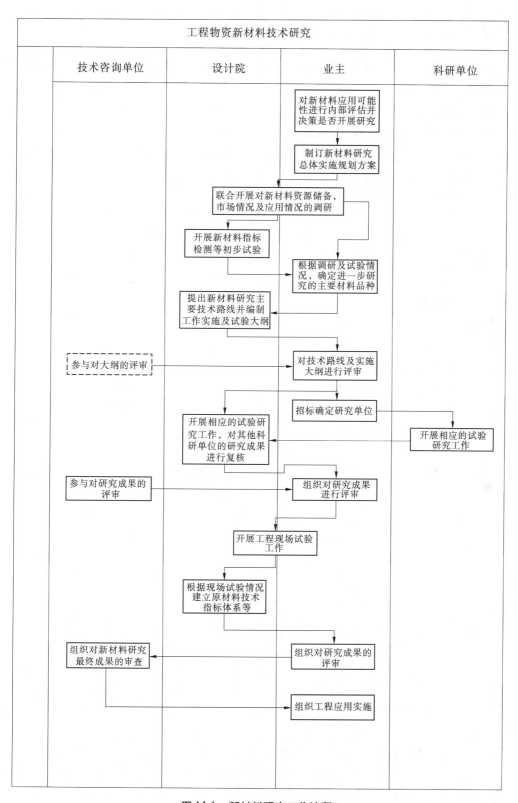

图 14-1 新材料研究工作流程

14.2.4　工程物资质量检测体系

为有效发挥物资质量检测对物资生产和过程中质量的监控作用,应对物资质量检测体系进行规划,具体包括以下内容。

14.2.4.1　进行检测的环节

承包商作为物资的最终使用者,必须对物资质量进行检测。另外,业主还可要求监理单位也进行检测,还可在中转储备系统和现场设立自己的实验室,委托专业单位负责运行,一方面满足质量监控的需求,另一方面还可以满足物资采购合同对物资验收的管理需求。

14.2.4.2　检测指标范围

对于物资检测来说,检测指标范围越大,所需设备和人员越多,实验室的建设和运行成本就越高。若在多个环节设置了实验室进行检测,则应根据管理需要对不同实验室的检测指标范围进行区别界定,如业主设立的实验室必须对物理指标和化学指标都进行检测,非主体工程项目的承包商实验室则只需检测物理指标即可。

14.2.4.3　检测频次

不同环节实验室的检测频次应有所区别,以避免过多的重复检测。如承包商实验室应对每批物资进行检测,而监理单位可对部分批次物资进行检测(如承包商检测频次的20%)。

14.2.4.4　检测标准

在工程物资供应链上,往往需要在多个节点处对物资进行质量检测,为了确保不同实验室对同一批物资的质量检测结果偏差可以接受,必须确定统一的质量检测标准,具体包括不同实验室检测结果差异的目标范围、统一的试验检测操作规程等。

14.3　供应商生产技术的提升及固化

从控制采购成本的角度出发,业主希望物资更多由距离工程现场较近的供应商供应,但事实上很多距离较近的供应商,技术水平都难以满足业主的要求。因此,业主有必要在工程周边选择供应商,协助其提高生产技术,从而增加自身物资采购的选择范围,并有效降低采购成本。相关内容在"7.2.2　工程物资供应商培育"中已经进行了说明,本节就供应商生产技术提升及固化的具体内容和方法等进一步阐述。

14.3.1　供应商生产技术提升及固化的目的和工作内容

对于业主来说,使供应商实现生产技术的提升和固化的目的在于提高物资质量的可靠度和稳定性,进而实现供应链质量管理目标。而对于供应商来说,生产技术的提升和固化对自身软实力的有效提升和企业自身发展都是非常有益的,且效果长远。主要工作内容包括以下几方面。

14.3.1.1　生产技术提升

生产技术的提升主要体现在原材料的参数选择和搭配、生产过程中设备参数的调整、半成品的指标控制范围优化、根据过程数据预估成品技术指标的准确度等方面。

14.3.1.2 提升后技术的固化

这里主要指技术提升过程经验的总结、生产过程相关操作的标准化、过程内控指标范围的确定等。

14.3.2 供应商生产技术提升及固化的方法

业主协助供应商实现生产技术提升及固化的方法有很多种,可根据实际情况和物资供应阶段进行选择,具体如下。

14.3.2.1 试生产

在采购招标前,业主可针对某些技术指标要求较高的物资,选择部分潜在供应商或供应商进行试生产,对产品质量进行检测,并针对检测结果进行总结,分析不足和产生的原因,从而促进参与试生产的供应商生产技术的提高。由于产品可能达不到质量要求,业主可以要求供应商自行降级处理,并给予供应商一定补偿。

14.3.2.2 考核性生产

对于水电工程物资,在生产技术改造等因素影响下的生产源头技术管理主要体现在水泥生产过程中。比如在供应链构建期或由于供应商培育过程中,为进一步提升水泥生产厂家的生产技术水平,提升水泥的品质稳定性,更好为工程建设质量服务或针对生产水平暂时不能稳定满足工程现场对水泥的技术指标要求的情况。雅砻江公司采用了考核性生产的方式促进相关供应商提升其自身技术水平,帮助建立能稳定生产满足现场要求品质的水泥的全过程质量管理体系。

在供应链稳定运行期,随着时间的推进和经济技术的发展,可能出现已经建立全过程质量管理体系的生产线面临淘汰或需要在新的生产线甚至更大规模生产线进行产品生产,特别是工程建设所需的技术水平要求较高的水泥品种,雅砻江公司在相关采购合同中已经明确该种情况,供应商需要根据供应商培育期间进行考核性生产的流程和方式,开展相应的考核性生产工作,工程现场配合开展相关的混凝土配合比复核工作等,以保障水泥品质及现场工程质量。例如,雅砻江公司在 2008 ~ 2009 年对四川峨胜水泥集团股份有限公司在其 1 500 t/d 水泥生产线进行了四次考核性生产,使其能稳定生产满足锦屏、官地水电站中热水泥技术指标要求的中热水泥,并建立了相应的全过程质量管理体系。2011 年,为满足企业生产规模不断扩大的发展要求及受国家相关政策的影响,峨胜水泥决定在其日常 5 000 t/d 水泥生产线上试生产中热水泥。经过相关评估,峨胜水泥根据雅砻江公司前期培育进行考核性生产的方式和经验共进行了两次考核性生产,经过雅砻江公司及相关技术咨询单位的全面指导和参与,成功实现了在日常 5 000 t/d 水泥生产线稳定生产满足锦屏官地技术要求中热水泥的目标,不仅提升了中热水泥的供应保障能力,而且产品品质稳定性好,相对能耗更低,取得了较好的技术经济效益。

水电站物资供应链运行过程中可能会面临各种因素甚至是不可控因素的影响,而其中很可能会涉及相应的物资技术问题,甚至相关的技术问题如何解决将直接影响到工程物资的供应和工程建设的进度和质量。例如,在雅砻江官地水电站建设高峰期的 2010 ~ 2011 年,西南地区包含各流域大型水电站在内的基础设施建设提速,同时火电站机组利用小时数逐步降低,致使西南地区粉煤灰特别是水电站工程急需的优质粉煤灰资源极为匮乏,市场竞争极为激烈。而官地水电站由于是碾压混凝土大坝,单仓粉煤灰需求量极大,供应保障要求极高(单月需求量稳定在 3 万 t 以上),而如果采用单一品牌,任何一家粉煤灰供应商均不可能满足官地水电站的进度要求,将会给官地水电站建设的顺利进行带来不利影响。雅砻江公司一方面在综合分析相关各种粉煤灰技术指标,现场施工技术及相关试验成果,粉煤灰供应保障能力等多方面因素后,开展了在一种粉煤灰使用完成后接续使用下一种粉煤灰的相关试验,并且邀请国内相关的知名专家组成专家组进行了全过程的咨询工作,确立了在碾压混凝土施工过程中,两种粉煤灰接续使用的施工方案,确保了在资源极为紧张的情况下,有效保障水电站施工进度和施工质量,为官地水电站实现提前发电奠定了基础。

14.3.2.3 技术咨询

业主可委托专业的单位对特定的供应商开展技术咨询工作,利用咨询人员专业的知识和丰富的经验,解决供应商生产过程中存在的问题和短板,使供应商突破技术瓶颈。

14.3.2.4 驻厂监造

驻厂监造的作用类似于技术咨询单位,但区别在于,驻厂监造可以对供应商进行长期的技术指导,而技术咨询单位的工作周期均比较有限。驻厂监造的工作内容详见 14.5 节。

14.4 工程物资供应链质量保证

质量保证主要指确保物资本身的质量合格,也就是实现质量管理的第一个目标。为了达到这个目标,首先要生产出质量合格的物资,其次要使物资在运输和储存过程中不因外部原因导致质量受损。

14.4.1 生产

物资生产是供应链质量管理的第一个环节,也是保证物资质量最关键的环节,如果物资的生产质量保证不了,那后续环节的质量管理就无从谈起了。因此,业主必须采取有力措施,保证供应商生产出质量合格的物资。

14.4.1.1 质量保证措施

供应商的生产技术经过提升和固化,形成一系列技术手段,这些技术手段即质量保证措施,从而使供应商具备了生产质量合格产品的条件。

14.4.1.2 质量管理体系

在实际生产过程中,优良的生产技术能否转化为质量合格且稳定的产品,取决于各项质量保证措施的落实情况,由于涉及环节很多,任何一个环节的质量保证措施落实不到位都可能导致最终生产的物资质量出现问题。供应商有必要建立一套质量管理体系,用来监督质量保证措施的落实情况,并在措施落实不力时有效应对,扭转局面。

对于供应商质量管理体系是否满足供应链质量管理的要求,业主必须进行评估。业主可自行评估,也可委托专业机构(如驻厂监造单位)进行评估,经评估后若认为供应商质量管理体系仍需完善,则应要求供应商采取改进措施,在规定期限内完善质量管理体系,并接受业主或其委托机构的后续检查。

此外,从供应链全局质量管理角度出发,业主有必要对部分供应商物资生产的质量保证措施落实情况进行监督(如通过质量管理专项抽查或派驻驻厂监造进行监督),即参与到供应商的质量管理体系中,从而协助供应商做好生产环节的质量管理工作。

14.4.2　运输

工程物资在运输环节可能因运输工具缺陷、天气等因素导致质量受损,物资运输单位(包括供应商、承包商、承运商等)应根据物资种类和包装方式的不同,采取必要的防护措施,并定期检查运输工具的完好度,及时更换出现缺陷的运输工具,否则将可能使物资在运输过程中质量受损,导致经济损失或给供应链后续环节造成质量管理隐患。

对于不同种类的物资,运输环节质量控制的重点也有所区别。散粒状物资(如水泥、粉煤灰、萘系减水剂等)容易因受潮影响质量,若为袋装物资,则重点在于公路运输时的防护措施,若为散装物资,则重点在于运输工具(特别是铁路运输工具);其他种类的物资,一般只需注意本身的包装是否完好(如钢纤维、聚羧酸类减水剂等),或公路运输时的防护措施(如钢筋、钢材等)即可。

14.4.3　储存

工程物资完成生产之后,需经过多次储存(供应商、中转储备系统、承包商等)。为了保证物资在储存过程中的质量,负责物资保管的单位应在以下两方面采取措施。

14.4.3.1　采取必要的防护措施

物资保管单位应针对物资种类和包装方式安排适合的储存地点,并采取必要的防护措施。如钢筋可存放于露天堆场,在堆放底部用木材或水泥墩架空以减少潮湿导致的锈蚀,在雨天可在其上覆盖篷布防雨等。

一般来说,供应商和中转储备系统运行管理单位对这方面比较重视,毕竟关系到物资向供应链下一环节的交付。但承包商的管理水平差异较大,有的管理粗放,对物资储存时的质量管理不够重视,导致防护措施不到位。因此,业主应通过监理单位对承包商给予必要的监督,并侧重对承包商物资储存管理的抽查。

14.4.3.2　控制物资的储存时间

每种物资都有保质期,不同种类、不同包装的物资保质期可能有较大差别。因此,物资保管单位必须对物资的储存时间分批次严格控制,避免因储存时间过长导致物资质量不合格。

散装物资(如散装水泥、散装粉煤灰等)一般储存于储料罐中,储料罐的大小不等,从几十立方米到上千立方米的都有。经过长期使用后,储料罐内壁会不断累积硬化的散装物资,因此每隔一段时间应将储料罐清空一次,将里面附着的硬化的散装物资进行清理,以保证储存物资的质量。

14.5　工程物资供应链质量监控

工程物资供应链质量监控指通过试验检测,验证物资各项质量指标是否满足要求,即实现质量管理第二个目标。不仅要对各节点物资的质量进行检测,还要确保检测的准确性,使检测结果能够反映物资真实的质量状况。

14.5.1　质量检测标准的落实

质量检测标准在质量规划时即已确定,但要供应链上各个节点的实验室都将其落实到日常的试验检测中,仍需采取一定措施来推动,具体如下。

14.5.1.1　检查和整改

实验室的硬件条件(检测仪器、实验室环境和相关设施等)影响着质量检测结果的准确性,不同实验室如果硬件条件不同,势必造成检测结果差异较大。因此,业主应通过对各个实验室检查并督促整改的方式,使各实验室硬件条件达到供应链质量检测标准体系的要求。

14.5.1.2　学习、培训和交流

试验检测人员素质和职业操守是影响质量检测准确性的另一个因素。每个实验室都应持续性地开展试验检测人员的学习和培训活动,业主还可以组织不同实验室之间进行沟通交流,取长补短,共同促进和提高。

14.5.1.3　对比检测

为了验证不同实验室之间的检测结果差异是否达到质量检测标准体系要求,业主可组织对比检测,即供应链各节点的实验室对同一批次的物资(或采用标准样品)进行检测,并对比不同实验室之间检测结果的差异。业主还可在比对检测中引入权威检测机构,这样可以将检测结果进行多种方式的对比,如每个实验室和权威检测机构对比,每个实验室和所有检测结果的平均值进行对比等。

对比检测的过程主要包括确定参与对比检测的单位及检测对象、制订对比检测实施方案、开展对比检测、检测结果对比分析及评分、专家对相关环节实验室进行针对性指导和检查——整改落实等环节,各环节的工作内容及要求如下。

1. 确定参与对比检测的单位及检测对象

主要根据供应链各环节总体检测水平,各环节实验室的实际条件及工程实际物资供应情况等因素综合确定参与对比检测的单位、物资品种及检测指标。

2. 制订对比检测实施方案

该环节是对比检测组织过程中最为重要的环节之一,后续对比检测工作将以此为指导进行具体实施。对比检测组织实施方案包含以下内容。

1)检测标准及试验方法

由于水电工程的特性,设计的供应链各环节由于自身条件的不同,或标准中允许两种或以上的检测方法并存,可能使各环节对同一指标检测采取不同的检测方法,而不同检测方法之间存在一定的差别。因此,需要在对比中尽可能统一对比检测采用的标准及检测方法,以保障对比检测的公平性。

2)制定检测对比标准值

如何选取标准值是后续制定评分工作的基础,通常标准值的确定根据样品的来源及实际情况可分为以国家权威的国家水泥质量监督检测中心检测值为标准值(水泥还可采用全国大对比确定的标准值为对比检测的标准值)及参与对比检测的各单位的加权平均值为标准值(需要各单位整体检测水平均已达到较高水平)两种方式。

3)制定评分规则

在全国水泥大对比采用的评分规则基础上,可根据供应链各环节的特点及工程的要求情况,制定对比检测评分规则。

4)制定对比检测具体工程程序

具体实施程序包括样品制备(含均匀性试验),样品的包装及分发,样品检测的监督、检

测结果的汇总分析及专家现场指导等。

3. 开展对比检测

根据制订的对比检测组织实施方案,具体对比检测工作完全按照实施方案开展。主要实施环节如下。

1）样品的制备

制样是关系到一次对比检测工作有效性及公平性的基础,因此如何选择合适的样品及制备合格的样品是后续工作顺利开展的前提。为最大限度保障样品的均匀性,一般采用的样品主要有国家水泥大对比采用的样品、标准样及自制样品三种方式。对于自制样品,一般选择质量稳定性良好的生产厂家,严格按照制样规程均充分均化及均匀性检测合格后方可作为对比检测的样品。

2）样品的包装及分发

样品在制备完成后进行统一分装,并采用专用样品包装袋进行包装,根据不同的单位统一进行编号,对号分发相应的样品。

3）试验工作的监督

为保障对比检测结果的真实性,需要在对比检测期间,有效防止各环节实验室之间进行检测数据的沟通,一般采用严格各项检测数据提交时间要求,并采用旁站监督的方式,由驻厂监造监督供应商开展对比检测并记录检测结果,现场监理或业主监督承包商实验室或业主实验室的方式,以保障检测结果最大程度体现对比单位的真实检测水平。

4. 检测结果的对比分析及评分

根据制定的相关评分规则及确定的允许误差,对各单位检测结果及某指标各单位检测情况进行分析,以确定各检测单位的薄弱检测项目及总体相关指标检测水平情况,为后续各相关单位的专家咨询检查及整改落实提供依据,同时为后续对比工作重点的制定奠定基础。

5. 专家检查指导

可以采用原因分析及专家检查指导相结合的方式,这样不仅让各环节实验室及时掌握自身的检测水平,而且通过专家的针对性指导,能更快提升检测水平。

6. 整改落实

各实验室根据检测对比结果反映的自身不足,采取针对性措施整改,并落实专家意见,提高自身检测水平。

对比检测的实施流程见图14-2。

14.5.2 供应过程的物资质量监控

实验室对位于供应链上各个节点的每批物资进行质量检测。为了及时掌握物资质量情况,业主应建立信息反馈机制,包括但不限于以下内容。

14.5.2.1 反馈信息的类别

根据检测结果分,可分为正常检测结果和异常检测结果,并可进一步细分。这里的正常和异常并非等同于合格和不合格,业主应对正常和异常的界定给出具体的量化说明。

14.5.2.2 信息反馈的方式和对象

实验室应以何种方式反馈信息(书面或口头),以及反馈的对象(组织机构名称)。

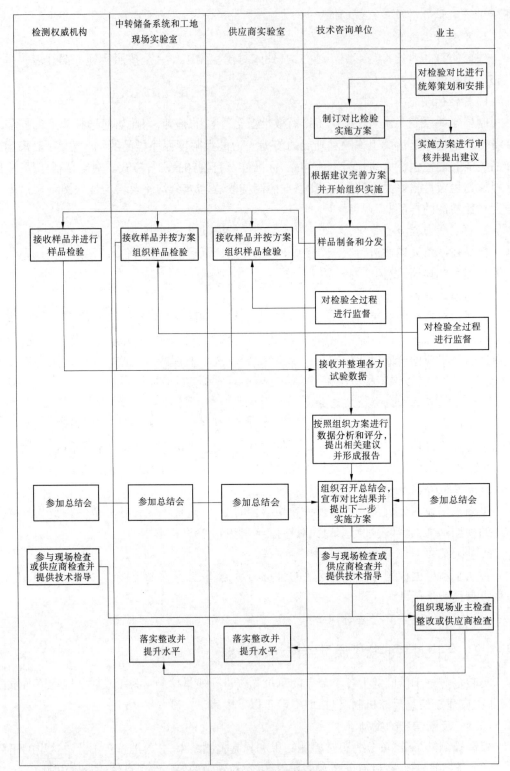

图14-2 对比检测实施流程

14.5.2.3 时间要求

对于不同类别的信息,实验室反馈的时间要求应有所不同,需给出具体要求。

14.5.2.4 复检要求

为了确保检测结果的准确性,有些情况需要进行复检。业主应对复检所需前提条件进行明确。

相关单位在接到实验室信息反馈后,应根据需要进行相关处理,特别是对于检测结果异常的信息,处理更要迅速,以免造成严重后果。

图 14-3 是以大型水电工程为例的物资质量检测信息反馈和处理流程。

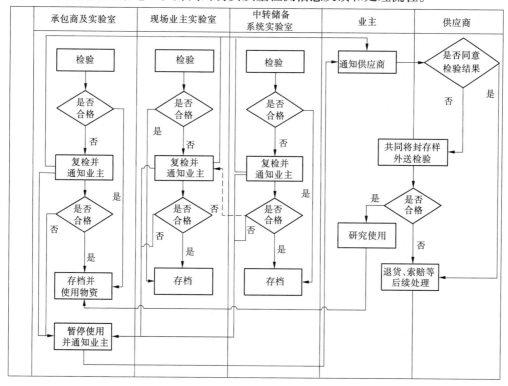

图 14-3 物资质量检测信息反馈及处理流程

14.5.3 质量检测数据的统计对比分析

对于大型工程,所需物资的数量大,批号多,这就为质量检测数据的统计分析提供了前提条件。进行质量检测数据的统计分析有以下意义:

(1)针对同一类物资不同批号的质量检测数据进行统计分析,可以掌握该物资的质量波动趋势,进而评估供应链质量控制水平。若出现质量下降的趋势,可以立即通知相关单位查找原因,采取措施遏制这一趋势。

(2)针对同一类物资不同供应商的产品质量检测数据进行统计分析,可以对不同供应商的同类产品进行优劣比较,从而对供应商提出针对性的改进要求。

(3)针对同一供应商的同一类物资,不同实验室的检测数据统计必然存在差异,对差异进行分析,有助于发现实验室在检测过程中存在的不足。

(4)质量检测数据的统计分析是供应商资信评价的重要组成部分。

(5)对同一批物资不同实验室检测数据的对比统计分析,为对比检测提供参考。

统计分析表示例见表 14-1。

表 14-1　物资检测质量统计分析

实验室名称：×××　　　　　　　　　　　　　物资品种：中热水泥（P.MH42.5）

供应商名称：×××

序号	批号	生产日期	指标														
			R_2O（%）	MgO（%）	烧失量（%）	SO_3（%）	比表面积（m²/kg）	水化热（kJ/kg）		抗折强度（MPa）			抗压强度（MPa）			初凝时间（min）	终凝时间（min）
								3天	7天	3天	7天	28天	3天	7天	28天		
1	××	××	0.31	4.69	0.89	2.33	308	222	248	4.9	6.5	9	22.5	33.8	52.7	195	260
2	××	××	0.34	4.72	0.75	2.28	314	220	247	4.7	6.2	9.1	20.8	28.8	53	205	285
3	××	××	0.45	4.62	0.65	2.27	307	223	249	5.2	6.5	9.1	23	32.3	52.7	194	259
4	××	××	0.38	4.57	0.74	2.25	306	216	247	5.1	6.4	8.8	22.3	31.1	52.6	215	285
5	××	××	0.35	4.74	0.85	2.01	308	218	249	4.5	6.1	8.7	19.7	27.4	47.6	200	265
6	××	××	0.36	4.68	0.81	1.94	307	220	250	4.8	6.3	9.2	22.1	31.8	52.1	205	280
7	××	××	0.37	4.62	0.82	2.07	302	223	250	4.5	6.2	8.5	20.4	29.5	52.3	222	287
8	××	××	0.35	4.68	0.67	2.03	306	217	249	4.5	6.2	9.5	20	29.8	52.1	223	298
9	××	××	0.37	4.63	0.74	2.15	307	219	246	4.5	6.1	8.9	20	30.8	51	225	295
10	××	××	0.34	4.74	0.9	2.32	309	222	249	4.6	6.1	9.2	18.8	27.6	48.2	259	324
11	××	××	0.34	4.66	0.89	2.29	305	225	254	4.5	6.3	8.9	22	29.5	52.3	231	295
12	××	××	0.32	4.52	0.85	2.26	308	222	251	4.6	6.1	8.8	20	29.3	48.5	230	300
组数			12	12	12	12	12	12	12	12	12	12	12	12	12	12	12
平均值			0.36	4.66	0.8	2.18	307.3	220.6	249.1	4.7	6.3	9	21	30.1	51.3	217	286.1
最大值			0.45	4.74	0.9	2.33	314	225	254	5.2	6.5	9.5	23	33.8	53	259	324
最小值			0.31	4.52	0.65	1.94	302	216	246	4.5	6.1	8.5	18.8	27.4	47.6	194	259
方差			0	0	0.01	0.02	7.8	7.4	4.4	0.06	0.02	0.07	1.8	3.6	3.9	349.8	348.3
标准差			0.04	0.07	0.09	0.14	2.8	2.7	2.1	0.25	0.15	0.27	1.4	1.9	2	18.7	18.7
28天抗压强度保证组数															8		
28天抗压强度保证率（%）															66.7%		

说明：表中28天抗压强度保证组数指28天压强度在47.5～52.5 MPa的水泥样品组数。

14.6 工程物资驻厂监造服务与管理

14.6.1 驻厂监造的工作内容

对于水电工程来说,工程物资驻厂监造主要派驻于水泥和粉煤灰供应商,根据业主的要求开展相关工作,具体如下:

(1)对供应商生产全过程质控体系进行审查、评估并提出建议,检查和督促厂家质量管理人员、检测人员持证上岗,检查和督促生产厂家检测设备的完整性以及是否满足计量检定要求,建立和完善全过程质量监控体系并监督检查。

(2)对物资生产进行全过程的监督,保证交货质量满足技术要求和质量稳定性要求。

(3)及时将原材料及设备工艺条件的变化情况通知业主,并督促供应商开展产品性能检测,必要时加密抽样检测。

(4)现场监造人员按照供应商工厂作业程序及时到位,对于物资生产进行动态跟踪监造,对生产的关键部位、关键工序进行旁站监造。

(5)采取有效的手段,做好物资生产和供货各阶段各种信息的收集、整理和归档,并保证现场纪录、试验、检测以及质量检查等资料的完整性和准确性。

(6)认真做好监造日志,保持其及时性、完整性和连续性,并向业主提交监造工作月进度报告及监造业务范围内的专题报告。

(7)对供应商的原材料、半成品质量检测工作进行巡检;监督供应商成品质量检测、试验过程,确认厂家检测、试验报告单及出厂品质报告单。

(8)在生产厂内建立实验室,对生产的物资每日抽取一定数量的样品,独立完成相应的敏感性指标的检测并出具检测报告,其他性能指标由监造人员监督生产厂进行检测。

14.6.2 业主对驻厂监造的授权

(1)在业主授权范围内,有权对物资生产及供应的各项工作进行监督,有权对物资原材料、半成品、成品进行检测、签署证书,有权对物资生产过程中的质量问题发布整改通知。

(2)有权对物资的生产全过程和装车发运等进行全面质量监督和检查,有权查看生产过程中所采用的工艺、设备、材料、试验和质量检查记录等各种资料。对供应商选择的原材料、配套设备有建议权。

(3)有对供应商的物资生产质量控制、工艺流程等文件的审核权。

(4)按照安全和优化的原则,对物资生产过程中的重大技术问题有权向业主提出书面建议和意见。

(5)有组织协调物资生产和供应过程中有关各方关系的主持权。

(6)有对出厂物资质量的监督和确认权。

(7)有对所供货物资数量和进度的检查、监督权。

(8)有权要求供应商撤换不称职的现场生产和管理人员。

14.6.3 业主对驻厂监造的管理

业主应充分利用驻厂监造的专业水平和技术能力,通过给予驻厂监造充分的授权,达到良好控制物资生产质量的目的。同时,业主还应在监造合同中对监造的行为进行约束,持有对监造人员调整的审批权,并对监造工作进行持续检查和监督,保证其工作的客观性和公正性。此外,业主还可利用驻厂监造常驻供应商生产厂的条件,增加驻厂监造在物资发运监督方面的工作内容,以辅助业主的物资发运管理。

第七部分　工程物资供应链集成控制平台

　　供应链管理理论与方法的提出和应用离不开信息技术的支撑，通过信息技术实现在供应链成员之间的信息共享和业务协同。本部分结合前几部分工程物资供应链管理关于战略策划、设计与构建、运作管理等不同侧面的理论与实践，提出工程物资供应链集成控制平台的总体结构，阐述控制平台中供应链结构配置、运行管理、质量控制、合同管理、绩效评估、决策支持以及供应链高层信息系统等的设计原理。

第15章 工程物资供应链集成控制平台

15.1 工程物资供应链集成控制平台总体结构

供应链管理理论和方法的重要基础之一就在于供应链成员之间的信息共享、业务协同，并基于供应链的客户需求快速响应，而为了达到这些目的，需要有合适的信息技术提供支撑，针对前文所述的工程物资供应链管理而言，就是要建立一个工程物资供应链集成控制平台。

如图15-1所示，要及时、准确、有效地组织好物资和预制品的供应，搭建大型水电开发工程物资供应链集成控制平台，实质上就是要实现对工程物资供应链全方位、全过程的集成监控，并实现多级运作计划及调度的综合协调，包括物资供应商、中转储备系统、预制品生产系统以及工程承包商等成员的物资（平台构建中考虑了预制品生产系统的独立运行，这里为了和预制品相区别，将工程物资又称为原材料，后文不做区分）和预制品的质量、生产、库存等状态信息的采集、加工、存储及决策指令发布，也包括连接这些物流节点的物料在途信息采集及处理。其最终目的是以信息化的手段，为保障工程施工质量、进度以及投资控制的目标，完成对工程所需物资和预制品的供应链运行组织管理，包括工程承包商的工程施工进度信息采集、预制品需求管理、预制品生产系统的物资需求与库存管理、预制品生产与供应管理、中转储备系统的库存管理及调拨管理、物资供应商的生产及库存、发货管理等；为质量控制需要的全过程原材料质量、预制品质量管理等，达成各批次物资和预制品质量的全过程可追溯性。此外，系统还要完成对工程供应链各环节异常状况的进行监控，及时发布异常信息以及处理状态等。

图15-2为工程物资供应链集成控制平台的主页面，通过统一的入口，用户可以访问5大板块：供应链结构配置板块、供应链运行管理板块、供应链质量控制板块、供应链决策支持板块和平台控制板块。其中，供应链结构配置板块包括工程结构配置系统、物料结构配置系统和供应链结构配置系统；供应链运行管理板块包括原材料供应管理系统、中转储备管理系统、预制品生产管理系统和工程施工管理系统；供应链质量控制板块包括原材料质量控制系统、预制品质量控制系统和工程施工质量控制系统（该系统属于扩展内容，可以不纳入范围）；供应链决策支持板块包括供应链合同管理系统、供应链绩效评估系统、供应链多级计划协同支持系统、供应链高层信息系统和供应链风险控制系统；而平台控制板块则包括工作流管理系统、用户授权控制系统等。

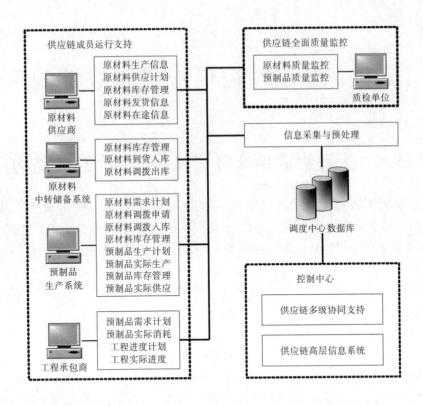

图15-1 大型水电开发工程物资供应链集成控制平台总体结构

图15-2 工程物资供应链集成控制平台首页

15.2 工程物资供应链结构配置

15.2.1 工程结构配置

工程结构配置完成对水电开发工程各项目的工作分解结构的管理,定义结构信息和各结构施工过程中对于预制品的需求。如图15-3、图15-4所示,在工程结构配置模块里面,首先对工程项目结构进行分解;然后在结构预制品需求页面中进行被选中的最小单位结构进行预制品需求添加;在工程预制品需求页面中选择相应的工程结构,根据其底层结构的预制品需求状况自动计算得到该工程结构对预制品的需求情况,同时可对该预制品需求情况进行添加、修改、删除操作。

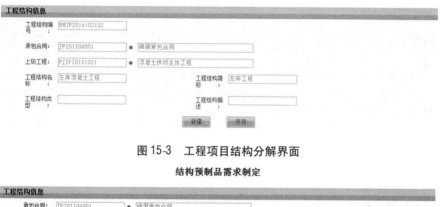

图 15-3 工程项目结构分解界面

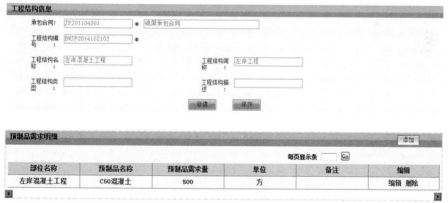

图 15-4 工程项目结构对应预制品需求定义界面

15.2.2 物料结构配置

物料结构配置结合水电开发工程建设需求完成对从原材料到预制品的物料结构的定义。如图15-5、图15-6所示,分别录入原材料和预制品的基本信息并管理这些基本信息,以供业务系统调用。

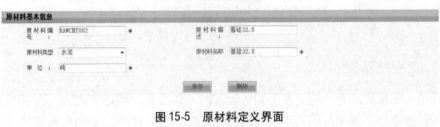

图 15-5 原材料定义界面

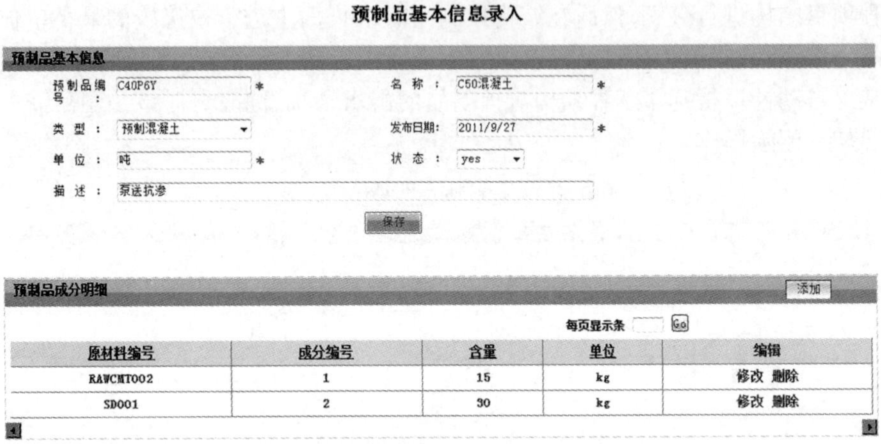

图 15-6 预制品定义界面

15.2.3 供应链结构配置

供应链结构配置系统对供应链的物理节点进行定义,定义物资供应商、中转储备系统、预制品生产系统等节点的基本信息,配置不同节点之间的对应关系,配置供应链的结构基本信息,如图 15-7 ~ 图 15-9 所示。

原材料供应商基本信息录入

图 15-7 供应商定义界面

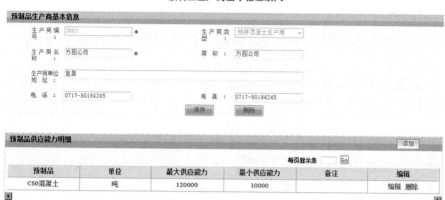

图15-8 预制品生产商定义界面

图15-9 供应链网络关系配置界面

15.3 工程物资供应链运行管理

供应链成员运行管理系统作为工程供应链各成员日常管理的支持工具,同时也是供应链各成员之间的信息共享平台,其中包括各自运行管理中各类异常信息的发布。

15.3.1 原材料供应管理系统

原材料供应管理系统是为了达成工程供应链管理目标而实现的原材料供应管理业务职能的支持系统,主要包括如下功能:

(1)原材料生产管理:物资供应商根据与工程业主达成的原材料采购计划,编制原材料生产计划,发布实际生产信息。

(2)原材料供应计划:物资供应商根据与工程业主达成的原材料采购计划,编制并发布原材料供应计划,即分几次完成本计划周期内的原材料采购计划、每一次通过什么途径完成供应、供应多少、供应时间如何分布等。

(3)原材料库存信息:供应商发布其各个储备系统原材料实时库存信息,包括中转储备系统中对应供应商原材料库存信息的综合。

(4)原材料发货信息:供应商发布原材料发货计划和实际各批次发货信息,统计供应商供应执行率。

(5)原材料在途信息:供应商发布原材料发货在途信息,包括在途正常和异常信息等。

15.3.2 中转储备管理系统

中转储备管理系统完成包括对各中转储备系统运行管理单位实施对各供应商原材料库存的管理。

原材料到货入库：根据物资供应商的发货信息，编制原材料到货入库计划，记录各供应商原材料实际到货入库情况。

原材料库存管理：实现原材料库存管理，包括原材料倒库、盘存，编排库存作业计划，采集各类原材料实时库存信息，集成各胶凝材料贮罐料位检测系统，提取贮罐料位信息，换算贮罐原材料库存信息，推算并发布各贮罐原材料各批次库存信息，适时通过储备系统收支存信息进行库存校核。

原材料调拨出库：中转储备系统和物资供应商根据经过工程业主和监理审批的各预制品生产系统原材料调拨申请进行调拨出库，编制原材料调拨出库计划，记录调拨出库信息。

15.3.3 预制品生产管理系统

预制品生产管理系统实现对预制品生产系统的原材料需求及库存管理、预制品生产及供应管理。

原材料需求计划：预制品生产系统通过系统编排并发布原材料工程总需求计划、年度和月度原材料需求计划。

原材料调拨申请：预制品生产系统通过系统编排并报送原材料调拨申请，工程业主将会通过供应链多级协同支持系统，依据转运站及预制品生产系统原材料库存、各承包商施工现场原材料需求执行情况及纵向和横向的对比进行物资原材料调拨审批，发布调拨指令，物资供应商和预制品生产系统根据调拨指令从相应的物资储备系统（包括中转储备系统）进行原材料调拨出库。

原材料调拨入库：物资供应商按照各预制品生产系统原材料调拨单从相应的物资储备系统出库后，在预制品生产系统完成与预制品生产系统的原材料调拨交接，预制品生产系统经本子系统编排调拨入库计划，记录入库情况。

原材料库存管理：同中转储备系统库存管理一样，实现原材料库存管理，包括原材料倒库、盘存，编排库存作业计划，采集各类原材料实时库存信息，集成各胶凝材料贮罐料位检测系统，提取贮罐料位信息，换算贮罐原材料库存信息，推算并发布各贮罐原材料各批次库存信息，适时通过储备系统收支存信息进行库存校核。

预制品生产计划：根据各标段工程承包商的预制品需求和原材料供应及库存情况，预制品生产系统编排并发布预制品生产计划，包括工程总生产计划、年度生产计划、月度生产计划、日生产计划等不同时间粒度的生产计划。

预制品实际生产：根据各标段工程承包商的预制品需求及预制品生产计划，记录预制品生产系统实际生产情况，统计或推算各批次预制品生产中各物资的消耗量及可能批次。

预制品库存管理：实现预制品库存管理，包括预制品倒库、盘存，编排库存作业计划，采集并发布各类预制品实时库存信息。

预制品实际供应：根据各标段工程承包商的预制品需求及预制品生产及库存信息，编排预制品供应计划，记录预制品供应交货信息。

15.3.4 工程施工管理系统

工程施工管理系统完成对工程承包商的工程施工管理的业务支持。

工程进度计划:工程承包商编排并发布工程进度计划,在编排工程进度计划时,工程承包商需要考虑预制品生产和供应能力以及更上游的物资供应能力的约束,工程进度计划经工程监理和工程业主审定后实施。

工程实际进度:工程承包商记录并发布工程实际进度信息。

预制品需求计划:各工程标段承包商根据工程进度计划和实际工程进度编排预制品需求计划,工程业主通过供应链多级协同支持系统会同工程监理、预制品生产系统进行预制品需求计划审批,预制品需求计划包括工程总体计划、年度计划、月度计划以及日计划等。

预制品实际消耗:对各工程标段承包商工程施工过程中的预制品消耗信息进行监控,记录各工程部位的预制品消耗量,实现与工程实际进度的关联。

15.4 工程物资供应链质量控制

供应链全面质量监控系统实现对贯穿整个工程供应链全过程、全方位的各批次原材料、预制品的质量监控。

15.4.1 原材料质量检验

原材料质量检验包括对物资供应商出厂检验、原材料交货验收检验、预制品生产系统验收检验、工程监理抽样检验、工程业主抽样检验、质量仲裁等多个层次的原材料质量检验信息的管理,可以完成对质量检验结果的统计分析,实现对质量缺陷原材料对应批次的多层次全过程信息追溯。

15.4.2 预制品质量检验

预制品质量检验包括对预制品生产系统、工程监理、工程业主以及各工程标段承包商对预制品质量的检验信息管理以及质检结果的统计分析,实现预制品质量的全过程监控,并追溯各批次预制品生产对应的各批次物资质检信息。

15.5 工程物资供应链合同管理

工程物资供应链合同管理系统将完成对工程物资供应合同、中转储备系统运行管理合同、预制品供应合同等合同的管理,包括合同定义、合同变更、合同支付等。

在运用系统进行各类合同定义的操作中,采用父子表的形式。先进行父表的录入,保存后才可以录入子表。父表中录入原材料供应合同基本信息,子表中录入原材料价格明细。页面初始化中,合同签订时间、开始时间和结束时间、供应方式和合同甲方都初始化成默认值。其中,签订时间和开始时间都设置成当前日期,结束时间默认为开始时间的卜一个月,供应方式默认为"统供",甲方默认为工程业主企业(如图15-10所示)。"供应商"信息栏通过"供应商信息列表"弹出窗进行筛选,合同名称、合同简称和备注信息需要手动录入,确认无误后,点击"保存"按钮,会自动生成合同编号并保存这条记录,同时根据供应商的供应能力,生成原材料价格明细(如图 15-11 所示)。点击"编辑"链接可以跳转到供应合同价格明细的详细页面进行修改,可以修改合同价格、运输价格、货币单位、起始节点和到达节点等。

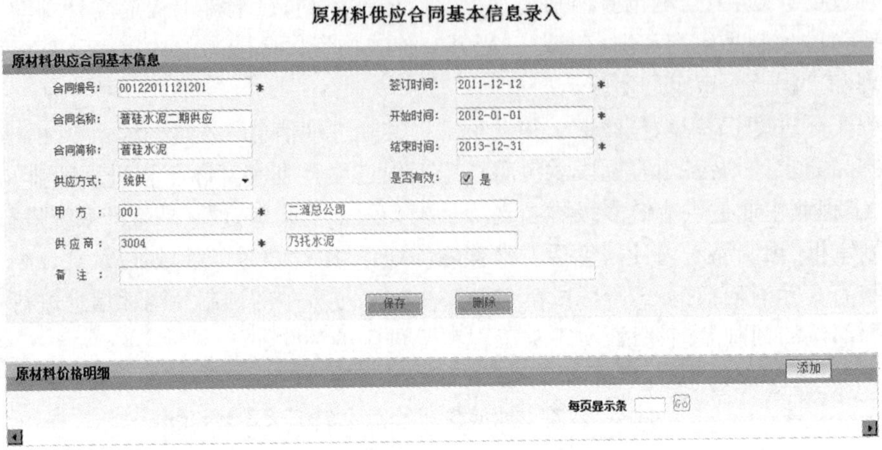

图 15-10　原材料供应合同初始化

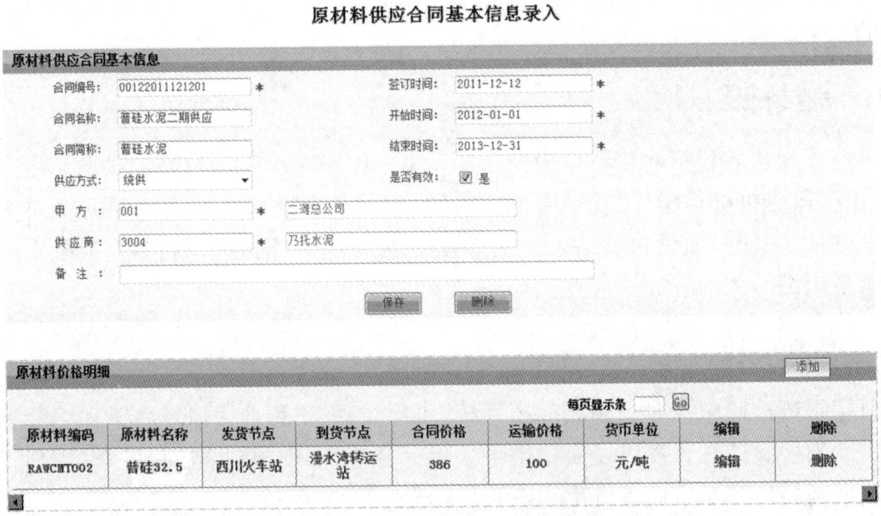

图 15-11　原材料供应合同详细信息

15.6　工程物资供应链绩效评估

工程物资供应链绩效评估是从工程建设施工组织的总体要求出发,由工程业主组织完成对各供应链成员的绩效评估和供应链整体运行的绩效评估。其中,供应链成员绩效评估包括物资供应商绩效评估、中转储备系统运行管理绩效评估、中转运输服务绩效评估、预制品生产系统绩效评估等。而供应链整体绩效评估则结合供应链运作参考模型,设置相应的评价指标,组织多方面专家进行相应的综合评价。

这里以物资供应商绩效评估为例。供应商绩效评估模块,规范业主对供应商的考核和管理,促使供应商高效、优质服务,同时为工程的物资招标以及供应商管理提供了科学的决策依据。绩效评估流程见图 15-12。

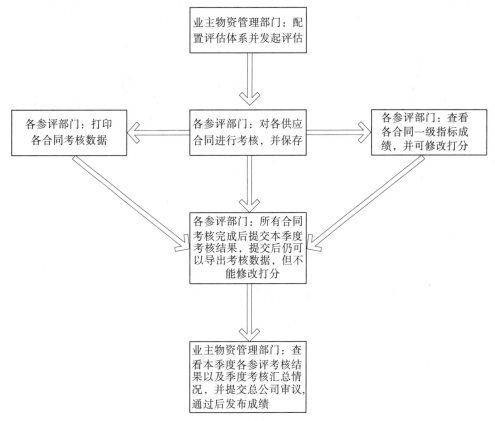

图 15-12　物资供应商绩效评估流程

工程业主的物资管理部门在每次发起供应商绩效评估前,先进入"绩效评估模块"—"绩效评估配置",对本次考核评估体系进行配置,若本季度考核与上季度考核评估体系一致,则不需要修改。接着进入"启动绩效评估",如图 15-13 所示,选择本次考核的起止时间、评估年度、评估阶段、评估发起人,考核起止时间只是作为警示项而存在,本次供应商最好在这个阶段内考核完毕,但是并不是必须在该时间段内考核完毕。另外,"评估结束时间"必须晚于"评估开始时间",注意评估阶段中包括"第一季度""第二季度""第三季度"和"年度","年度"选项代表年度考核("第四季度"),"年度考核"需要考核阶段性供应合同和年度供应合同。填写完毕后,点击"发起评估"按钮并确认后(二次确认),本次供应商评估发起成功,进入页面图 15-14。

如图 15-14 所示,显示本次考核信息,并使得"发起评估"按钮无效。

进入绩效评估考核页面,如图 15-15 所示,页面上部显示"考核周期",要求在下拉列表中选择供应商和供应合同,由于供应合同可能比较多,因此首先在供应商选择列表下选择供应商,系统自动筛选出该供应商的供应合同,接着在"供应合同选择列表"下选择供应合同名称。

选择供应合同编号,当鼠标移动到某个供应合同编号上时会弹出"提示框","提示框"中显示供应合同名称,如图 15-16 所示。

接着是一个"合同是否达标"选择框,若参评部门在本季度中记录该合同未达标,那么

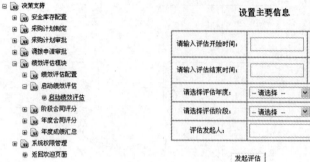

图 15-13 供应商绩效评估启动

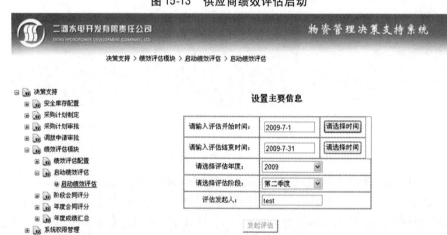

图 15-14 供应商绩效评估发起成功

选中选择框,页面跳转到图 15-17,在选择框后面跳出一个输入框,在此框中输入合同未达标的详细信息,未达标时此输入框必须填入信息,否则无法保存未达标信息。

　　如果参评部门未发现该合同未达标,那么在选择供应商、供应合同后单击"开始打分"按钮,页面跳转到图 15-18,第一栏为一级指标名称,第二栏为一级指标分数,第三栏为二级指标评估,第四栏为考核得分。二级指标评估中列出了一级指标所包含的二级指标,并给出二级指标满分分数,可以在分数栏中填入该二级指标成绩,并可填写备注。可以单击第四栏中"得分"按钮获得对应一级指标分数,并在表格最下方显示总成绩。单击"保存"按钮,跳出确认框,保存打分结果。

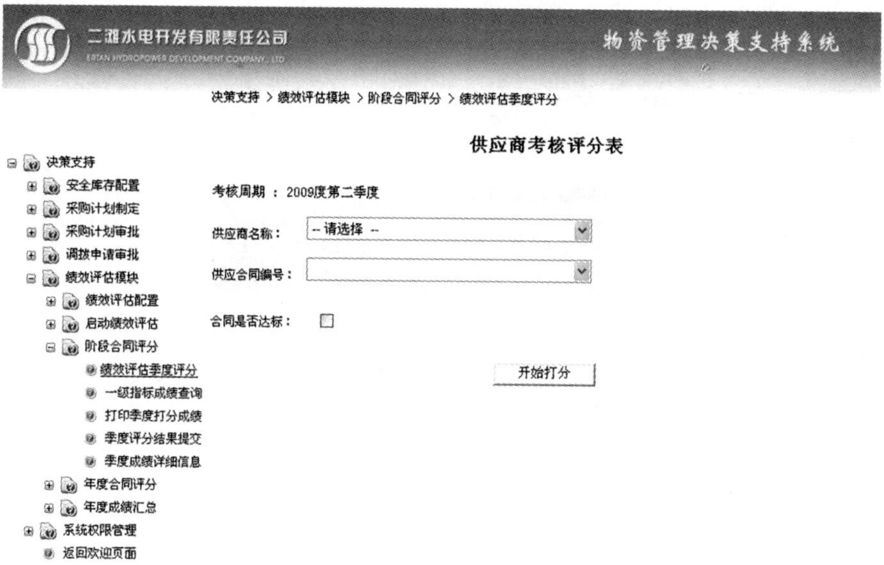

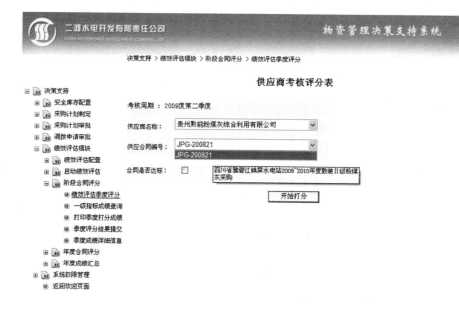

图 15-15　供应商考核评分主页面

图 15-16　选择供应商和供应合同进行考核评分

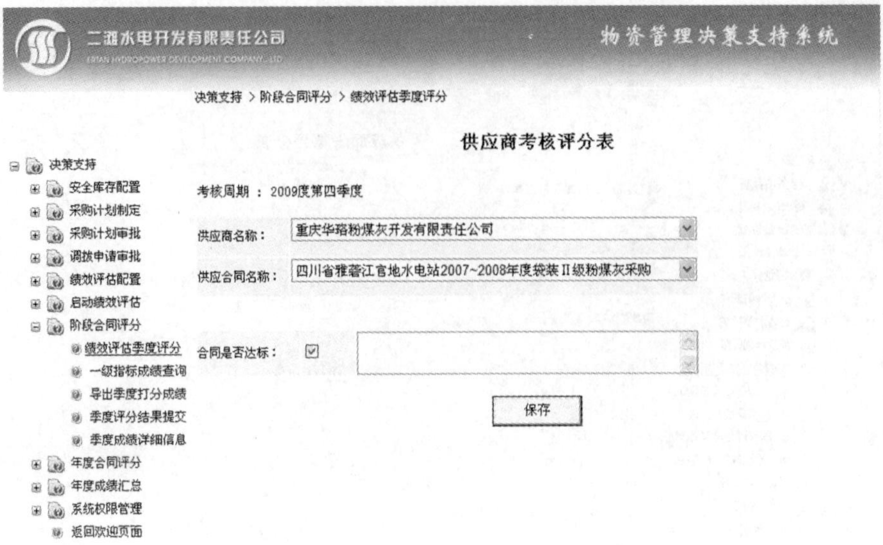

决策支持 > 阶段合同评分 > 绩效评估季度评分

供应商考核评分表

决策支持
- 安全库存配置
- 采购计划制定
- 采购计划审批
- 调拨申请审批
- 绩效评估配置
- 启动绩效评估
- 阶段合同评分
  - 绩效评估季度评分
  - 一级指标成绩查询
  - 导出季度打分成绩
  - 季度评分结果提交
  - 季度成绩详细信息
- 年度合同评分
- 年度成绩汇总
- 系统权限管理
- 返回欢迎页面

考核周期：2009度第四季度

供应商名称：重庆华珞粉煤灰开发有限责任公司

供应合同名称：四川省雅砻江官地水电站2007~2008年度袋装Ⅱ级粉煤灰采购

合同是否达标：☑

保存

图 15-17　供应商考核未达标记录

15.7　工程物资供应链决策支持

大型水电开发工程供应链多级协同支持系统本着实现整个工程供应链协同运行的目的，在工程业主及工程监理的组织和监控下，实现工程供应链多级计划体系的集成控制，如图 15-19 所示，包括三个层次的决策支持：战略层、战术层和作业层。

战略层完成工程供应链网络结构的决策规划，选择物资供应商、预制品生产系统承包商、工程承包商，对中转储备系统进行选址和设计，并明确物资供应商、中转储备系统、预制品生产系统、工程承包商之间供应关系，基于工程建设的控制目标构建合理的网络结构，其中各个供应链成员的能力规划、成本结构将会影响到网络的最终形成。一般情况下，供应关系不会发生变更，但因为工程建设固有的不确定性和相对长时间内的需求不均衡性以及供应链运行中出现的异常情况等，也可以适时调整供应链网络结构，改变已有的供应关系，比如将主要的物资供应商变更为次要的物资供应商。与工程进度计划、预制品生产计划、物资供应计划相关的还包括各自对应的工程进度支付计划。

战术层的决策在供应链网络结构规划的基础上实现对工程进度计划、预制品生产计划、物资供应计划的协调。这几个计划的实施主体分别对应工程承包商、预制品生产系统、物资供应商，与此相关的有工程承包商资源能力计划、预制品生产能力计划以及物资供应能力计划。为了有效地规避供应链运行中的各类风险因素，还需要加强安全库存的控制，因此协同支持中考虑预制品安全库存计划、原材料中转储备计划等，以作为工程进度计划、预制品生产计划以及原材料供应计划的辅助。

另外，作为一类典型的集总型工程供应链，在大型水电开发工程供应链中对于工程进度计划的决策需要考虑到不同相关工程标段之间的进度约束关系，包括各混凝土工程标段、金

修改供应商考核评分表

考核周期: 20 ## 年度考核

供应商: 四川 AB 实业集团有限公司

合同编号: JPG-######

一级指标名称	一级指标满分	二级指标评估				考核得分
		二级指标名称	二级指标满分	分数	备注	
质量管理	25	质量管理体系及技术能力	3	3		得分: 24
		供货产品的质量合格情况	8	8		
		供货产品的质量均匀性和稳定性	8	8		
		供货产品质量证明材料的提供	3	2		
		对质量问题或质量争议的处理	3	3		
		二级指标名称	二级指标满分	分数	备注	
供应管理	55	供货计划完成率	20	18		得分: 51
		交货及时情况	15	14		
		仓储能力及仓储保证率	15	14		
		应急供应的响应情况	5	5		
		二级指标名称	二级指标满分	分数	备注	
组织管理	20	相关人员的经验、素质及配合情况	5	4		得分: 18
		售后服务和技术服务情况	5	4		
		日常信息传递、沟通和协调情况	5	5		
		现有合作状况	3	3		
		供应商的后续发展能力	2	2		
考核总得分		93				

修改   返回

图 15-18　绩效考核评分

属结构安装工程标段、机电设备安装工程标段等,考虑各工程标段之间进度计划的协同。

作业层主要实现各供应链成员的作业调度,从工程供应链运行管理的集成控制角度出发,并不需要提供面向各供应链成员作业层的决策支持,仅提供各供应链成员作业计划的采集以及实际作业执行流程的记录,为战术层和战略层决策以及供应链高层信息系统提供相应的数据基础。

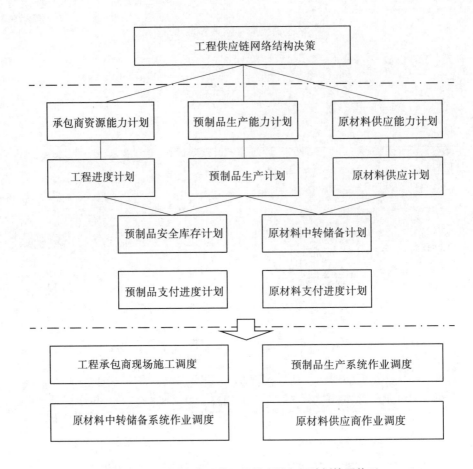

图 15-19　大型水电开发工程供应链多级计划协同体系

除此之外，多级协同支持系统中还提供各级工程支付的业务管理和决策支持，包括原材料供应支付、预制品供应支付、工程施工进度支付等。

15.8　供应链高层信息系统

大型水电开发工程供应链实质上是工程业主和工程监理组织下的工程承包商、预制品生产系统、原材料中转储备系统和原材料供应商的联盟，这个联盟的目标是在保障各成员既得利益的前提下实现工程建设的质量、投资和进度目标。因此，大型水电开发供应链管理的高层主管所关心的是为实现这些目标的供应链的运行状态，包括原材料的生产和供应状态、原材料储备状态（包括原材料供应商储备、中转储备系统储备以及预制品生产系统储备）、预制品生产系统对原材料的需求满足状态、预制品生产、库存及供应状态、各标段承包商的预制品需求满足状态、工程进度状态、各级原材料质量检验状态、预制品质量检验状态、各级支付状态以及各级各类异常状态等，通过这些状态来判断供应链运行的可靠性、柔性等。

工程供应链高层信息系统是一类专门为供应链管理高层主管服务的信息系统。本系统通过各供应链成员业务支持系统、供应链全面质量监控系统及供应链多级协同支持系统提供原数据，通过面向高层主管的关注主题的信息抽取和综合，形成主题数据库，并以表格、二维、三维图形甚至动画等形式，从多种维度来表现相应的主题信息，且能够实现自顶向下、追根究底的逐级查询。

15.8.1 工程供应链信息的编码

工程供应链高层信息系统以信息维度加信息主题的形式展示工程供应链全方位的物料信息。其中，信息维度包括工程分解维度、物料结构维度和时间维度，信息主题包括单侧面信息和多侧面信息。下面给出工程供应链信息维度和信息主题的编码，从而清晰简单地展示和便于理解工程供应链的查询需求。当然，针对不同的供应链，具体的维度信息和主题信息会有所不同，本书从一般性的角度描述工程供应链的维度和主题信息。

15.8.1.1 信息维度编码

工程分解维度（D）：流域全局（D1）—梯级（D2）—承包商、供应商（D3）—项目合同（D4）

物料结构维度（原材料、预制品）（M）：全部物料结构（M1）—物料结构大类（M2）—物料结构规格（M3）

时间维度（T）：工程周期（T1）—年度（T2）—月份（T3）

时间维度的最小粒度为月。时间维度中，还有一种维度即一个时间段，其处理方式类似于年度。

15.8.1.2 信息主题编码

1. 单侧面信息

采购量（PR）：即采购计划量，由工程业主根据工程建设情况和承包商需求向相应供应商（预制品承包商）下达。

供应量（SP）：即供应商实际供应量，具体以供应商发货到达后业主的实际入库量为准。

供应商支付量（SC）：业主按照供应商供应支付给供应商的货款。

承包商支付量（CC）：业主支付给工程承包商的货款，包括工程进度支付和预制品供应扣款。

预制品支付量（PC）：业主支付给预制品承包商的货款，包括预制品供应支付和原材料扣款。

需求量（RQ）：需求计划量，即工程承包商根据工程建设情况向业主提交的物料结构需求量。

调拨量（DP）：业主根据承包商调拨申请和需求计划调拨给承包商的物料结构量。

领用量（RC）：承包商实际领用的物料结构量。

消耗量（CS）：承包商实际消耗的物料结构量。

2. 多侧面信息

采购与供应（PS）：采购计划与实际供应量的对比可以反映供应商的绩效。

工程总支付（TP）：工程总支付量，结合工程预算可以反映出工程进度和投资完成量。

需求与采购（RP）：承包商的需求量和业主的采购计划量，反映业主对承包商计划的满足程度，也可以反映出承包商绩效和地位。

供应、储备与领用（ST）：供应商供应量、当前库存情况和承包商的领用情况，反映当前供应量总体物料结构使用情况，可以控制风险。

需求、调拨与领用(RD):承包商需求量、业主调拨量和承包商实际领用量,反映业主对承包商计划的满足程度,也可以反映出承包商绩效和地位。

领用与消耗(GC):承包商的实际领用量和实际消耗量。

这样,将信息维度与信息主题组合,按照合理的逻辑组织,便可以得到所需查询的全部信息。例如:D3M2T2RQ 表示某承包商某年某物料结构大类需求量。进而,再赋予各个维度以实际意义,便形成了一条正式的 CEIS 查询,展示出工程供应链的实际情况。同时,针对D3M2T2RQ,由于时间选择年度,所以可以展示两个信息:该承包商该物料结构大类该年度需求总量和该承包商该物料结构大类该年度分月需求量。

15.8.2　工程供应链信息维度层次的划分

如前文所述,工程供应链高层信息系统中,用户查询的供应链信息包含三个维度,即工程分解、物料结构和时间维度。逐步逐一下分,便可得到具有鲜明层次结构的信息。这就是自上而下、从宏观到微观的信息钻取。

以工程分解为主要维度划分信息钻取的树结构。工程分解维度的最顶层是流域全局(D1)的信息,下分一级到工程中的各梯级电站(D2),再下分到各供应商、承包商(D3),最终分解到各标段(D4)。然后,在每一工程分解的层次下再按照时间和物料结构逐层细分,按照前文所述,分别为 M1—M2—M3,T1—T2—T3,于是便得到每一工程分解层次下的层次结构。于是,对于整个工程供应链,可以首先根据最顶层的信息了解流域全局工程运行情况,然后下分到关注的梯级,继而是供应商(承包商)、标段信息,实现全面的运筹帷幄。这样划分的好处是首先层次清晰明朗,更重要的是便于角色权限的控制。例如对于 D1 层次的业主信息主管,可以看到 D1～D4 层次的所有信息。而对于 D3 层次的信息主管,只能看到其所辖的 D3、D4 层次的信息。

具体的结构如图 15-20 所示。图中的每一个节点表示一种工程供应链维度信息的组合,整个图则展示了所有维度信息的组合和可能的链接方向。如图所示,对于前文描述的信息维度组合 D3M2T2(某承包商某年某物料结构大类),其按照工程分解维度向下分解一级为 D4M2T2,向上汇总一级为 D2M2T2;按照物料结构维度向下分解一级为 D3M3T2,向上汇总一级为 D3M1T2;按照时间维度向下分解一级为 D3M2T3,向上汇总一级为 D3M2T1。

15.8.3　工程供应链信息主题层次的划分

工程供应链高层信息系统对工程供应链的监控主要有三个着眼点:物料结构的供应情况、工程供应链的支付情况、工程建设物料结构的需求与使用情况。此外,还有工程供应链储备情况和质量情况。储备情况反映各物流节点的当前库存,质量主要考虑到问题物料结构的追溯。即 CEIS 对信息的查看是分主题的,图 15-21 给出了工程供应链物料结构主题信息的层次结构。

根据查看信息侧面的不同,分为单侧面信息和多侧面信息。单侧面信息展示工程供应链成员涉及的物料结构在某一单一主题下的历史趋势和当前运行情况,主要展示工程供应链成员该主题下物料结构的申请量与审批量,进而计算其满足率。其中,包括通过查看某一物料结构不同供应链成员之间供应或者需求的差异,从而看出不同供应链成员之间的差异与地位。还可以展示某一单一供应链成员该主题下不同物料结构之间的对比。多侧面信息

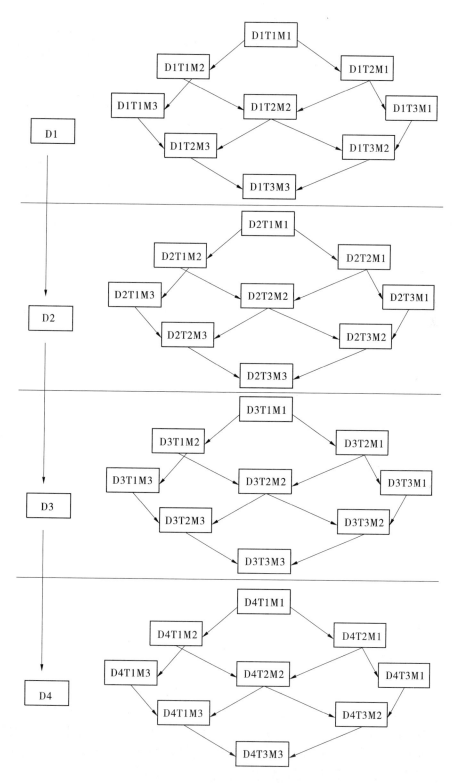

图 15-20　信息维度层次结构

则通过将多个有关联的单一主题结合起来综合展示,从而反映工程供应链的整体运行情况,

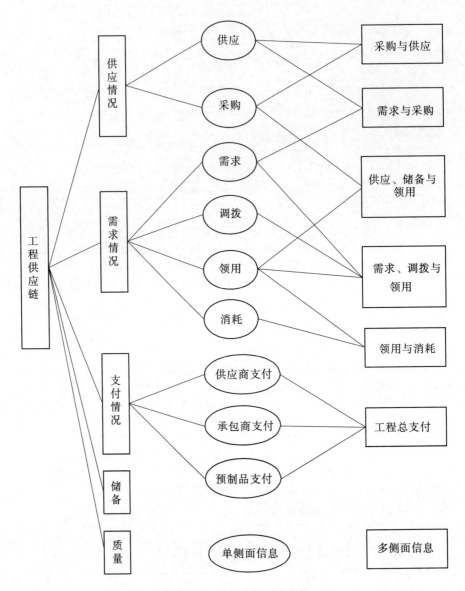

图 15-21　信息主题层次结构

其具体意义已在多侧面信息的编码中展示。

15.8.4　高层信息系统应用示例

图 15-22 给出了流域梯级水电工程供应链高层信息系统中面向原材料需求满足状态主题信息的一个查询示例。在这个主题下,系统能够提供自上而下的从流域全局到各个梯级水电开发工程直至各预制品生产系统的工程分解维,从所有原材料到原材料每一大类直至规格品种的原材料维,以年或月为周期、考虑时间点或者时间段的时间维等三个维度,以统计表和柱状对比图以及折线图等形式来体现原材料的需求满足状态。

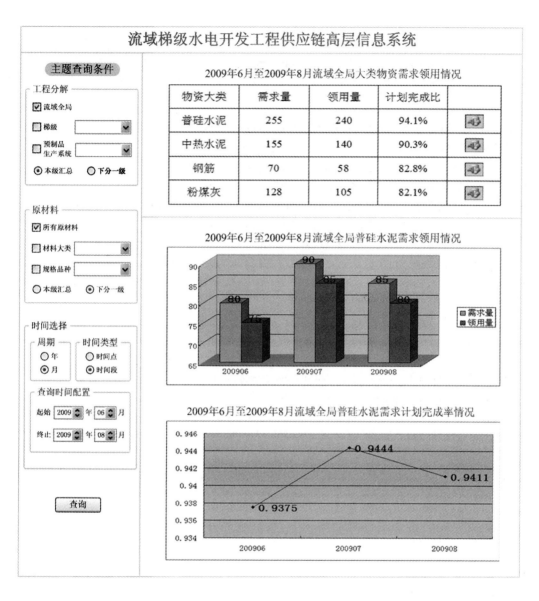

图 15-22　大型水电开发工程供应链高层信息系统界面示例

参 考 文 献

[1] 何继善,陈晓红,洪开荣. 论工程管理[M]. 中国工程科学,2005,7(10):5-10.

[2] 梁基照. 工程管理学[M]. 北京:国防工业出版社,2007.

[3] 成虎. 工程管理概论[M]. 北京:中国建筑工业出版社,2011.

[4] 齐宝库. 工程项目管理[M]. 大连:大连理工大学出版社,2007.

[5] 杨培岭. 现代水利水电工程项目管理理论与实务[M]. 北京:中国水利水电出版社,2004.

[6] 张基尧. 水利水电工程项目管理理论与实践[M]. 北京:中国电力出版社,2008.

[7] 李宗坤. 水利水电工程概论[M]. 郑州:黄河水利出版社,2005.

[8] 马士华,林勇,陈志祥. 供应链管理[M]. 北京:机械工业出版社,2000.

[9] 苏尼尔·乔普拉,彼得·迈因德尔. 供应链管理[M]. 3版. 陈荣秋译. 北京:中国人民大学出版社,
2011.

[10] 赵林度. 供应链与物流管理理论与实务[M]. 北京:机械工业出版社,2003.

[11] Lee H L, Billington C. Managing supply chain inventory: pitfalls and opportunities[J]. Sloan Management
Review, 1992, 33(3):65-73.

[12] Scott C, Westbrook R. New strategic tools for supply chain management[J]. International Journal of Physi-
cal Distribution and Logistics, 1991, 21(1):23-33.

[13] Baats E B. CIO 100 - Best practices: the chain gang[J]. CIO, 1995, 8(19):46-52.

[14] Harland C M. Supply Chain Management: Relationship, Chains and Network[J]. British Academy of Man-
agement, 1996, 7(Special Issue):63-80.

[15] Harland C M, Lamming R C, Cousins P D. Developing the concept of supply strategy[J]. International
Journal of Operations and Production Management, 1999, 19(7):650-673.

[16] 宁平,谭续,陈远吉. 材料员岗位技能图表详解[M]. 上海:上海科学技术出版社,2013.

[17] Ballou R H. 企业物流管理 - 供应链的规划、组织和控制[M]. 王晓东,胡瑞娟. 北京:机械工业出版
社,2002.

[18] Supply Chain Council. Supply - Chain Operations Reference model: overview of SCOR version 11.0[EB/
OL]. http://www.sccchina.org, 2014-10.

[19] Ruben V, Koskela L. The four roles of supply chain management in construction[J]. European Journal of
Purchasing & Supply Management, 2000, 6(3-4):169-178.

[20] 贺恭. 三峡工程物资供应管理专辑 - 序. 中国三峡建设[J]. 2000, 10(S0):I.

[21] Bertelsen S. Construction logistics I and II, materials - management in the construction process(inDanish).
Boligministeriet, Bygge - ogBoligstyrelsen, Kφbenhavn, 1993.

[22] O'Brien W J. Construction Supply - Chain Management: A Vision for Advanced Coordination, Costing and
Control. NSFBerkeley - Stanford Construction Research Workshop, Stanford University, California, 1999.

[23] Koskela L. Application of the New Production Philosophy to Construction(Tech. Report 72). CIFE,Stanford
University, California, 1992.

[24] O'Brien W. J, FischerM A. Construction supply - chain management: a research framework. Proceedings
of CIVIL - COMP - 93, Information Technology for Civil and Structural Engineers, The Third International
Conference on the Application of Artificial Intelligence to Civil and Structural Engineers. Edinburgh, Scot-

land, 1993. 8:61 - 64.

[25] London K A, Kenley R. Client'srole in construction supply chain network management: atheoretical model. Proceeding CIB W55&W65, 1999.

[26] 刘振元, 王红卫, 余明晖. 供应链研究的新领域 - 工程供应链管理[J]. 华中科技大学学报(城市科学版), 2004, 21(2):27 - 30.

[27] Geoffrey B, Dainty R J, Millett S. Construction supply chain partnerships: skills, knowledge and attitudinal requirements[J]. European Journal of Purchasing & Supply Management, 2001, 7(4):243 - 255.

[28] Dainty R J, Geoffrey B, Millett S. New perspectives on construction supply chain integration[J]. Supply Chain Management: An International Journal, 2001, 6(4):163 - 173.

[29] O'Brien W J. Capacity Costing Approaches for Construction Supply - Chain Management, Ph. D. Dissertation, Department of Civil and Environmental Engineering[D]. Stanford University, 1998.

[30] Xue X L, , Shen Q P, O'Brien W J et al. Improving agent - based negotiation efficiency in construction supply chains: A relative entropy method[J]. Automation in Construction, 2009, 18(7): 975 - 982.

[31] Wang Y M, Zhao D Z, Ding J W. A Controllable Quality Risk Transmission Model for Construction Chains [C] // Proceeding of the 8th International Conference of Chinese Transportation and Logistics Professionals, July 31 - Aug. 3, Chengdu China, 2008.

[32] 马丁·克里斯托弗(Martin Christopher). 物流与供应链管理[M].4 版. 何明珂, 卢丽雪, 张屹然, 等译. 北京: 电子工业出版社, 2012.

[33] O'Brien W J. Multi - Project Resource Allocation: Parametric Models and Managerial Implications. Proceedings of IGLC - 8, 2000.

[34] O'Brien W J, London K, Ruben V. Construction supply chain modeling: a research view and interdisciplinary research agenda. Proceedings of IGLC - 10, Gramado, Brazil, 2002.

[35] O'Brien W J. A Call for Cost and Reference Models for Construction Supply Chains. Conference Theme for Supply Chain Management in International Group of Lean Construction 11th Annual Conference, 2002.

[36] Tommelein I D, Li A. Yi. Just - In - Time Concrete Delivery: Mapping Alternatives for Vertical Supply Chain Integration. Proceedings of IGLC - 7, 1999:97 - 108.

[37] Tommelein I D, Weissenberger M. More Just - In - Time Location of Buffers in Structural Steel Supply and Construction Processes. Proceedings of IGLC - 7, 1999:109 - 120.

[38] Arbulu R J, Tommelein I. D. Alternative Supply - Chain Configurations for Engineered or Catalogued Made - to - Order Components: case study on pipe supports used in power plants. Proceedings of IGLC - 10, Gramado, Brazil, 2002.

[39] Arbulu R J, Tommelein I D. Contributors to lead time in construction supply chains: the case of pipe supports used in power plants. Yücesan E., Chen C. - H., Snowdon J L. et al. Proceedings of the 2002 Winter Simulation Conference, 2002:1745 - 1751.

[40] Arbulu R J, Tommelein I D. Value Stream Analysis of Construction Supply Chains case study on pipe supports used in power plants. Proceedings of IGLC - 10, Gramado, Brazil, 2002.

[41] Construction Industry Institute. Capital Projects Supply Chain Management. Proceedings of 2002 Annual Conference, 2002:63 - 70.

[42] London K, Kenley R, Agapiou A. The impact of construction industry structure on supply chain network-modelling. Proceedings Lean Research Network Conference, Cranfield, 1998.

[43] London K, Andrew A. Theoretical supply chain network modelling in the building industry. Association of Researchers in Construction Management (ARCOM). Reading, UK: ARCOM, 1998.

[44] Caron F, Marchet G, Perego A. Project logistics: integrating the procurement and construction processes.

International Journal of Project Management, 1998, 16(5): 311 – 319.

[45] Kalyan V, Gregory H. Construction Supply Chain Maturity Model – Conceptual Framework[C]. Proceedings of IGLC – 15, Michigan, 2007, 7: 170 – 180.

[46] Ruben V, Koskela L, Gregory H. Understanding construction supply chain: an alternative interpretation. Proceedings of IGLC – 9, Singapore, 2001.

[47] Donselaar K, Kopczak L R. et al. The use of advance demand information in a project – based supply chain. European Journal of Operational Research, 2001, 130(3): 516 – 538.

[48] Elazouni A M, Metwally F G. D – SUB: Decision support system for subcontracting construction works. Journal of Construction Engineering and Management, 2000, 126(3): 191 – 200.

[49] Tserng H P, Lin P. H. An accelerated subcontracting and procuring model for construction projects. Automation in Construction, 2002, 11(1): 105 – 125.

[50] Julio Y S, Francisco F. C. Subcontracting and Cooperation Network in Building Construction: a literature review. Proceedings of IGLC – 10, Gramado, Brazil, 2002.

[51] Jung U M, Hans C. B. Agent – based supply chain management automation. Proceedings of the 2nd worldwide European Council of Civil Engineering Symposium, Espoo, Finland, 2001: 6 – 8.

[52] Kim K, Paulson B C, Charles J. Agent based electronic Markets for Project supply chain coordination. Proceedings of KBEM'00 (Knowledge based Electronic Markets, a AAA'00 workshop), Austin, TX, USA, 2000.

[53] Taylor J, Bjornsson H. Construction Supply Chain Improvements Through Internet Pooled Procurement. Proceedings of IGLC – 7, 1999: 207 – 218.

[54] Taylor J, Bjornsson H. Identification and Classification of Value Drivers for a New Production Homebuilding Supply Chain. Proceedings of IGLC – 10, Gramado, Brazil, 2002. 8.

[55] 刘振元, 王红卫, 甘邯. 工程项目集成管理与工程供应链[J]. 武汉理工大学学报, 2005, 27(12): 99 – 101.

[56] 盛昭瀚, 张劲文, 李迁, 等. 基于计算实验的工程供应链管理[M]. 上海: 上海三联书店, 2013.

[57] Craig A Hill, Gary D. Scudder. The use of electronic data interchange for supply chaincoordination in the food industry. Journal of Operations Management, 2002, 20(4): 375 – 387.

[58] Don L, Prashant C P. EDI in strategic supply chain: impact on customer service. International Journal of Information Management, 2001, 21(3): 193 – 211.

[59] Kaefer F, Bendoly E. The adoption of electronic data interchange: a model and practicaltool for managers. Decision Support Systems, 2000, 30(1): 23 – 32.

[60] Lee H L, Seungjin Whang, Supply chain integration over the Internet. Supply Chain Management: Models, Applications, and Research Directions, Springer – Verlag New York Inc. 2002, 3 – 17.

[61] Davenport T H. Putting the enterprise into the enterprise system. HarvardBusiness Review, 1998, 76(4): 121.

[62] Akkermans H A, Bogerd P, Yücesan E, et al. The impact of ERP onsupply chainmanagement: exploratory findings from a European Delphi study, European Journal of Operational Research, 2003, 146(2): 284 – 301.

[63] Chung B, Skibniewski M J, Kwak Y H. Developing ERP systems success model for the construction industry, Journal of Construction Engineering and Management, 2009, 135(3): 207 – 216.

[64] Yang J B, Wu C T, Tsai C H. Selection of an ERP system for a construction firm in Taiwan: a case study, Automation in Construction, 2007, 16(6): 787 – 796.

[65] Rao S S. Enterprise resource planning: business needs and technologies, Industrial Management and Data

Systems,2000,100(1):81 - 88.

[66] Mashari M A. Constructs of process change management in ERP Content: a focuson SAP R/3,Proceedings of 2000 Americas Conference on Information Systems, AMCIS 2000, Long Island, California, USA, 2000, pp. 977 - 980.

[67] Kong C W,Li H, Hung T P. et al,Enabling information sharing between E - commerce systemsfor construction material procurement. Proceedings of Conference of the Association for Computer Aided Design in Architecture,2004.

[68] Arslan G,Kivrak S,Birgonul M,et al. Improving sub - contractor selection process in construction projects: Web - based sub - contractor evaluation system(WEBSES). Automation in Construction, 2008, 17(4): 480 - 488.

[69] Love P E D. Irani Z. An exploratory study of information technology evaluationand benefits managementpractices of SMEs in the construction industry,Information&Management,2004,42(1):227 - 242.

[70] Cheng J C P, Law K H, Bjornsson H. A Service Oriented Framework for Construction Supply Chain Integration . Automation in Construction, 2009,19(2): 245 - 260.

[71] 刘振元,王红卫,王兆成等. 大型水电开发工程供应链集成控制系统[C]∥ 孙优贤. 2009 中国自动化大会暨两化融合高峰会议论文集, 中国杭州, 2009.

[72] 张守金,康百赢. 水利水电工程施工组织设计[M]. 北京:中国水利水电出版社, 2008.

[73] 贾鲁平,许茂增,李顺勇,等. ABC 分析法在施工现场材料管理中的应用[J]. 重庆交通学院学报(社科版),2005,5(1): 130 - 133.

[74] 岳超源. 决策理论与方法[M]. 北京:科学出版社, 2003.

[75] 贺红燕,朱军勇,许丽红,等. 供应商选择方法综述[J]. 河北工业科技,2005, 22(5): 308 - 311.

[76] 尤建新, 朱岩梅, 张艳霞. 物流系统规划与设计[M]. 北京:清华大学出版社, 2009.

[77] 张中强,张兵,梁子婧. 物流系统规划与设计[M]. 北京:清华大学出版社, 2011.

[78] 刘刚, 刘建香, 李淑霞. 物流系统规划与设计[M]. 北京:科学出版社, 2011.

[79] 徐丽群. 物流运输路线选择与成本节约[J]. 上海管理科学, 2004, 26(4): 49 - 50.

[80] 郭晓娟. 四级供应链网络设计优化研究[R]. 太原:山西大学图书馆, 2013.

[81] 高镜媚. 供应链分销网络多级库存控制的基于仿真的优化方法[R]. 沈阳:东北大学图书馆, 2009.

[82] 陈羡才. EPC 模式下水电项目施工组织设计研究[R]. 成都:西南交通大学图书馆, 2011.

[83] 刘方民. 工程物资供应链管理模式及应用研究[R]. 重庆:重庆交通大学图书馆, 2012.

[84] 张席洲,尹石磊. 物流配送中心规模设计方法研究[J].铁道运输与经济,2006, 28(6): 27 - 29.

[85] 余平. 建筑企业物流运作模式选择研究[R]. 重庆:重庆交通大学图书馆, 2012.

[86] 夏盛盛. 不确定需求下供应链网络设计研究[R]. 哈尔滨:哈尔滨商业大学图书馆, 2011.

[87] 朴炯. 供应链管理实践:供应链运作参考模型(SCOR)解读. 北京 : 中国物资出版社, 2011.

[88] Bolstorff P,Rosenbaum R. Supply Chain Excellence: A handbook for dramatic improvement using the SCOR Model. AMACOM, 2012.

[89] 霍佳震,马秀波,朱琳婕. 集成化供应链绩效评价体系及应用. 北京:清华大学出版社,2005.

[90] 程国卿, 吉国立. 企业资源计划(ERP)教程[M]. 北京: 清华大学出版社, 2008.

[91] 闪四清. ERP 系统原理和实施[M]. 北京:清华大学出版社, 2008.

[92] 罗鸿. ERP 原理 - 设计 - 实施[M].3 版. 北京: 电子工业出版社, 2009.

[93] 郭敏. 库存原理简明教程[M]. 武汉:华中科技大学出版社,2014.

[94] 王卓甫. 工程项目风险管理:理论、方法与应用[M]. 北京 : 中国水利水电出版社, 2003.

[95] 胡金环,周启蕾. 供应链风险管理探讨[J]. 价值工程, 2005, 24(3): 36 - 39.

[96] Hallikas J, Karvonen I, Pulkkinen U, et al. Risk management processes in supplier networks[J]. Interna-

tional Journal of Production Economics, 2004, 90(1): 47 – 58.

[97] 张存禄,黄培清. 供应链风险管理[M]. 北京:清华大学出版社,2007.

[98] Loosemore M, McCarthy C S. Perceptions of contractual risk allocation in construction supply chains[J]. Journal of Professional Issues in Engineering Education and Practice, 2008, 134(1): 95 – 105.

[99] 王诺. 工程物流学导论[M]. 北京:化学工业出版社,2007.

[100] 王元明. 工程项目供应链风险传递[M]. 北京:中国电力出版社, 2012.

[101] 陈劲. 技术管理[M]. 北京:科学出版社,2008.

[102] 项目管理协会(美). 项目管理知识体系指南[M]. 4 版. 王勇,张斌,译. 北京:电子工业出版社, 2009.

[103] 陈学广,胡建,费奇. 试论 EIS 同传统 DSS 的主要区别[J]. 华中理工大学学报,1998, 26(9): 24 – 26.

[104] 陈学广,费奇,韩宗海. CSF 方法及其在 EIS 设计中的应用研究[J]. 华中理工大学学报,1997, 25(1): 1 – 3.

[105] 陈云华,吴世勇,马光文. 中国水电发展形势与展望[J]. 水力发电学报, 2013, 32(6): 1 – 4